JN298252

漁場利用の社会史

近世西南九州における水産資源の捕採とテリトリー

橋村　修

人文書院

はじめに

海と人との関わりの歴史について海の利用のあり方から探る、これが本書のメインテーマである。

筆者は数箇所における漁業史に関係する調査を行ってきたが、それぞれの場所においてその地域特有の自然、すなわち海面、水産資源と人との関わりをめぐる諸問題点を見出した。そして、それぞれの問題の解決には多様な視点からの取り組み、すなわち歴史地理学、歴史学、民俗学、漁業学などを包括したいわゆる社会史的な視点が必要であることを痛感した。近年の学界では、一つの問題に対して多様な視点からの取り組みが必要であることが半ば常識化されているが、とりわけ本書で取り上げる漁業史の研究は隣接分野に目配りしながら研究を進める必要がある。本書は、これらの問題設定とそれへの従来の研究成果とを問題ごとに整理し、将来の発展や問題解決への指針を目指してまとめられたものである。

ちなみに昨年（二〇〇八）の「環境・循環型社会白書」は、江戸時代の人々の自然との関わり方を評価していた。たしかに、水産資源の枯渇や漁業不振が言われる昨今、江戸時代を中心とした漁業者たちの資源維持思想や自然との関わり方にも注目が集まっている。本書の研究は、こうした動向に沿って進めてきたわけではもちろんないが、結果として、そのような問題を考える事例を、一部分、提示することになったのではないかと思われる。

目次

漁場利用の社会史

——近世西南九州における水産資源の捕採とテリトリー

序章

第一節　研究視座と問題設定

海には境界線があるのか。そもそも陸に明確な境界線がひかれるように、海面上に境界線を引くことは困難である。地図上で理解できても、現地確認はままならない。すなわち、人々の海や川などの水界への関わり方には陸と大きな違いがあった。これらの点は、土地や山野とは異なる漁撈活動の場、すなわち漁場の権利とその利用形態を検討することで浮かび上がるものと思われる。換言すれば、土地の果実は狩猟の獲物を除いて固定しているが、海の場合漁獲の対象とする海洋資源のほとんどが動く性質を持ったため、陸のような線で区切った権利に馴染みにくいのである（近藤　一九五三、二七―二八）。海洋資源は海藻類や貝類などの固着資源を除いて、イワシ、カツオ、マグロ、アジ、サバなどのような表層中層海面を移動する回游魚やタイなどの底棲の根付きの魚などのように動くことを特徴としていた。こうした資源を獲得する手段が、漁法・漁具である。[1]動力化以前の漁業は、魚の動きにあわせて陸近くに寄って来る魚を受動的に捕る漁法が多かったとされ（澁澤　一九六二）、漁場利用のあり方は漁具と密接に関わり、それが権利となっていった。海面の場合、季節日時の違いや水深の違いで複数の漁業者がひとつの海面を利用することができ、さまざまな権利の形成や利用が可能であった（河野　一九六二）（西村　一九七九）（Polunin : 1985）（秋道　一九九五ｂ）。これは土地にあるような「一地一作人の原則」、「一物一権主義」の近代法の原則と大きく異なり、対象資源の生態的特性と空間、時間という組合せのなかで関係論的にきまってくる「重層的所有観」であり、そこには総有ともいうべき基本原理が働いていた(嘉田 一九九七)。

本書では、魚等の海洋資源の回游性に大きく左右されながら「重層的所有観」にユニークさがある漁村・漁業者の生業領域に注目する。漁業は、主として動く資源を求めて人々も動き且つ待つのであって、これは定住の農業者の生業領域と大きく異なる。移動性に重きをおいた生業領域をとらえる有効な視点としてテリトリーの議論がある。(2) テリトリーは、動物行動学では争いを通して防禦のために形成されると理解されている。その考えに立てば、人や村が自然の領有と用益の行為を重ねながら大地や海を把握し、さらに自然の領有を進める中で他者と紛争を起こし、境界線で区切られたテリトリーやなわばりが形成されたといえる。わが国では、一九八〇年代前半にモーリス・ゴドリエによる移動牧畜民狩猟採集民のテリトリーにみられる自然の領有論が、山内によって日本の学界に紹介され注目された(Maurice Godelier : 1984 [山内訳 一九八六])。(3) ゴドリエは自然の領有を抽象的領有と具体的領有に区分し、(4) 前者を神や権力との関わりの中で自然に働きかけて形成された領有、後者を生業活動によって形成された用益行為とし、恒久的な立入権や統制権なども含めている。(5) この議論は、海外の漁場研究における権利上の所有(de jure)と事実上の所有(de facto)を区別する議論(Carrier : 1980)や、私有、公有ないし共有、国有という区別に関する議論とも関わる部分がある(McCay and Acheson : 1987)(Ostrom : 1990)。また自然の領有の議論は、人文地理学の側からのエスキモーのトナカイ移動や移動牧畜等の移動社会集団の生活空間の仕組みに関する分析とも重なってくる(水津 一九八〇)。(6) 現代の日本列島各地の沿岸漁場のテリトリーについては、田和正孝が漁場利用の詳細な生態調査から明らかにしている(田和 一九九七)。

しかし、このような海のテリトリーの歴史的な再編を追究した研究は少ない。ゴドリエによると、抽象的領有は具体的領有へと再編される傾向があったとされ、その具体的道筋の有無については検討課題となろう。前近代から明治初期までと明治中後期以降の漁場利用には、歴史的な違いがあったが、テリトリーの歴史的な再編過程は検討を要する。(7) 日本の場合は、諸外国と比べて漁業権が近世期に形成された村や、明治以降の漁業組合（漁協）を主体にしている傾向があるとされている（柿本 一九八七）(8)。つまり現況の日本の漁業権の実態は、漁業法が旧来の村主体であるところの、漁協に付与された地先漁業権がベースであった。しかし、それ以外にも、県知事が漁協や漁業者個人（会社）に許可する定置漁業権や、沖合で行われる巻き網漁業や底引網漁業などがあった。こうした漁村の地先漁業権に収まらないさまざまな権利も存在していた。沖合漁業については、戦後の漁業法以前において、「沖は入会」というように、沖合漁場に一村に帰属しない複数の村の権利が概ね設定されていた。そのため、新規の漁業者と沖の入会に参加する村との間で争論が生じることもあった。このように、日本の漁業権は非常に複雑であるため、それがどのように形成され展開したのか、その地域社会の背景と漁業技術を踏まえながら解明する必要がある。日本列島の近世を中心に前近代における漁業を具体的に見ていくことが本書のねらいである。なお、テリトリーは「生業領域」（春田 一九九五）とも言いかえることができ、本書ではその表現を用いている箇所もある。

漁業テリトリーの歴史的な再編については、これまでの研究で総百姓共有漁場の議論をはじめ、漁村の地先海面の占有をめぐる議論が展開され、幕令「磯は地付次第、沖は入会」を根拠に、村、つまり陸の視点からの地先や沖というような海面占有、漁場利用に関する研究が行われてきた。この幕令は、民俗学的観点による「イソ―地先―オキ―ヤマナシ」という漁場の把握とも重なる。こうした漁村民俗学の漁村領域論による研究からは、漁民の認識からみた海の広がりとして「ムラ―ハマ―イソ―オキ―オクウミ（ヤマナシ）」、漁場の概念図として「ムラ―ハマ―チサキ・磯漁場（六〇〇―九〇〇間）―オキ（沖）―沖合漁場（入会）―オクウミ（ヤマナシ）」の有効な枠組が提示され、漁村民俗・漁業民俗研究が発展することになった（高桑 一九八九）。この枠組は静態的であるため、歴史的な観点から、この枠組が過去から現在まで時系列的にどのように変化したのかさらに検討することが必要である。ハマ、イソ、オキに集約されてしまう漁業空間の言葉では、個別の様々な自然条件に対応した漁業の技術や権利のあり方をとらえることが難しい。この枠組をさらに「自然の領有」の観点から発展させるためには、海の特性に応じたテリトリーを抽出する必要がある。つまり、漁業の種類によってどのような漁場利用が行われてきたのか、海を主な生業とする人々が持つ海の占有のあり方や権利の中味に留意しながら新たな枠組を組み立てる余地があるといえよう。

本書とこれまでの日本列島における人々と海との関わりの歴史、民俗研究との関わりをみていこう。漁民文化研究は、戦前からの民俗学をはじめとした諸学において蓄積されてきた（桜田　一九八〇）（西村　一九七九）（北見　一九七三）。しかし、稲作農耕中心の議論の多い日本の生業史研究では、漁業についての議論が十分でなかった[9]。その後、一九七〇年代以降進められてきていた稲作単一文化論批判（坪井　一九八〇）と重なりながら、一九八〇年代になって網野善彦による海民を正面からとらえる歴史像が構築される（網野　一九九〇）など、陸中心の歴史観と異なる、海や川、湖に生きる人々に焦点をすえた歴史研究がおこなわれ、この動きは日本文化の多様性を論じる社会史研究、日本の漁民社会を漁業中心、農業中心に区分する類型論（高桑　一九九四）や海洋性を強調した議論（野地　二〇〇八）へとつながっていった[10]。網野は海や河川などの水界の権利の特徴としてその無主性と天皇の支配を論じた（網野　一九七八）[11]。また、人類学や地理学の側からは、漁場という生業の場に注目したなわばりの歴史論（秋道　一九九五ａ）や漁場利用の詳細な復原研究がおこなわれてきた（田和　一九九七）。

近世における漁場利用史研究には、一九五〇年代に大きな蓄積がみられた。「一浦一地先漁場」や「一浦複数村地先漁場」などの漁村の占有した漁場の類型論（原　一九四八）（山口　一九四八）、浦方総有漁場説（羽原　一九五二）、総百姓共有漁場説（二野瓶　一九六二）などである。一九九〇年代には、漁場請負制（高橋　一九九五）（後藤　一九九六ａ）、村内や村どうしの共同体規制にみられる資源維持などの新しい体系的な視点が提示された。今後の漁業史研究は、小学館の『海と列島文化』シリーズの刊行にもあるように漁業経済学、民具学、民俗学、地理学、考古学などの隣接諸学の分野の成果を融合させながら新たな展開に入る段階に来ているといえる（Akimichi: 1984)（春田　二〇〇三）（真鍋　一九九六）。あわせて研究の遅れている地域の分析を進めることが重要である。そこで、本書はこうした動向に目配りしながら、歴史学や民俗学の研究成果に歴史地理学的な空間利用復原の手法を取り入れ、研究の進んでいない地域を対象にして、漁業の行われている村の漁業の生業領域（テリトリー）の形成とその再編のながれをとらえ、変化の要因を考察していく。これが本書のタイトルを「社会史」とした所以でもある。

第二節　漁場利用史の研究史

この節では日本列島における漁場利用史の研究を、①漁場利用をめぐる社会関係を論じた研究、つまり漁業権や漁場請負制などの議論、②漁場利用をめぐる技術や自然との関わりを論じた研究、すなわち資源利用、用益形態の議論に分けてとらえ、課題を示していく。

漁場の権利をめぐる研究史と課題をみていこう。江戸時代における村の海面占有に関しては、戦後すぐのころから研究蓄積がある。これは、漁業史研究草創期の研究者の関心が、戦後の漁業制度改革の下で調査された旧慣による漁業権にあったことによる。戦後の漁業史研究は、戦前からのアチックミューゼアムの漁業史料調査と戦後の漁業制度改革の中での漁業史料調査の過程で進められた。これらは、領主的漁業権と領主による漁場請負の研究（山口　一九四七、一九四八）、村持ちや問屋持ちの漁場をはじめさまざまな漁業権制度史の研究（原暉三　一九四八）、浦方（漁村）の漁場総有説（羽原　一九五二など）や、個別の漁業技術史（山口　一九四七）の成果となってあらわれた。一九五〇年代以降になると、二野瓶徳夫は当時の入会林野（石高・村請制）の共同研究の成果を援用して総百姓共有漁場説（二野瓶　一九六二）を主張した。これは通説といわれてきた羽原又吉の漁場総有説の批判・克服を意図して体系的にまとめたものである。二野瓶説は近世日本の主漁場の利用形態を、三類型化

（「漁業権」が①夫役もしくは②持高に結びつくか、あるいは③村有のままかの三形態の何れか）した上で、それらの類型を総百姓共有漁場利用の展開過程に位置づけ、この過程を「問屋資本の役割と運動法則」が把握できる流通面から分析した。加えて、維新期における漁場制度再編の具体相とその歴史的意義の解明を試みた。二野瓶は、海面の占有形態が近世を通じて村総有から惣百姓の共有、すなわち村落共同体が成熟するプロセスを示している。これ以降は二野瓶の近世の漁場占有利用関係の展開に関する把握は演繹的であったにもかかわらず、近世「漁業権」の特質を解明する研究はほとんどみられず、総百姓共有漁場説として八〇年代まで「通説化」した（漁業経済学会編　二〇〇五）。

ここまでの漁場の権利をめぐる各議論について、一九八〇年代後半になると各々の漁場論が地域の違い、あるいは地域内部でも重畳的に展開しているのではないかという見通しが示された（田島　一九八八）。この指摘を考えていくには漁場の重層している構造、実態について、地域別、時系列的に究明する必要がある。これに関連して近世漁業権は「領主―村―漁民」の階層の違いによって重層的に設定され、幕藩体制の権力と村、漁師の各レベルの差異があったことが瀬戸内海の事例から解明された（定兼　一九八九）。これが後述の漁場請負制の議論へと展開した。そして、二野瓶説の再考を促す地域漁業史の基礎研究が打ち出され（伊藤　一九九二）、後進地域とした東北地方の三陸漁村の事例から漁場請負制の議論が示された（高橋　一九九五）。房総での検討も進み、運上金上納の対価として一定漁場での諸特権を得る浦請（漁場請負）の諸形態が明らかにされた（後藤　一九九六a）。高橋によると、漁場請負制とは漁場の占有利用権やそこで生産される水産物の専売権を特定集団や個人に請け負わせることで、水産業からの運上徴収や水産物の生産・流通統制などの意味であり、「領主権力―漁場所持人―漁場請負人―漁師」の構造を有するという（高橋　二〇〇二）。[12] これまで場所請負制の研究蓄積のある蝦夷地についても新たな研究の展開が見られ、漁場請負制との類似性が指摘されている（田島　二〇〇三、二〇〇四）。

漁業は消費地があって成り立つもので、「漁村―農村―都市」の関係（流通）を背景にした漁業経営が行われてきた。小規模漁業から、沖合などへ出る大規模な漁業、商業漁業へ変化するにしたがって漁場利用や海面占有がどのように変化したのか、さらに村や漁民の生業領域の再編について、漁場請負制度の視点を取り入れることは有効である。

漁業権のあり方の研究をみていこう。中世漁業権の体系について白水智は領内型・協定型・特権型に分類した（白水　二〇〇一）。また、日本列島における古代から現代にいたるまでの自然と人間との関わりを示す「なわばり」の事例の点検から、「なわばり」の地域性、歴史性と集団の特徴を究明すべきとの議論が出された（秋道　一九九五a）。漁撈と所有関係については、海の資源は誰のものかという問いから始まり、漁撈における所有を資源自体、漁具、漁法、漁場、を含めた所有関係ととらえる視点が出されている（秋道　一九九五b）。また、近世史の漁業所有論（後藤　二〇〇一a）、漁場と陸の所有権との一体的関係をとらえる議論もある（春田　一九九〇）。[13][14]

漁場利用をめぐる社会関係の蓄積も進んでいる。近世漁村社会研究は大きな蓄積があって（荒居　一九六三）、岩本由輝（岩本　一九七〇）は盛岡藩の三陸沿岸地方の諸漁村を事例に近世漁村共同体（機能）の変遷過程を商品経済の進展との関連から考察し、小栗は明治期から昭和期の漁場領有の再編過程について村から個人への変化をとらえ、ゲマインシャフトからゲゼルシャフトへの変化として論じた（小栗　一九八三）。近年では、漁業権をめぐっての村間の共同体規制の究明が進み（遠藤　一九八二）、瀬戸内海の地先海面をめぐる属地共同体の存在や（片岡　一九九七）、紀州藩の日の御崎会所などによる各浦の漁業権統轄（笠原　一九九三）を究明した研究や、水産資源の維持に関わる漁村どうしの規制を解明した研究が越後村上藩（高橋　二〇〇二）、江戸内湾（東京湾）（實形　一九九六）（盛本　一九九八）などを事例に行われた。江戸内湾では漁場争論を通して資源の維持を目的とした浦の連合が形成され、漁場利用の秩序ができた。このように、村をこえた中間支配機構の解明からみた村落間の関係に基づく秩序のほかに、近年の研究では資源維持を目的とした秩序が注目されている。今後は、前者から後者への時系列的な変化の有無の検討も課題のひとつとなろう。これは抽象的領有から具体的領有の議論ともつながるものである。また、こうした規制がどういう主体の下で行われるのか、規制の生じる要因などを解明する必要がある。

漁場の沖の問題を扱った研究をみていこう。海面を地先と沖で捉える概念は、寛保元（一七四一）年の『律令要略』の「漁猟海川境論」にある「磯猟は地附根附次第、沖は入会」の記述に見られる（丹羽　一九八九）。「磯は地附根附」については、概ね陸の前海に位置する地先漁場を意味する言葉として知られる（堀江　一九八五）。「沖は入会」の沖の利用や権利の研究としては、三陸地方の沖漁場の形成が、関西・関東からの出漁漁民の影響をうけて三陸漁民によって形成されたことを扱ったもの（高橋　一九九五）、宮津の沖漁業を可能にしたのが沖買運搬業者である追掛の存在であったことを解明した研究例などが挙げられる（東　一九九八）。明治期における沖の漁場利用には、複数の村を単位とした沖合海域の入会的な専用漁業権の取り決め（小栗　一九八三）があった。課題として、沖合漁業者による沖合入漁の権利の究明、村どうしの沖合漁場をめぐる取り決めや沖合漁業の時系列的な変化が挙げられる。

漁業の生業領域（テリトリー）については、沖で行われる近世捕鯨について益富組の五島への出漁空間の復原が試みられ、近世捕鯨業の鯨組組織と捕鯨業地域の形成過程、藩領域を越えて一組数百人単位で操業されていた西海地方特有の巨大な捕鯨業形態である藩際捕鯨業の実態が浮き彫りにされた（末田　二〇〇四）。沖合の固定漁場である近世シイラ漬漁場のテリトリーについては、山陰沖（羽原　一九四三）（松尾　一九九六）、対馬暖流域（桑野　一九八二）（橋村　二〇〇三）における成果がある。シイラ漬漁場は、沖合漁場に排他権利の生じる稀有な例であるため、沖合の漁場利用が入会なのか排他的な要素を持つのか検討を要する。松尾は近世近代のシイラ漬漁場図を用いてヤマアテラインを詳細に復原し、皆無に等しかった漁場図研究の出発点を示した。人と海との関わりを最も顕著に示している漁業絵図や漁撈活動の生業図を用いた研究は少ないが（山本　一九九七）（橋村　二〇〇〇a。本書　第七章）（定兼　二〇〇二a）（高知県立歴史民俗資料館　二〇〇五）（田島　二〇〇八）、絵画資料と史料を組み合わせることで豊かな漁撈や漁場利用の様子を明らかにすることが可能である。そこで本書では積極的に絵図を利用していきたい。

次に漁場利用の具体的なあり方に関する研究をみていく。漁業技術や海域条件に注目した二野瓶徳夫は、明治期の漁業技術の変化を対象に、村の地先や湾（浦内海域）などでの網漁業から沖合の網漁業へ展開する漁業を扱い、瀬戸内海などの内海における明治期の旋網《まきあみ》・底曳網・流網漁業が、漁業技術の進展に伴って外洋へ展開した実態を解明した（二野瓶　一九八一、八六―一〇九）。また、河原田盛美は漁場を磯付漁場・沿海漁場・中海漁場・遠洋漁場・海峡漁場・内海漁場・淡水漁場の七つに分類し、海域の自然条件を示した（河原田　一八九〇）。

漁場利用の実態を明らかにするためには、漁撈技術や魚の生態との関わりに注目した環境史、生態人類学的な研究が参考になる。そもそも人と自然との関わりの歴史は歴史地理学の独占的分野であったが、海の権利・利用をめぐる歴史地理学的研究は、河野の漁場用益形態論（河野　一九六二）、新宅（新宅　一九七九）や遠藤（遠藤　一九八二）の漁村間関係史などの貴重な研究が僅かにあるのみである。そうしたなかで、人文地理学における戦後以降の現代の漁村・漁場研究は水産地理学によって生活の場としての漁村と生産の場としての漁場とを一体化させながら考察する姿勢が追及され（藪内　一九五八）（柿本　一九八七）、漁場利用と生態との関わりの詳細な究明が行われている（田和　一九九七）[15]。自然と人間との関わりの議論は民俗学や生態人類学、歴史学の方面からも盛んに行われ（秋道　一九七六）（篠原　一九九五）、歴史地理学の関心と重なる部分が多い。漁業技術史については、考古資料を軸に、絵画資料、文献史料、民俗学的な聞取り手法も取り入れて、近世の漁業技術の体系化と自然と人間との関わり、水深などに注目しながら人間と海との関わりを論じた研究が出されている（真鍋　一九九八）。近年著しい研究の進展がみられる漁業史研究では、経済史、政策史の研究が中心で、自然と人とのかかわり方や漁場認識について研究する余地を残しているといえよう。

このように漁場利用については、制度面での研究が非常に進んだ。さらに漁業絵図などを用いて漁場利用の空間復原と、漁業史研究が十分になされていない地域での研究を進める必要がある。

本書の問題関心と既存の研究との関わりを説明していこう。二野瓶徳夫の総百姓共有漁場説(16)では、近世漁場を村落共同体の成熟度を指標にして先進地域、中間地域、辺境地域と三分類する捉えかたが提示されている。二野瓶説では、大消費地から遠く「近世村」の成立の遅れていた九州や東北地方などが後進地域、消費地に近い畿内や関東の漁村を先進地域としている。しかし、九州や東北地域は外海に面し沖合漁業の行われていた地域であった。二野瓶が近世における沖合漁業を先進地域として扱わない考えの根拠に挙げていたのは、沖合漁業を可能にしたのが明治四十年代の漁船の動力化だという考え方だった。しかし、これまでの研究を踏まえると、近世初期においても捕鯨やカツオ一本釣漁のような沖合漁業が存在し、陸地から離れた沖合での漁業が行われてきた。二野瓶の議論では村落共同体の成熟度がひとつの指標になっている。そのため、漁業技術の観点からの分類を行うことで、新たな視点を提示できるものと思われる。その分類でみると、漁業の先進地域として、沖合漁業の展開するような地域をあてはめることもひとつの考えではないかと思われる。そこで、近世の沖合漁業の問題については、当時の「漁業先進地」である九州西海の五島列島などの事例について正面から考察を加える。これは、地域の社会に即した漁業権の歴史と漁場利用史の解明をめざしたものである。

第三節　本書の課題と構成

本書の具体的な課題は、漁業の行われている村の生業領域の形成とその再編のながれをとらえ、変化の要因を考察することである。

近世期の村(浦)の占有する海面(浦方総有漁場)には、村前のみの漁場、村をこえて他村にまで及ぶ漁場が存在していたとの指摘(山口　一九四八)(原暉三　一九四八)は歴史地理学的な観点からみても非常に興味深い。

本書では、各地の事例を地図上で復原・確認しつつ、境界画定の方法が村境界線の延長、海のランドマークや岬などの延長のように、さまざまな形態があることを究明する。

また、個々の漁法や漁具をみていくと、近世の漁村主体の地先漁場の成立に先立つ、中世を起因とする個別の漁業の権利も一部に存在していた可能性がある。また、漁法によっては、こうした村の漁場にかかわりなく縦横無尽に動くことで形成された生業領域もあった。つまり、中近世の枠をこえて存在した漁撈を行うための権利の抽出も課題となる（宮本　一九七二）（網野　一九六一）。それは、いずれも動く資源の生態を踏まえた漁場の占有と利用を検討することが、海特有の権利や生業領域を浮かび上がらせることにつながると思われるからである。こうしたさまざまな漁場の特性について、地域的な特質をふまえた研究を進めていく。

以上の関心から本書では、①漁場利用をめぐる人と自然との関係（技術的生態的背景）、②海や水産資源をめぐる人どうし村どうしの関係（社会的背景）の二つの視点に着目する。とりわけ、問題の基本に立ち帰って漁法と漁場のあり方に注目して漁業者の生業領域（テリトリー）を検討していきたい。そのなかで、海の権利と陸の権利の違い、漁業技術の変化と漁場の権利との関係に注目する。これは海面と漁場の権利の違い、つまり共同漁業権が占有、区画漁業権や定置漁業権が用益の場ということを意味する。本書では差当って、漁法を「海という自然の中から人間が活用できる資源を抽出する手段」と定義しておく。澁澤敬三は漁具と漁場の選定の関係について、「網類は岩礁底帯、急流、深所または杭など障害のある所には不適当である。また、モリ、ヤス類は目的物に近接しうる距離に制約がある。さらに、ヤナ、ウケ類は利用の範囲が限定される。しかるに釣具は、以上に見る各種の制約なく、極めて広範囲にわたり漁場となし自由に作業しうる」と述べている（澁澤　一九六二、二二）。また澁澤は個人的技能が重視される漁法としてモリ、ヤス、指導者の技能に重点があって、多人数の団体的有機的作業を要する漁法として網をあげるなど漁具と社会との関わりも指摘している。本書では、これらの漁法をベースにした漁場利用の研究に学びながら、近世における漁業技術の変化と漁場利用のあり方の再編についても検討を加える。こうした手法で取り組めば、農業とは異なる漁村・漁業者のテリトリーや漁場利用をとらえることができよう。浦方、すなわち前近代の漁村における漁民が、海を生業の場としてどのように把握していたか、またその変遷と変容要因を追究する課題も浮び上がってこよう。対象時代は江戸期（近世）周辺に設定し、海の占有権（漁業権）と漁場利用形態についてその形成と展開の歴史を検討し、そこから導き出される事項から各地域の特質を見通していきたい。

この海面の占有と漁場利用をめぐる地域的な違いを考えて、地域モデルを提示した研究には片岡や春田の成果がある。片岡は瀬戸内海域の広島藩において①定住者鰯網特権、②家船漂泊民の鰯網、③近世中期以降の村地先海面が並存することを論じた（片岡　一九九二）。春田は中世若狭で山野海辺領有が網場の展開で転化したとする（春田　一九九三）。いずれの成果も注目される。とくに片岡の研究は瀬戸内海を事例としたモデルケースとなりうるとみられ、今後、東シナ海や日本海、太平洋などの外海域での事例研究との比較が課題となろう。また、中世若狭の事例からモデルを示した春田の研究から生じる課題としては、中世の他地域との比較や、近世の事例との比較が必要となるのではないかと思われる。その際、近世中期に定められたとされる「磯猟は地附根附次第也、沖は入会」（「律令要略（寛保元年）7山野海川入会（134）」（魚猟海川境論））の史料批判も必要である[17]。近世初期に設定された浦方（漁村）の海面の占有は、この「律令要略」の出された寛保元（一七四一）年前後に、関東地方や幕領などにおいて、臨海の地方《じかた》[18]の一村地先海面占有へと分割が進んだとされている[19]。しかし、それは全国的な画一的流れではなかった。例えば、幕領である九州天草では、近世期を通じて海面が分割されないまま存続した浦方（漁村）も存在していた（第II部で取り上げる）。したがって、漁村の海面占有に関わる時系列的変化については、その展開に地域的な差異があったことに注意する必要があろう。本書では、幕領の天草と、藩領の五島列島、薩摩を比較しながらこの課題を検討する。

本書では、図序-1に示したように、東シナ海など外海に面した海域の海面の権利を次の三つに区分した。一

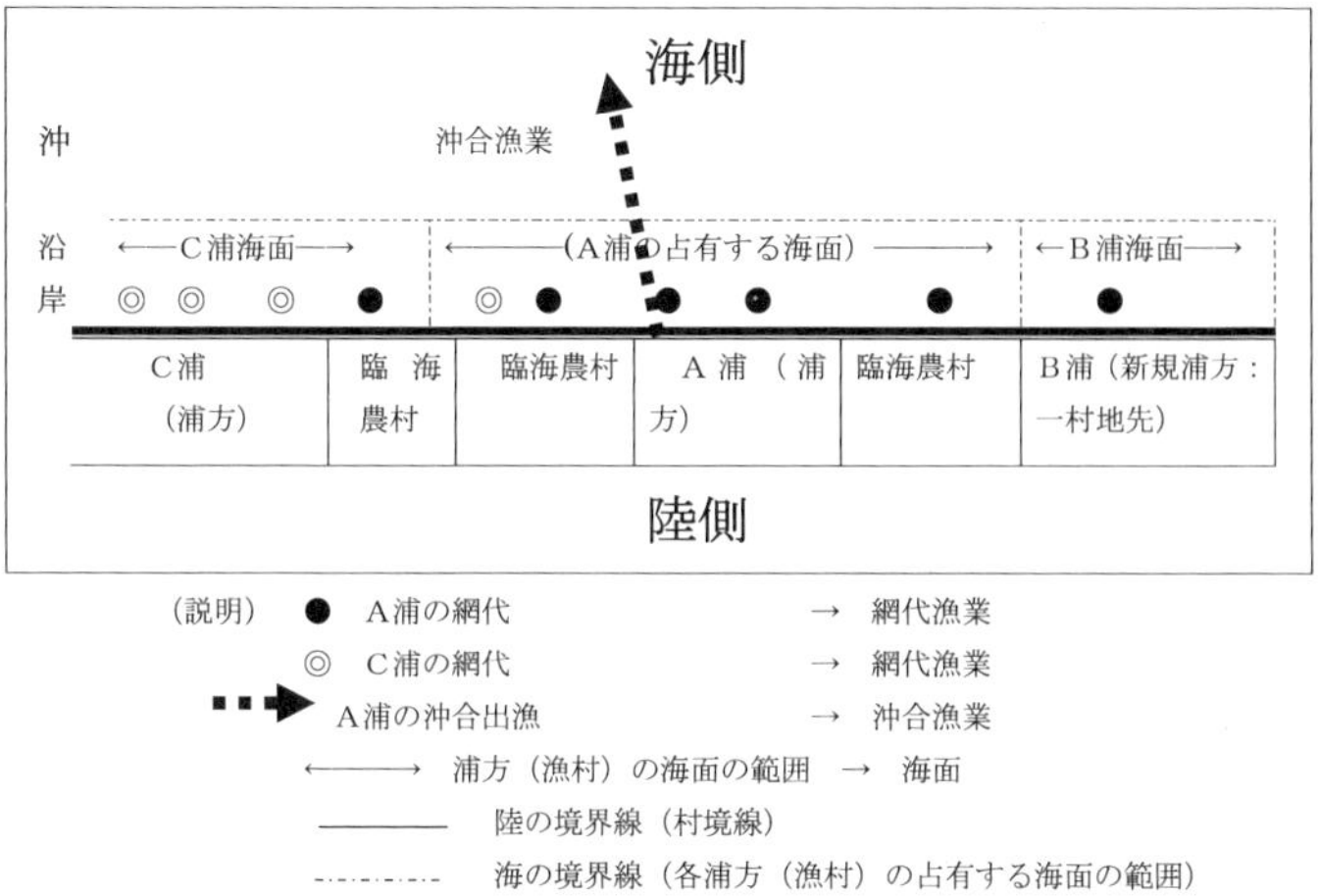

図序-1　近世漁村の漁場テリトリーのイメージ図（詳細説明は本文）

つ目は魚の集まるポイントで待って網を入れる網代漁業、二つ目は魚を動き追いながら捕獲する沖合（移動）漁業、三つ目は海面を分割して設けられた漁場である。この区分は、明治三十四（一九〇一）年に制定された漁業法（明治漁業法）の漁業権と重なってくる。明治漁業法（明治三十四年第十五回帝国議会成立。明三十五・七・一施行）の漁業法施行規則（明三十五・五・十七　農商務省令七）の第一条には「本則ニ於テ定置漁業ト称スルハ漁具ヲ定置シテ為ス漁業ヲ謂ヒ、区画漁業ト称スルハ水面ヲ区画シテ為ス漁業ヲ謂ヒ、特別漁業ト称スルハ漁業法第三条第二項ニ依リ主務大臣ニ於テ免許ヲ必要ト認ムル漁業ヲ謂ヒ、専用漁業ト称スルハ定置漁業、区画漁業及特別漁業ニ非スシテ水面ヲ専用シテ為ス漁業ヲ謂フ」とある（水産業協同組合制度史編纂委員会編　一九七一、一〇二）。網代が定置漁業に、村の海面分割が近世の村ごとの地先漁場を踏襲した専用漁業、または区画漁業と、沖合漁業は特別漁業に対応する。

「網代」は、魚の集まる天然の漁礁で、村の占有する海面の権利とは別の性質をもつ場合が多かった。明治漁業法の定置とは漁具を固定した場所の権利である。しかし、本書で取り上げる網代には漁具を固定しない漁業も含まれるため、厳密に言えば定置漁業権とは異なる。そのため、本書では定置の語を用いずに、網代の語を用いていく。「網代」とは、史料用語、地域タームであって、『分類漁村語彙』にも魚の集まる好漁場の意味として出てくる（柳田　一九三八）。また、地域によっては曽根や瀬とも呼ばれる。網代漁業は陸地に近い沿岸部で行われることから、いわゆる村の地先海面における権利の枠組でとらえられがちであった。しかし、現代の定置漁業権は村（漁協）の権利である共同（専用）漁業権とは区別して扱われているので、近世の網代も村の地先漁場とは別の権利として営まれてきた可能性がある。また、カツオ漁場となる瀬や曽根のような沖合における網代も存在した。つまり、沿岸部のみに存在するものではなかった点にも留意せねばならない。網代と定置漁業権については、中世にすでに形成されていた漁業権が近世に残存している事例としても注目する。五島列島の中世の網代権を究明した網野善彦は、現代の五島に網代権の端緒がみられるという宮本常一の指摘（宮本　一九七二）に注目し、近世の網代の動向を究明することを課題として言及している（網野　一九九五）。本書第一―二章では、この点を論じていく。

線を引いて海面を分割して形成された漁場は、村の地先漁場である。漁業者がターゲットにする魚類（海の資源）は動くことを特徴としている。つまり、漁場を境界線で区切っても、その線を越えて魚類は動くのである。ここの論点は、動く資源を捕獲するための権利がどのように形成され、展開したのか、である。また、海の空間が横軸の海面と縦軸の水深に特徴があることに目を向けるならば、漁業の権利が重層的に展開していたことにも当然、注目する必要があるに違いない。河野は、瀬戸内海地域の各漁村が占有する海面に多様な漁業用益の場のあることを指摘した（河野　一九五八）。しかし、分析対象以外の、例えば東シナ海や日本海、太平洋など、浦方の占有海面（海面の権利保持者）と実際の漁撈活動場との関係性の究明も課題となろう。また、地先漁場の形成は近世村と石高制の成立と関わっていて、漁業生産のみの論理でできたものとはいえないという指摘も視野に入れる必要がある（近藤　一九五三）。

入会は、「沖は入会」とあるように、特定のいくつかの村が沖へのアクセスを自由に行うとされている。現在の公海における釣漁の自由操業からすると、誰でも沖合漁場にアクセスできると思われがちであるが、沖へ出る村には出漁権が必要で出漁漁村は限定され、出漁権を持つ者どうしでの沖をめぐる漁場争論も多発していた。沖合の入会は一村に帰属せず複数の村を単位として沖合の利用の取り決めがおこなわれていた。このように、沖合の漁場利用のあり方についても検討する必要がある（田島　一九八八）（小栗　一九八三）。沖合の入会については村どうしの規制のあり方の時系列的な変化を検討する。そのうえで、漁場利用に見る地域性についてとらえていくことになる。

本書ではいつかのタイプの異なる漁業が展開している地域を個別に取り上げ、各地域の漁業権と漁場利用がどのように展開したのかを比較、考察する。この課題の対象地域として、肥前国（長崎県）南松浦郡の五島列島と肥後国（熊本県）天草郡、それに南九州（鹿児島県）まで含めた九州西部、南部に設定する（図序－2）。その選定理由は、次のようになる。これまでの近世漁業史研究は、瀬戸内海や江戸内湾などのいわゆる「内海」世界や、関東、日本海側の若狭湾・越前、紀州、三陸などの「外海」や沖合をはじめとした事例研究によって進められてきた[20]。しかし、東シナ海などの「外海」に面する西南日本の沿岸部（特に九州地方）では、捕鯨業の研究があるものの、カツオ一本釣、マグロ大敷網、ブリ網、イワシ八田網や地曳網漁業などについての研究は少ない。そのため、さまざまな漁業技術や

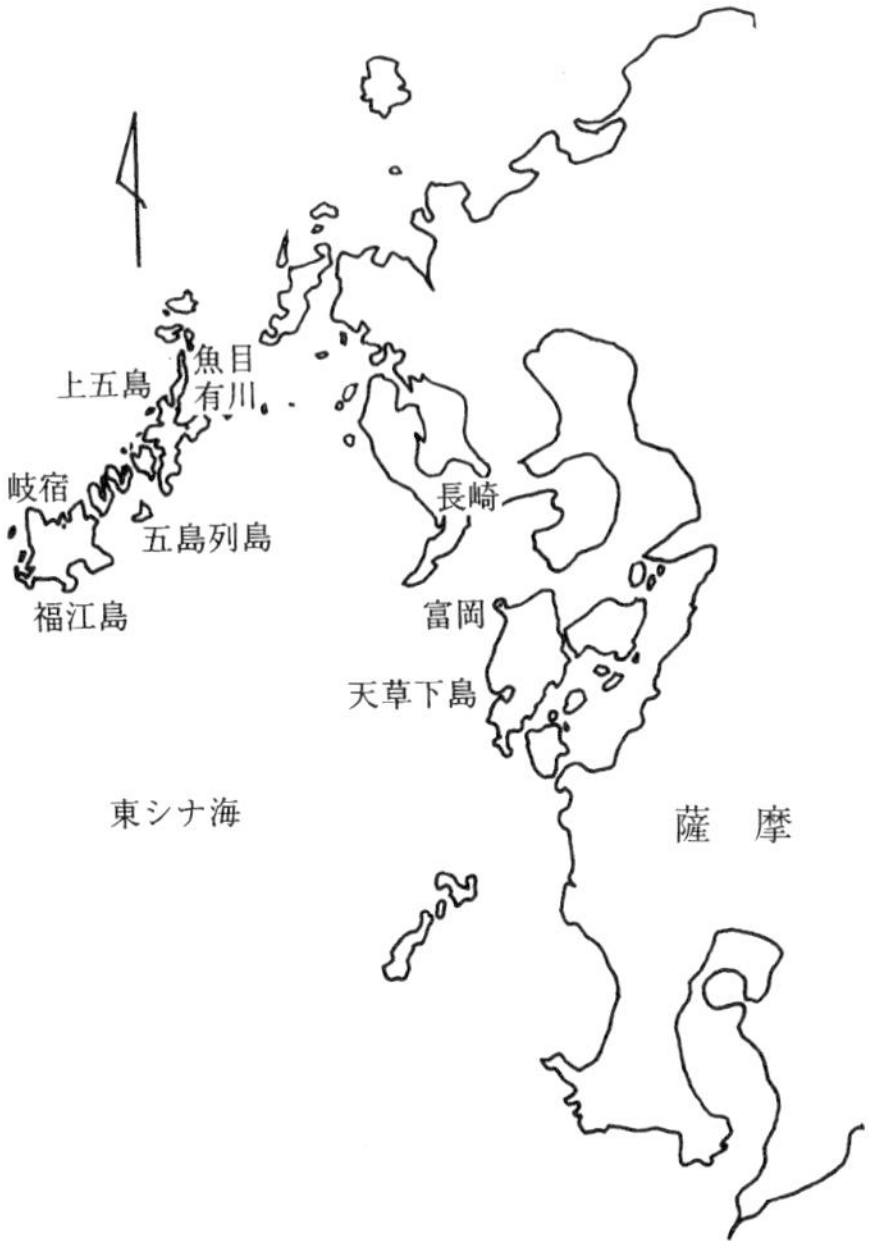

図序-2　本研究の調査対象地

操業の変化を漁場利用に注目しながら考察する余地がある[21]。

五島藩支配の五島列島は捕鯨組をはじめ全国からの入漁者と五島からの出漁者が多いことを特徴とし、封建制の展開にも全国的な動向とは異質な面が多々あった。天草諸島は島原天草の乱後に幕府直轄領となり、新秩序の大庄屋組と「近世村」や近世漁村である浦方が形成され、厳しい封建制度が敷かれた（中村　一九六一）。また薩摩藩領は封建制が徹底され、郷を単位とした武家支配がおこなわれていた（秀村　二〇〇四）。つまり、三地域は支配のあり方からしても大きな特徴を持っていたので、漁場利用のあり方にもその影響が出るのかどうか注目される。

本書は地域別に三部構成とした。第Ⅰ部（第一―二章）は五島列島における十三世紀以降に始まる網代（魚の集まるポイント）での漁業の十八世紀までの変遷を取り上げた。第Ⅱ部（第三―五章）では天草諸島を事例にして、十七世紀以降における漁村の占有する陸に近い複数村地先にまたがる海面や一村地先海面の再編とその海面における漁撈活動の実態を取り上げる。第Ⅲ部第六章では薩摩藩の漁業政策を、第七章では薩摩藩における漁場利用について十八世紀以降に漁業の権利形成がなされる沖合漁業の展開を中心に検討した。

第四節　本書で用いる主な用語について

本書の対象とする近世期は封建制度下の社会であり、海の領有主体は支配者（幕藩）と村（浦方）、そして漁民ごとに存在していたといわれている（山口　一九四八）（定兼　一九八九）。「海面領有」なる概念は近世の場合、一般的に領主による海の支配を意味する語彙として用いられることが多いが、本書では海面領有の意味を、生業レベルでの自然の領有の議論に倣い、支配者の海面領有でなく、漁村（浦方）が占有する地先海面の権利として用いる。すなわち領有は、「自然の領有」の意味から、海域の総有[22]、占有、所有を包含する概念となる。しかし、近世社会における領有なる概念は支配者による海の支配の意味で用いられることが多い。漁村、ないし漁業者の海面利用の権利を積極的に問題にしていく本書では、領有概念を用いると誤解を招く恐れがある。そのため、漁村が海域に有する権利を海面（漁場）占有の語で説明していくことにしたい。漁村の占有した海域の内部または外部に、村または個人が主体となる個別の漁業の権利が存在するからである。これは個別漁業による海域の資源利用、用益の権利にほかならない。

このこととも関連するが、本書では章・節のタイトルに、漁業権にみられるような権利なる概念を多用している。本書では、それを近代以降の法にみられる権利と区別して用いる。すなわち漁業に関する権利は、支配者から公認された出漁権と、争論を通じて獲得された権利に大まかに区分される。前者は政治的意味合いを併せ持ち、後者は漁業用益から生まれた権利となる。権利に基づいた空間利用のあり方をみると、まず季節差や時間差、漁種の違い等の自然条件をベースにした海域の重層的利用がみられる。また、権利の保持者がそのまま漁撈活動を行う場合と、権利の保持者と漁撈活動者が異なる場合もある。後者の場合、漁場の権利をもつ者が他者に漁場での活動や経営を請け負わせ、後に漁場経営を請負っていた者へ権利を譲渡する流れがあった。これは漁場請負制と呼ばれる。

浦方とは、近世郷村制度下における村方（地方《じかた》）や山方、町方と明確に区別された漁村を指し、漁業権の対価となる水主役・海高・御菜魚代などの漁業年貢を負担していた。五島では浜方、天草では舸子浦（水主浦）とも呼んでいた。各藩による違いもあるが、水主役については概ね水主浦制度の下で、幕府や藩が軍役や海上航行に関わる夫役などを漁村に負担させ、その見返りに漁業権を付与する仕組みであった（田島　一九八八）（三鬼　一九六七）。いずれにしろ、近世漁業権を与えられた村が浦方であり、浦方は水主浦と漁浦の二種に区分される。五島藩では浦方に相当する村は浜方百姓村と呼ばれ、藩主参勤などに際しては水主役負担を担っていた。また、天草郡の浦方は水主浦である。しかし、天草では浦方と地方に分村せず、ひとつの行政村のなかに地方と浦方が存在していた。近年の研究では「海付村」と呼ぶことが一般的になりつつあるが（後藤　一九九六b）、本書では、一部を除いて五島列島では浜方、天草では浦方の語を用いていく。なお、臨海村であっても漁業権を持たない村（地方）も多く存在することから、こうした村を「地方」または「海付き地方」の呼称を用いて区別していく。

なお、本文中に提示した各史料にある傍線は、筆者が重要だと判断した箇所にひいたものである。

第Ⅰ部　五島列島における漁業と漁場利用

肥前国五島列島の地域概観と史料

第Ⅰ部では、中世に倭寇の根拠地とされ、近世には複数の小藩が支配を行った五島列島の漁業と漁場利用を検討する。

最初に、研究対象地域の概観を行うことにしよう。長崎県五島列島は、長崎の西方一〇〇キロに浮かぶ大小一四〇余りの島々からなる。本稿で取り上げる有川、魚目、青方は中通島に（現・南松浦郡新上五島町）、岐宿、三井楽は福江島（現・五島市）に位置する。列島自体が対馬暖流域の本流に位置しているため、本土では沖合の海域に回游するような魚資源が沿岸域や湾内まで回游している。列島の島々は、火山で形成された島が多く、リアス式海岸、沈降海岸が展開し、魚が寄ってくる「網代」や曽根が、数多存在している。このように海洋資源が非常に豊富であるが、消費地から遠いため漁業の発展は停滞していたと思われがちである。しかし、古代から白水郎の存在で知られ、中世の倭寇の史料には漁業記事も散見され、江戸期も「五島の鮪」として著名であったように漁業が盛んであった。江戸時代以前から島外からの出漁者が多くみられ、彼らは鰹節納屋や鯨納屋を五島各地につくり、捕鯨捕魚から加工まで行うマニュファクチュア的な漁業を行い、島の人々を雇用していた。

中世の五島列島では、松浦党に属する党的な武士団（国人）が割拠し、本研究で取り上げる『青方文書』を残した青方氏もその一党であった。室町期になると、それらの武士団も下松浦一揆結合を通じて、後に近世五島藩主五島氏となる宇久氏を棟梁とする形へと変化し、近世を迎えることとなる。また、この島々は倭寇の根拠地としても知られ、中国東海岸までその勢力範囲を拡大し、海賊業を営む者も多く存在したとされる。

近世の五島列島は、有川や小値賀島（北松浦郡小値賀町）の捕鯨、下五島のマグロ大敷網漁業が著名で、『日本山海名産図会』の「鮪」の項目にも「筑前宗像、讃州、平戸、五島に網すること夥し」とある。

当地は五島藩の五島氏、富江陣屋の五島氏、平戸藩の松浦氏によって藩領が区分され、この三者によって長く支配されてきた。また、地域によっては「二方領」「三方領」というように、所領地を二分割、三分割するのでなく、年貢を含む諸収納分を二分・三分するような形で、一つの村を複数藩が支配した地域もみられた。これは海や島嶼支配の特徴ともいえる。五島藩は藩領を十程度の代官所に分けて「掛」という地域単位を設け、代官とその補佐の下代官（下代）によって島内を治めていた。「掛」の内部にある村は地方百姓村、浜方百姓村、竈方百姓の村に区分されていた。村方の三役は庄屋・小頭（組頭）・百姓代である（森山　一九七三）。五島藩の濱方支配、漁民支配、漁業政策は藩の蔵許が関与し、操業網には藩から付与された加徳と呼ばれる網株が設定されており、それは藩の知行高に結びつけられていた。この加徳については、第一～二章で検討する。

次に、本書で用いる五島列島の史料について紹介しておきたい。五島列島の上五島中通島（当時は浦部島）青方には十三世紀～十五世紀を中心とした漁業記事の豊富な『青方文書』がある（瀬野校訂　一九七六）。全国的にみても、この種の中世文書が存在する事例は若狭以外に稀有である。さらに、本地域には十七世紀～十九世紀における捕鯨関係史料、マグロ網関係史料も多い。とりわけ羽原又吉が調査、筆写を進めた福江島岐宿の西村家関係文書（筆写史料）はこれまでの研究では取り上げられてこなかった。これらの史料は、一部の捕鯨史料を除いて、研究に十分に活用されていないのが実状である。

第一章　中・近世移行期の上五島における網代の権利

――十三世紀後半〜十七世紀後半――

本章では、近世における浦方（漁村）による海面占有の展開の中で、中世以来の漁業権がどのような形で展開したのか究明する。近世漁業史研究では、浦方、すなわち漁村が共同で占有、利用する近世的総有関係にある漁場を指す「浦方総有漁場」説と、近世の村の基本構成員である総百姓の持ち高や百姓株などを基準とした漁場の占有利用関係である「総百姓共有漁場」説が、一九五〇年代以降の近世漁業史をリードした議論だった。つまり、主として近世漁村が占有する地先海面での漁業権や用益について解明が行われてきた。後者の説へ根拠をおく研究では、中世以来の在地領主による漁場利用から郷村制の成立による村単位の漁場利用への移行・転換にともなって、村の地先漁場が形成されたと理解されている。しかし、郷村制の展開は地域によって様々であり、村の沿岸漁場を占有する力が弱く、網漁業（網代）や沖合漁業の権利が強く存在する地域もあった。この章では、この例として五島列島（図1－1）に展開した網代漁業を取り上げていく。

第一節　中・近世移行期の網代漁――十三世紀後半〜十七世紀前半――

（一）　はじめに

これまで中世的漁業権が近世期の中で（春田　一九九〇）（白水　二〇〇一）、近世的漁業権が近代の中で、それぞれどう変化したのか、時代をこえた漁業権の研究も進められている。本節でも、肥前国五島列島の上五島において、十三世紀後半から十七世紀前半（中世から近世に跨って）に網代の権利と漁業がどのような変遷をたどったのか、考察する。つまり、それは時期ごとの網代をめぐる用益形態が、人間の自然（主として海）への漁業による働きかけによっていかに再編したか、を把握することでもある。上五島は青方氏の支配領域であり、主として『青方文書』を用いて、十三世紀後半から十五世紀における海の生業用益空間の利用とその再編について検討することにする。その際、以下では十三世紀後半から十四世紀前半と十四世紀中葉から後半にわけて検討する。

従来、中世、五島地域を足場に活動した松浦党の存在が注目され、松浦党一揆研究が蓄積されてきた（瀬野　一九五八）（網野　一九六一）。そうした中で、村井章介は十三世紀から十五世紀の、いわゆる下松浦党一揆における「単独支配→分割支配→共同支配→領主制」への時代的変質を明らかにした（村井　一九七五）。こうした研究の流れとは別に、五島の中世漁業史研究が羽原又吉の社会経済史学や宮本常一に始まる民俗学の立場から行われてきた（羽原　一九五二）（宮本　一九七二）。また近年では、下松浦党一揆研究の成果を取り込む形で、白水智が漁業の特殊性に対する秩序形成のためにも一揆結合がなされたことを明らかにした。さらに白水は青方氏の生業活動に注目し、漁業面では同氏と堺氏の争いを軸にした漁業権の形成と変化を丹念に追っている。そして、青方氏などが十三世紀後半以降に地先漁場の占有から地先に関

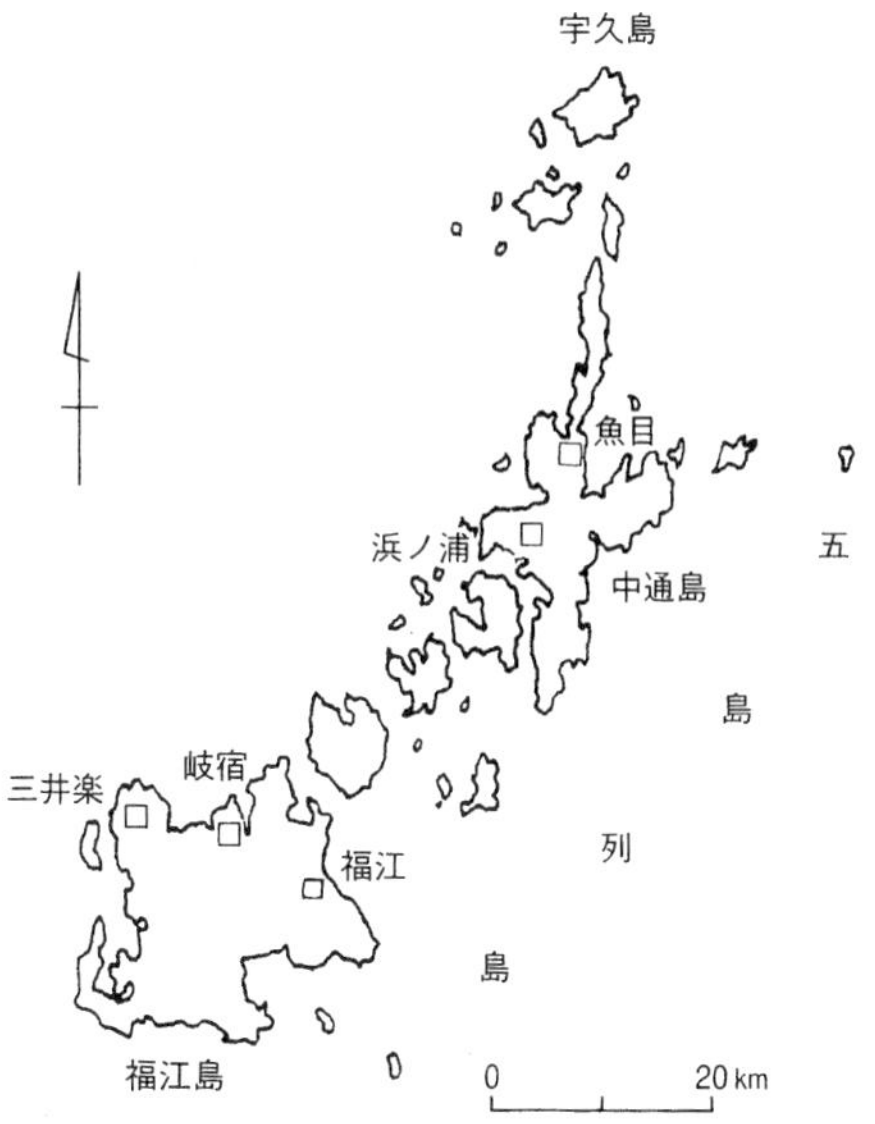

図１－１　五島列島における中通島魚目、浜ノ浦、福江島岐宿、三井楽の位置

係なく網代を設けたように、漁業を生業の軸に重点的にすえるようになったとした（白水　一九八七、一九九二）。この指摘は非常に注目される。以上の研究史をふまえると、課題としては、地先漁業権や定置漁業権、沖合へ展開する漁業の漁業権といった江戸時代につながる漁業権の形成について、『青方文書』や先学の研究を通して明らかにすることが挙げられる。

（二）　十三世紀後半〜十四世紀前半

それでは『青方文書』にみられる漁業権の記事を検討していきたい。表1－1は、十三世紀後半から十五世紀前期における上五島、青方氏領内の土地の用益と海の用益の記載数を掲げたものである（項目別に『青方文書』から抽出）。ここで出てくる青方氏は浦部島（現・中通島）北西部を治める地頭で、現在の新上五島町青方と奈摩（那摩）を根拠地にしていた。また、鮎河氏（堺氏）は浦部島に住む国人で、青方の南側に隣接する鮎河（現在の相河（アイノコ））を根拠にし、元亨二（一三二二）年七月には青方氏から根拠地周辺の地頭職を得ていた。

（史料1－1）

浦部島の内、青方の浦の古老の地下人百姓等申上候、地頭こみね（峯）のけんとうし殿（持）と、青方の入道殿（家高）と御知行の時は、地頭得分一年に一度なつかりのとき二三日、百〔姓カ〕たち候うし事と、ひうとのちう人を□□□候へは、たう□□網一帖くたさせ給い候て、この網一帖か得分を、召され候し事□貧窮の時に、さいせう〔□□〕めされ候し事はけんせん（現前カ）に候、（以下略）

（『青方文書』三十八「百姓等連署起請文案」弘安三（一二八〇）年十一月）

これは、十三世紀以降の青方浦において網漁業の記録がはじめてでてくる弘安三（一二八〇）年十一月の史料である。内容は、守護からの浦部島地頭青方氏の得分に関する尋問に対して、百姓等が連署起請文によって注進したことである。この史料には「夏狩」や網とあるように狩猟や漁業等による暮しがうかがわれる（白水　一九九二)。

(史料1-2)

あゆかわに候ハんあみ一てうハ、そうりやうのうちに所をきらわすたてらるへく候、一てうのほかハそうりやうにたて候ハん時ハ、そうりやうのしんたいたるへく候、よてゆつりしやうくたんのことし、

(『青方文書』一六三「青方高継譲状案」文保二年九月十七日)

この文保二(一三一八)年九月の青方高継譲状は青方惣領家が鮎河氏へ網一帖の入漁権を与えたことを示す記事である。この史料には、鮎河氏が自らの網一帖を惣領のうちならどこでも立てることができ、その他の網一帖を惣領のうちにたてる時には、惣領の指示を得るようにとある。白水智によると、惣領の内とは青方氏の惣領が支配する領域で、この範囲は現在の中通島の西半分の大部分を占めている(白水 一九九二、二三六)。白水はこの青方氏の惣領の領域内で鮎河氏が自由に網一帖を入れられる権利について、粗いルーズな取り決めであると評

表一-一 13世紀後期~15世紀前期の上五島青方氏領内の土地・海面の用益形態

	時期区分	陸の用益										海の用益											
		屋敷	薗	本田	開発田	畠	山	塩	牧	その他	小計	漁	網A	網B	網C	網D	網E	網代	番立	うきうお	漁業秩序	小計	計
I	13世紀~14世紀初	1	4	6	0	5	11	4	0	0	31	4	2	0	0	0	0	0	0	0	0	6	37
II	14世紀前半	8	1	7	6	4	6	10	2	7	51	3	1	2	1	0	0	3	0	0	1	11	61
III	14世紀中葉~14世紀末	3	1	13	5	4	3	2	7	6	44	5	1	4	0	3	1	5	3	0	3	25	69
IV	15世紀前半	6	0	8	9	2	4	3	2	4	38	2	1	3	2	6	4	2	6	4	4	34	72
計		18	6	34	20	15	24	19	11	17	164	14	5	9	3	9	5	10	9	4	8	76	239

(注) 網Aは発生期の網、網Bは分割期、網Cは階層を示す網(先祖網、百姓網)、網Dは魚名を冠した網、網Eはその他の網を示す。(「青方文書」の生業に関わる記事を抽出して作成)

価している。

青方氏は元応二（一三二〇）年十月には青方高継、高光の兄弟どうしでの相論が生じ、那摩本屋敷と前田一反、山口新田一反、那摩内曽根を高光知行とするに至る。

（史料1－3）

一、屋しきの事、…（略）

一、まきの事、…（略）

一、あみの事、いや三郎かちきやうふんニたちたらんあミハ、まこ四らうとはんふんつ、とるへし、まこ四らうかりやうないにたちたらんあミ一てうか五ふん一をハ、弥三郎とるへし、又弥三郎かちきやうふんニしほやなからん時ハ、そうりやうのしほかまにきりこ一人いるゝへし、そうりやうせいすへからす、

（『青方文書』一二三「青方覚性譲状案」元徳二（一三三〇）年六月二日）

この「青方覚性譲状案」は、所領等を次男青方高能に譲るとする内容であり、また弥三郎が知行分に立てた網からは孫四郎と半分ずつとり、孫四郎が領内に立てた網一帖の五分の一を弥三郎がとるように、ということである。また、元亨二（一三二二）年七月には、島内の国人の堺深（後の鮎河氏）に対して青方内鮎河浦地頭職を銭五〇貫文で売り渡すことになる。これは、惣領青方氏から一族や家来へ、屋敷や牧とともに網を分割贈与した動きである。ここでは便宜的に譲渡網を「分割網」とする。(1)すなわち、粗放的な網の漁業を記した史料1－2の文保二（一三一八）年以降の過程で、網を分割する細かい仕組みが形成されたことが推測できる。

十四世紀前半までの漁業の用益形態について、史料上に出てくる記述を比較してみたところ、この時期は海の用益と比べて陸の用益が極めて多い（表1－1）。例えば、青方惣領から一族への所領・用益譲与として、元応二年十月、元徳二年六月、元亨二（一三二二）年五月の記録があり、その内容の多くは開発先の那摩の水田が占めている。だが、漁で用いる網の原料が藁であることを考えれば、水田は漁業の展開と何らかの関わりがあったと

想定することもできよう。ただ、この時期に、網が固定の場所に立てられたことを示す史料はみられない。しかし、那摩内の浜熊の「かいふにん」の記載から、青方沖、那摩付近とその飛地、曽根・矢堅目の地先にも網が張られていたことが窺われる。小括すると、この時期、上五島の青方付近では田畠等から受ける恩恵は少なく、山野・塩竈等から出る用益権に依存していた。他方、海面の占有は行われず、好漁場に張った網の用益権が所有対象であった。

(三) 十四世紀中葉から後半

十四世紀中葉に至り、五島地域で網代についての史料が初めて現れる。

(史料1-4)

ひせんのくに五たうにしうらへあかはま・ミつしり・かわちのあしろの事、

右、あをかた殿ひせん殿たいろんにをよひ候あひた、らきよのほと寂念かゝりをき候ところ也、よてのためニかゝり状如件、

(『青方文書』二八〇「寂念置文案」康永三年卯月一日)

康永三(一三四四)年一月、青方氏と松浦(峯)(平戸松浦氏)との間で網代相論が起きた時の文書である。網代と網との違いは、網代には地名を冠していることである。網代は、現在でも五島列島の漁師の間では魚の集まる天然漁礁の意味で把握されており、ここには入漁する権利(入漁権)が発生している。網代とは好い漁場の意味の言葉として五島地域では現在でも使われ(柳田 一九三八)、魚の集まる場所を示している。地形学的に、網代は波食残丘などに当たると推測される。この史料には地名を冠した網代の記載が出てくる。これは定点に集まる魚を獲る漁撈活動を意味し、十四世紀中葉以前から存在していた網の権利に加えて、史料1-4の段階では魚の集まる魚礁、固定された漁場での権利が発生したと思われる。この様子を地図上で復原したのが図1-2であ

る。

その後も、網代の権利をめぐって相論が多発する。正平二十一（一三六六）年には赤濱網代において青方氏とその一族や国人衆である鮎河氏、神崎氏が絡む相論が生じた。

（史料1－5）

就青方覚性沽券状等、（鮎河）直・進（青方）重・（神崎）能阿相論赤濱網代事、いささか及旧論之間、宇久・有河為左博令談合、両方理非於以和談之儀、直・進方仁件赤濱参番網代併那摩内波解崎之崎網代・数家［祝言カ］之前倉網代等一円仁沙汰付おわんぬ、但赤濱者、又六番も可為直・進方、此上者、於向後可被成一味同心之思也、若以非分之儀、重及旧論、背一揆之治定之旨、有違篇之儀者、任請文事書旨、違犯人々於宇久・有河中於永可擯出之上如件賓、

正平二十一年八月廿二日孔事次第　授（花押影）

（『青方文書』三一七「宇久・有河住人等連署置文案」正平二十一（一三六六）年八月二十二日）

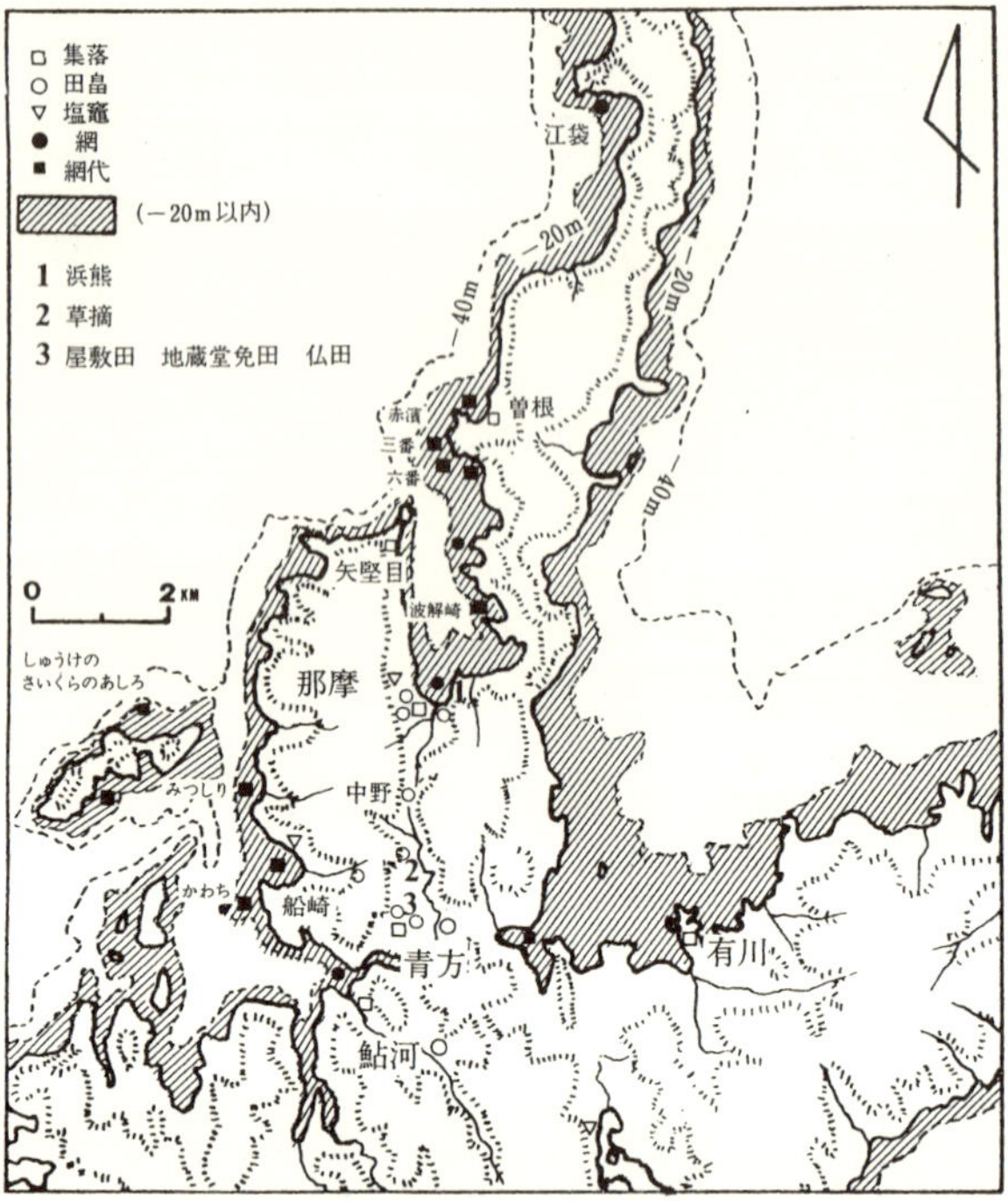

図1－2　上五島における14世紀中葉の生業用益空間とテリトリー（『青方文書』と聞き取りをもとに作成）

相論の発端は、鮎河氏が青方氏の赤濱網代の利用を望んだことから生じた。というのも、この争論は、前掲の

史料1－2の文保二（一三一八）年九月の青方高継譲状にあるように、青方氏が惣領の範囲内なら網一帖を自由に入れてもいいとの譲り状を出したことを根拠に、鮎河氏が赤濱網代の利用を望んだことで生じたからである。ここには青方惣領内の漁場利用の旧慣を踏まえ、用益権を主張する鮎河氏と、用益権の分与を行使した十四世紀前半の頃ほどの惣領としての権威が見られない青方氏の姿が窺われるが、両者の主張は食い違いをみせる。この相論に宇久・有河住人連合（一揆）が仲裁に入り、その結果、青方惣領家側が網代の部分的な権利を放棄することになった（白水　一九九二）。ここで重要なことは、用益空間の共同利用権が青方氏からではなく、一揆により与えられて存続することになったということと、用益空間の利用形態が網代は「赤濱三番・六番」とあって、籤引き等で輪番利用の取り決めがなされていたことである（白水　一九九二）。

応安六（一三七三）年になると、九州探題今川了俊の働きかけで、五島全体の小領主たちは、身分の相違なく、平等に一致して足利方に味方する旨の一揆契諾を結ぶ。そして、応安七（一三七四）年五月には、青方重領内の網五分の一の得分をめぐる宇久氏・有河氏相論を、称・頓阿の当事者以外の寄合が裁いた。このように、各氏の分割支配から一揆結合による共同支配が進み、上五島全域で網代をめぐる相論を裁く機能が形成された。

さて、永和三（一三七七）年を迎えると、正平二十一年以来の鮎河氏・青方氏の網代をめぐる動きの取り決めが崩れる。

（史料1－6）

うりわたし申候ところニひせんくににしうらへあをかたのうらのあしろ事、

右、ところハたかつくのしや□まかせてあかはまのかますあしろの一はん・二はんおなんし申候ところに、うく・ありかわの一そくのさたとして、あかはまの三はんあしろ・はけさきのあしろ・しうけのさいくらのあしろ、これ三をたうゐんいちゐんにちきやうつかまつり候お、よう〳〵候によて、あおかたとのにゐいたいをかきて二十三くわんもんにうりわたし申候ところしつなり、さん〳〵いのあしろのことハ、ほんしよもんにまかせて、たうゐんちきやうつかまつるへく候、たゝしたうゐんちきやうのうちのあミ一てうのうち、五ふんの五ふん一、つるとののほんしよもんにまかせて、ち（き）やうあるへく候、これハのそけ申候て、うり申さす候、たゝしこさいわ、たうゐん一ゐんのとくふんにて候あいた、あをかたとのいちゐんめさるへく候、このくたんの三のあしろハ、たうゐんかちうたいさてんのところにて候あいた、あをかたとのにゐいたいをかきてうりわたし申候、すゐか〳〵まて御ちきやうあるへく候、

一、三のあしろのこと、うく・ありかわの一そくのあつしよしやうおそへテーマいらせ候、こなたのようのときハ、なんときにても候とも申へく候、そのときハいきなく給候へく候、たうゐんかしゝそん〳〵にいたるまて、いらんわつらい申ましく候、よてのちのためにうりけんのしやうくたんのことし、

（『青方文書』三三二「鮎河道円・鮎河泥連署沽却状案」永和三年四月十五日）

これは永和三（一三七七）年四月の「鮎河道円・鮎河泥連署沽却状案」である。この沽却状案によると、鮎河氏が青方氏から正平二十一（一三六六）年に得た赤濱三番・波解崎の崎・祝言島の三つの網代を二三貫文で青方氏に売ることになり、この三つの網代以外に散在する網代については、これまでの通り鮎河道円が知行するというものである。網代の売買にあたり、正平二十一年の宇久・有河住人等連署を添え、一揆結合に従順であることを、この文書は示すが、一ヵ月後の永和三年六月には青方進が鮎河氏から購入したばかりの青方浦の地名を冠した三つの網代に、かます網代を加え、二貫三〇〇文で同族の神崎氏に売り渡してしまう。

（史料1-7）

かつをあミ、しひあみ、ゆるかあみ、ちからあらハせう〳〵ハ人をもかり候いて、しいたしてちきやうすへし、

（『青方文書』三三一「青方重置文案」永和三年三月十七日）

地名を冠した網代のほかに、永和三年三月の「青方重置文案」には「かつをあミ、しひあみ、ゆるかあみ」の

記述が見られ、魚名を冠した網が知行の対象となっている。

このように、当該期における漁場利用は、網代の誕生により固定化していく様子を知りえる。網代には地名が冠されているので、どこの場所に網が立てられていたのかがわかり、現地比定が可能となる。網代に冠した地名を図1-3、表1-2の「瀬」と絡めて復原を試みると、赤濱は現中通島奈摩湾入口にある新魚目町曽根郷赤岳

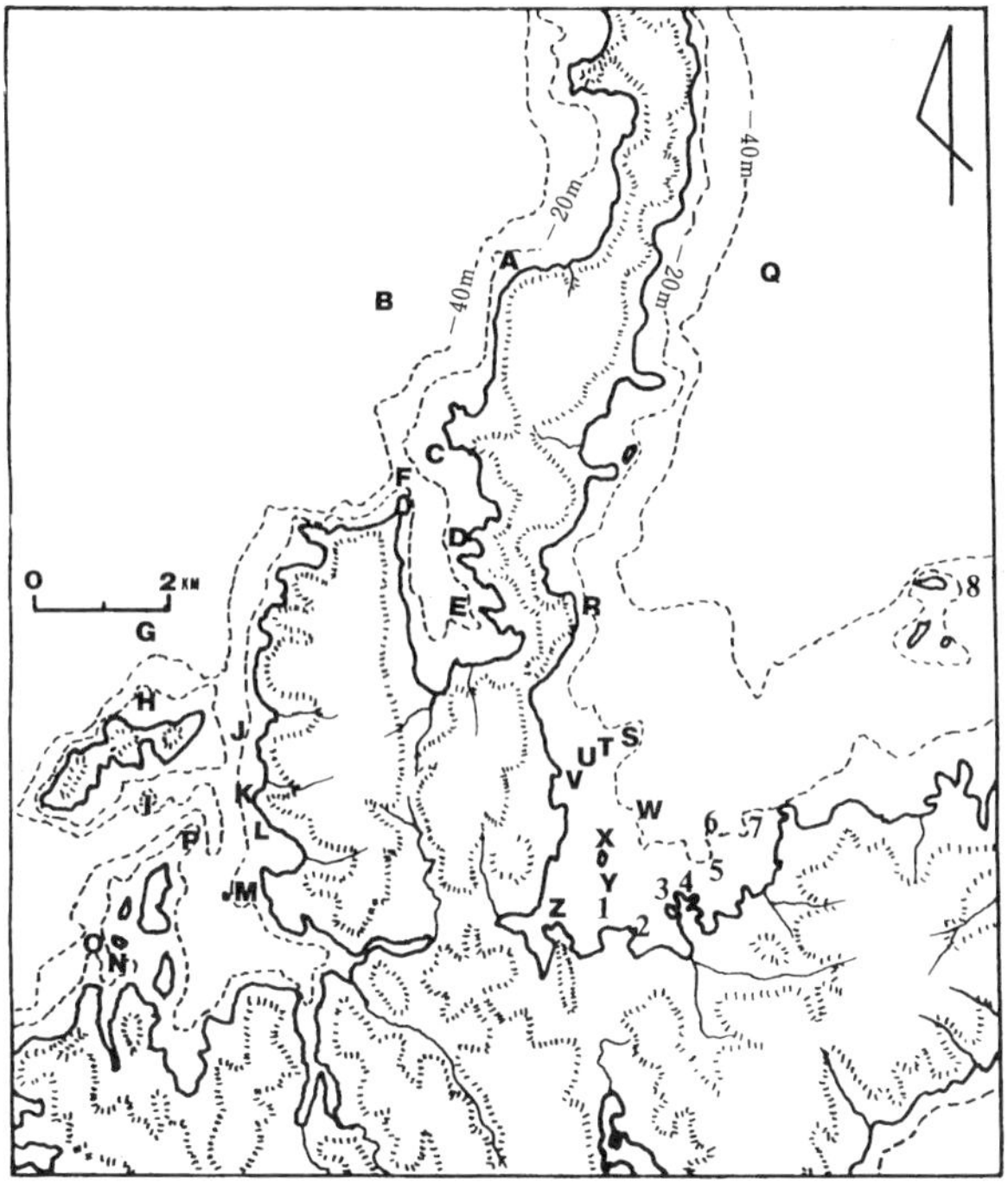

図1-3　上五島における主要な「瀬」(『青方文書』、『海境帳』(元禄期)、現代定置漁場図(『新魚目町郷土誌』所収)ならびに聞き取りをもとに作成。A～Z・1～8の記号・番号は表1-2に対応)

断崖付近のCの三尋曽根、ミつしりはKの上五島町樽見付近、かわちはLの同町船崎からMの一の瀬魚礁付近、波解崎之崎はEの奈摩湾内の青砂ヶ浦付近、数家之前倉網代はH・Iの祝言島付近に比定される。いずれも水深二〇メートル以内の範囲の浅瀬に、網代は見たてられていたことがわかる。なお、奈摩湾北部の赤濱とそれ以外の網代の位置は約三キロ離れており、赤濱網代についてはこの網代から約七キロ離れたところを本拠地にする鮎河氏も権利を主張している。このことは、赤濱網代が当該時期における唯一の番立網代として主要な相論漁場であったこと、すなわち、十四世紀後半の浦部島北部

表1-2　中通島北部における主要「瀬」一覧

瀬番号	瀬名	中世(網代)	17世紀	現代	水深(m)	備考（共有地、陸地）
A	碇瀬			小定	0	
B	壺瀬				18	
C	三尋曽根	赤濱			2～10	曽根
D	広瀬				7～10	広瀬
E	ハゲ埼	波解崎			7～9	青砂ヶ浦
F	矢堅目崎	赤濱			3～14	矢堅目
G	キビナゴ瀬				7	応永29年松浦青方相論
H	百貫瀬	祝言前倉			3	応永29年松浦青方相論
I	相之瀬	祝言前倉			3～10	応永29年松浦青方相論
J	唐人バエ				5～10	樽見
K	みつじり	みつじり			8	樽見
L	河内バエ	河内			7～9	船崎
M	一之瀬				3～7	船崎
N	平瀬				2～9	青方松浦相論
O	力之瀬				0～20	青方松浦相論
P	タロミ瀬				1～3	樽見か
Q	亀ヶ瀬				2～21	
R	平瀬		鮪網代	小定	9～16	大浦
S	上葛瀬		江豚漁 氷魚漁	小定	4～11	魚目村
T	下葛瀬		江豚漁	小定	8	
U	地之葛瀬		江豚漁	小定	4	
V	干切瀬(ひぎり)		江豚漁	小定	4～11	魚目村
W	継子瀬		鯨漁境	海境	8～10	
X	筍島		鮪網代		3～7	
Y	メトリ瀬		鮪網代	小定	5	
Z	長瀬	桑木網代	鮪網代 江豚網代		3～7	桑
1	黒瀬		鮪網代		2～3	
2	鏡瀬		鮪網代		4	
3	祖母君之瀬				9	有川港
4	三番曽根		鮪網代		5	
5	オラレ瀬				6~9	
6	平瀬		シイラ網		1	
7	源五郎出し				10～11	
8	網掛瀬		シイラ網	鯨漁	8	

（注1）「小定」は小型定置網。「海境」は有川魚目間の海境線上にあることを示す。
（注2）海上保安庁水路部発行海図「志摩湾及有川湾」「五島列島」、定置漁業権図（『新魚目町郷土誌』所収、元禄期の浦絵図2枚（有川町役場、事代主神社所蔵）、元禄の海境争論史料、『青方文書』、現地での聞き取りをもとに作成。
（注3）瀬番号（記号）は、図1-3の「瀬」一覧地図の記号に対応する。

西海岸で最大の漁場であったことを物語っている。

ここで当該時期の海面占有と土地所有の関係についてまとめておくことにする。海の所有は網代の成立で網の用益権から瀬付近の輪番利用による海面所有へと変化する兆しがある。しかし、それはあくまでも漁期に左右されやすく、用益権中心であった。それに対する土地所有は水田農業が定着するにつれて意味を帯びていくことになった。

（四）十四世紀末期から十五世紀前半

ここでは小領主から惣領青方氏への網・網代の譲渡と新たな漁場利用について検討する。

応永二（一三九五）年十二月に、鮎河氏は青方惣領内にもつ永和三（一三七七）年四月に売却した以外の残りの散在網代を、青方氏に二十五貫文で売却した。また、応永三（一三九六）年十二月には、隠居の青方浄覚の得分であった「かます網」三人前、鰹網・烏賊網一帖を惣領青方固に返した。これらの譲渡の動きは惣領青方氏へ漁業の権利が集約されていることを示している。

新たな漁業の展開を示す史料をみていこう。

（史料1－8）

せん日あおかたどのとあゆかわとのこあミの御ろん候ほとに、ありかわ　われらかうらのうちよりあい申候てさはく申候ところに、うきうおの御ろん候あいた、しよせんさかいおさし申候、あおかたとのの御方ハ、こきてさきのうちおうきうおを御ひき候へく候、

一　ほかのはんたてのあしろの事は、せん日のはんたてのまま御ひきあるへく候（中略）

一　はんたての事ハ、うお候ハば、ひかわしに御引き候へく候、又うお見えず候ハば、二日はさなに御引き候へく候、（略）

（『青方文書』「穏阿等連署押書状」）

この「穏阿等連署押書状」は、応永五（一三九八）年七月の小網・番立網代をめぐる青方・鮎河氏の相論に対し、浦内の寄合が出した判決内容を伝えるものである。小網は「うきうお」を対象とした漁網で、漁場は「こきてさき」で区分しているように、操業に際して海面分割が行われたことを示す。

また、小網と別に、番立網代の使用取り決めも出された。これは、魚がいる場合には日替わりに、いない場合は二日おきに使用するように取り決めている。二年後の応永七（一四〇〇）年には、江袋かます網代（現・新魚目町）内の浦・二つ河原網代で、毎年網をひくことが困難なため、一年交替に両網代で一つずつひくように、青方氏ともう一方の当事者に契約させている。

以上のように、応永七（一四〇〇）年以降になると、小網とともに数多くの網が登場している。また、網代をめぐる相論は減少し、番立網代など漁業秩序の取り決めが見られるようになる（図1-4）。応永十九（一四一二）年七月には、網代のみならず、「浮き魚」を対象とする小網の月交替操業の規定まであらわれる。

当該期には、漁場がこれまでの漁業の中心であった青方周辺の網代よりも北に一〇キロ以上離れたところに存在している江袋網代まで拡大している（図1-4）。このことは、新たな網代を求めて漁場が外延的に拡大していたことも示している。このような拡大が可能になったのは、従来の青方、奈摩付近の網代（赤濱網代等）への国人の集中にともなって、新海域における新漁場開発の必要性が生じたこと、さらに網代のみならず、魚名を冠した網や「うきうお」小網などのような様々な漁業形態の登場などが背景になったことが推測される。

十四世紀末期から十五世紀前期の当地における海面の権利と利用をめぐる特筆事項としては、「固定漁業」として存在していた網代が、番立網代へと変化していったこと、そして、網代漁業とは別の形態の漁業として「うきうおこあみ」漁が始まったことが挙げられる。後者は、網代の権利を得て集まる魚を待って捕獲する形態とは異なる、「うきうお」、すなわち回游魚を追って獲る漁業形態ではないか、と思われる。つまり、網代漁にみられる固定漁場の形とは異なる漁業として展開していたことを推測できる。

この「うきうお」をめぐる争論が生じた際には、史料1‐8の「うきうおの御ろん候あいた、しよせんさかいおさし申候、あおかたとのの御方ハ、こきてさきのうちおうきうおを御ひき候へく候」とあるように、海面分割を行って解決を図っていたことが窺われる。これを、海面の分割という調整が必要となる漁業の出現、すなわち線で区画した漁場利用システムの端緒とみなすことができるかもしれない。

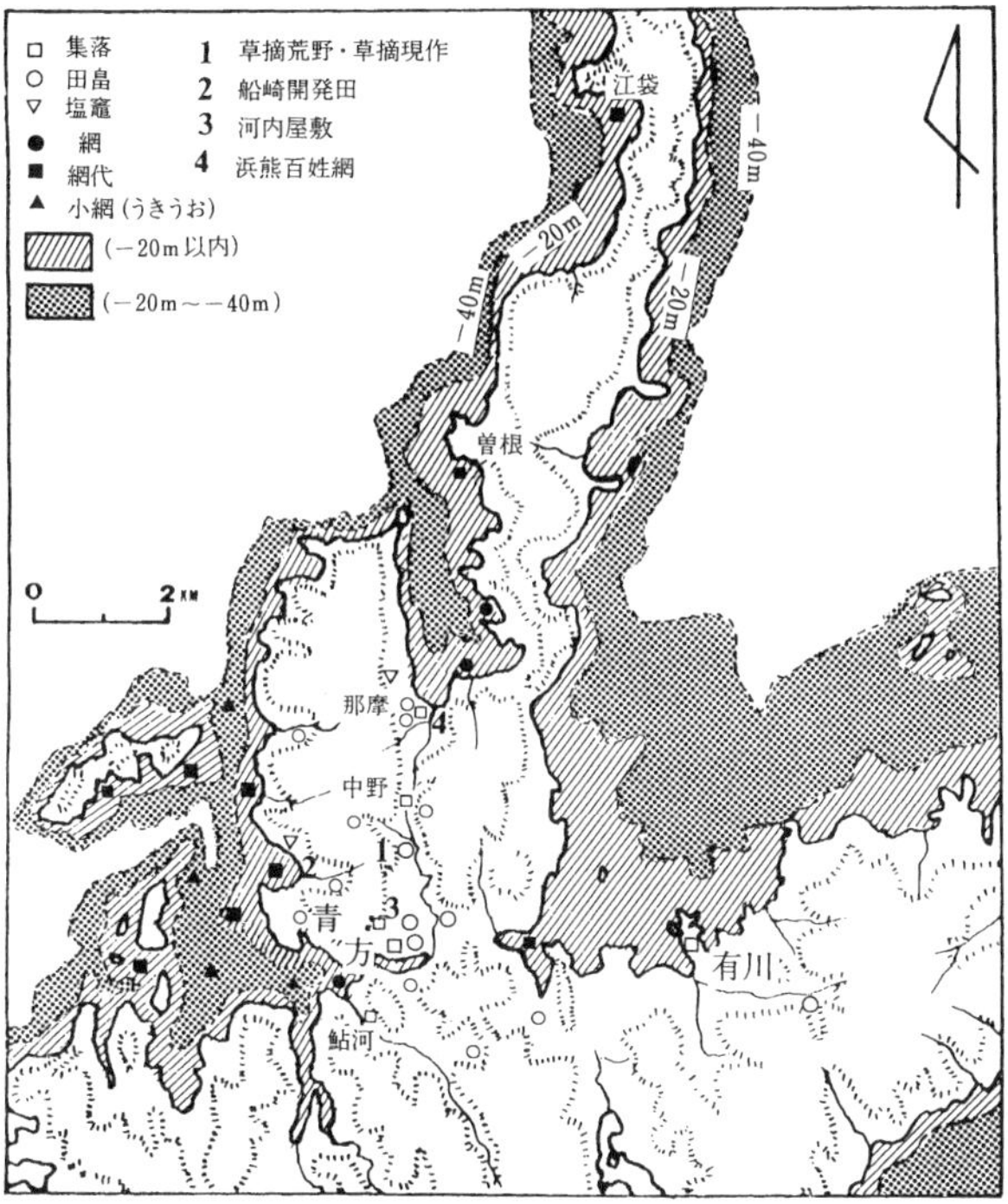

図1‐4　上五島における14世紀末期〜15世紀初頭の生業用益空間とテリトリー（『青方文書』と聞き取りをもとに作成）

（五）　十七世紀

続いて十六世紀、十七世紀の様子を検討しなければならないが、青方側の記録は少ない。そこで、青方の東隣に位置する中通島東海岸の有川湾（魚目湾）の十七世紀の漁業に目を向ける。有川湾を囲む魚目浦（富江領所属）と有川村（福江藩所属）との間では、幕府上訴にまで至った海境争論が起こった。その経緯を知る記録がある。魚目浦によって元禄二（一六八九）年に完成した『魚目有川両村海境争論史料』（旧富江五島家所蔵）と、有川村によって元禄期に成立した『有川魚目間之海境帳』（有川村庄屋江口家蔵）（寛文二年から元禄三年までの内容を記す）、さらに双方が貞享期に幕府に提出した、現存の二枚の海岸絵図である。五島藩時代に、浜方百姓村に指定された魚目浦は有川湾の西北部に位置する。ここについては、「浜百姓百四人魚目浦六ヶ村　魚目浦ハ江豚氷魚鮪鰑鰹鰯鯨等此外先記より猟仕候。田地少宛作り秋初其之藁を取り網に仕候、古より地方之役目少しも不仕候」（「第一回訴訟時ニ於ケル魚目側ノ口述資料」『魚目有川間之海境争論資料』〔新魚目町　一九八六b、一八二〕）とある。このようにイルカ（江豚）、シイラ（氷魚《ひいお》）、マグロ、イカ、カツオ、イワシ、クジラ等を捕る漁業が藁網を使って、有川湾で行われていた。

（史料1－9）

七目村之覺道覺跡兄弟ニテ此浦之猟場を切明け是ヲ見習ひ網数拾七帖ニ附ヘ所務等も仕伝候、前ニ分知頃より参拾七八年以前此浦衰え所務等も致減少魚目網壱帖七目元祖網壱帖休め残拾五帖之網御運上□五年均之割ニ入れ此網ばかり民部様御蔵許御支配ニ罷成候。（略）古来より仕伝候彼元祖網其外小網鯨突何猟ニても此方心次第に可致と申候、

（『有川魚目間之海境帳』〔新魚目町　一九八六b、三九〕）

魚目浦の猟場が七目村の覺道、覺跡兄弟によって開かれ、浦には当初、十七帖の網代があったことがわかる。しかし、富江分知（一六六一年）の約四〇年以前の頃にこの浦が衰え、所務なども減少した。それで二帖の網（七目元祖網、魚目網）を休めることになり、そして残りの十五帖の網に運上を課して、五島民部（富江陣屋領）の蔵元の支配下におくことになったという。これが十五の網加徳であり、この網と別に小網や鯨突きが行われていた。

マグロ網漁業については、次の史料に簡単な記載がある。

（史料1－10）

古より鮪網壱帖と申者三百尋御座候、六七端帆之船数参拾艘ニテ有川べた迄従先規鮪網猟仕来り候（「第一

回訴訟時ニ於ケル魚目側ノ口述資料」）

（『魚目有川間之海境争論資料』〔新魚目町　一九八六b、一八二〕）

すなわち、魚目浦のマグロ網の一帖は三〇〇尋の長さがあって、六、七端帆の船三〇艘程で操業がおこなわれ、対岸の有川村の地先まで展開していたとある。

次に氷魚漁である。氷魚をヒウオではなく、「ヒイオ」「ヒヨ」と読むとするならば、五島列島における回游魚シイラの地方名にあたる。シイラは、表層魚で、水深十尋（五メートル位）に生息し、魚が浮かんだときに網をかぶせて獲った（立平　一九九二、九六）。

（史料1-11）

我々の儀は北風をゐてに致し猟仕候、氷魚の儀は浮き魚にて御座候、小串似首この両村は海半分に出猟仕候、是より内の四ヶ村の儀は有川べた迄出此海に竹浮を網一帖に参拾程宛付け申し候うて是に氷魚付き候を網にて中取りに仕候。

（「御評定所江魚目之者共罷出候段々ニ申上候口上之覚」『魚目有川間之海境争論資料』〔新魚目町　一九八六b、一六八〕）

昔より此浦案中より内四十八丁四方と積り氷魚網場壱帖前に四丁宛と見合に相定候。是は網ノたて場為無御座候と申伝候て今以て網場見合いに案中より内には浮き竹仕置候て、四拾五艘の船に弐百七拾人程乗組み氷魚網漁仕り候（下略）

（貞享「魚目絵図」）

これによると、氷魚《シイラ》は「浮き魚」で、風下に入ってくる性質があった。漁法はその性質を利用して湾の中央に網を仕掛け、網一帖に浮き竹を三〇程つけ、船十五艘で湾の中央部に出漁した。竹に付いたシイラを網で獲った。浮き竹は、案中島より内側の湾内に設置された。四十五艘の船には二七〇人が乗組んだとあり、一艘に約六人が乗っていたことが窺われる。氷魚網一帖には、四丁の面積を要した。案中島より内側の魚目湾（有川湾）は、氷網を設置できる四十八丁の広さがあったとある。その場合、十二帖の氷魚《シイラ》網が存在していたことが窺われる。シイラ漁業は、シイラ漬と呼ばれる集魚装置を設けて、そこに集まるシイラなどを巻き網や釣りで漁獲する方法が知られており（児島　一九六六）（橋村　二〇〇三）、有川湾の氷魚《シイラ》漁では「浮き竹」が集魚の装置であった。貞享期に、集魚装置漁業としてのシイラ漬漁業がすでに行われていたのである。

次にイルカ（江豚）漁業をみていく。

（史料1－12）

魚目の儀は先年より拾帖五帖の網にて網壱帖に三百尋宛に積もり、この網不足に御座候に付、古網を下積に致し三百尋余り宛壱拾五帖を積立四千五百尋に及び御座候、この網にてあんちうより内へ江豚参り候へば有川べたへ立ち切り段々追込み候、魚目の方似首之沖へ桂が瀬と申候て瀬御座候て海浅く御座候。又風の浦崎へひきれと申候て浅き瀬御座ニ付、江豚参り則実がたまりニて御座候、是より段々内へ追込此浦奥桑木浦へ二重三重に網を立つなぎ留め被成候、江豚はときに弐百も参百も立申候。

（「御評定所江魚目之者共罷出候段々ニ申上候口上之覚」『魚目有川間之海境争論資料』［新魚目町　一九八六b、一六〇］）

イルカ（江豚）漁業は、案中島の内側の湾口を四五〇〇尋の網（建切網のようなものか）で仕切って行われた。網の内側に魚群（イルカ）が入ると、有川べたの方向へ追込み、さらに魚目べたの桂が瀬の方向へ誘い込んだ。桂が瀬は浅瀬である。風の浦崎の「ひきれ」という浅い瀬もあって、そこにもイルカが入り、回游してきたイルカの溜り場の様相を呈していた。そこからさらに湾内へ追い込み、この奥の桑木浦で捕獲した。イルカは、二〇〇から三〇〇頭も獲れることがあったという。掲げた図1－3によるとS・T・Uが桂が瀬にVが干切瀬に該当する。この瀬を境にして湾奥は、水深二〇メートルの範囲内となる（図1－5）。

このイルカ網の原料は、「先年より我々仕候わら網を苧網ニ直し我々猟場にて江豚鯨共に取申候う」（貞享期『有川魚目間之海境帳』）とあるように苧《からむし》であった。イルカや鯨の漁業の展開によってマグロ網などに用いられていた藁網から、苧網へと一部の網漁に変化が及んでいることが窺われる。

五島列島における捕鯨は十六世紀末に突き漁の形で導入され、十七世紀後半から急速に展開したといわれる。それを支えたのが、追い込み網で鯨を捕獲する網捕鯨であった（西村　一九六七、八七）。捕鯨は、追い込み網であるイルカ網を発展させた形ともいえる。さらに網の原料が藁から苧網と変化したことに伴って、大型魚類（獣）の捕獲がより容易になったことと想定される。宮本常一は、湾内へ鯨を単に追い込む網捕りから、十七世紀、十八世紀により進んで沖合でも可能なかぶせ網捕鯨へと変化したと述べている（宮本　一九六四）。

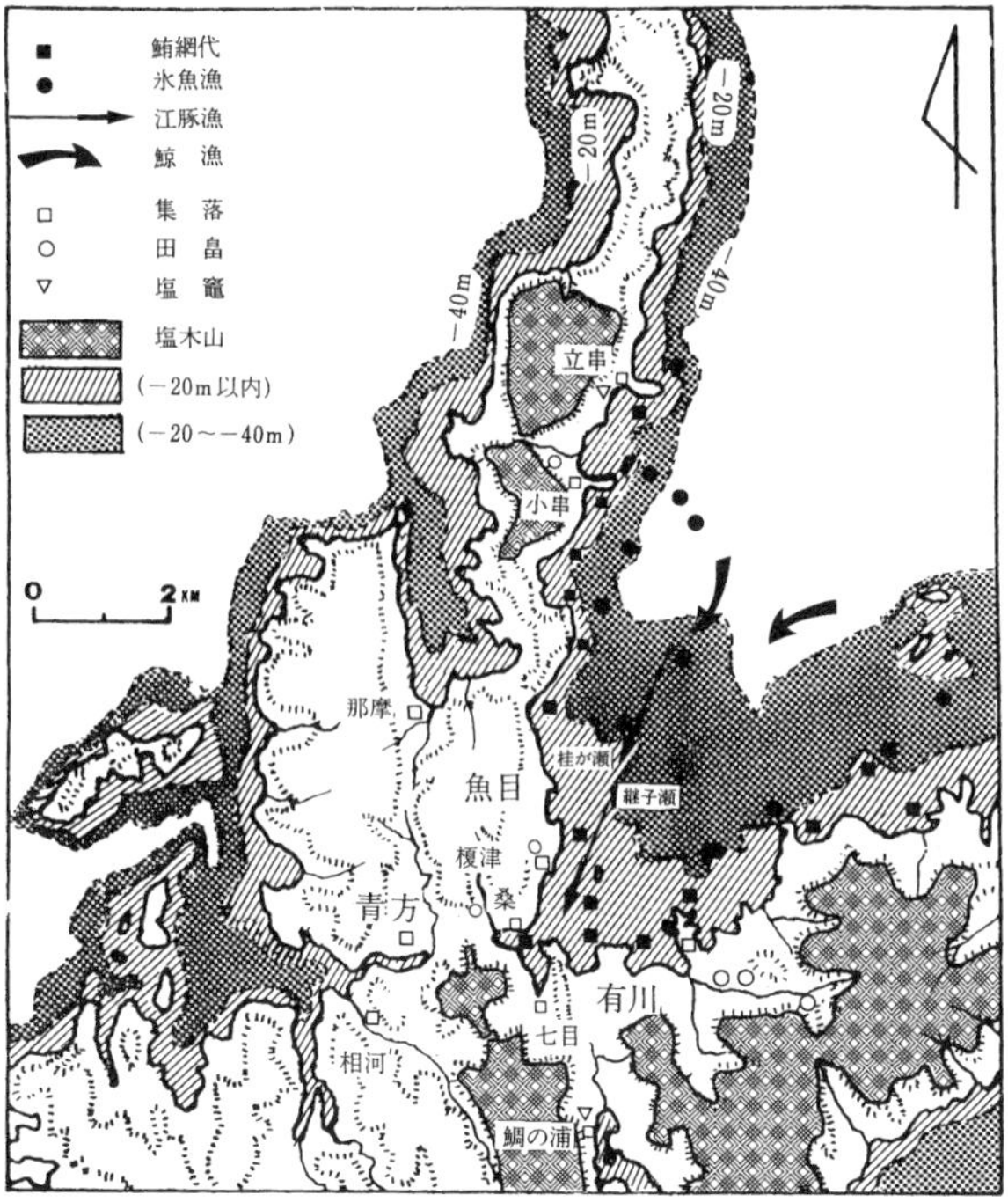

図１－５　上五島における17世紀中葉の生業用益空間とテリトリー（貞享・元禄期の２枚の絵図をもとに作成）

次に、漁場利用について、貞享の海境争論の際に、五島藩の有川村が幕府から裁許された内容を描いた絵図と、富江陣屋領の魚目浦が自分たちの幕府への要求を描いた絵図を用いて検討していく。双方の絵図には、海面に網代、そして、氷魚浮き、カマス網などが描かれ、漁場の位置を特定できる。網代は、概ね水深二〇メートル以内に位置していた。イルカの史料にもあるように、多くの魚は浅い瀬に集まる習性があり、この有川湾では、現在でも小型定置網が、干切瀬、葛瀬、一瀬などの瀬に設けられている。これらの小型定置網の場所に、十七世紀の絵図に描かれた網代が立てられていた可能性があり、現地では現在でも、小型定置網のことや好漁場のことを「あじろ」と呼んでいる。イルカ網にあるように、この網代では網代に入る魚群を「待つ」形の漁業が行われていたといえよう。ただし絵図には、氷魚《シイラ》の浮きが、湾中央部の水深四〇メートル程度のところに描かれていて興味深い（図1-5）。

魚目浦と有川村の争論、および絵図の紹介と描写内容の解釈については、第二節で詳述する。

（六） 漁業を中心とした生業領域とその再編成

ここでは、上五島の海に生きる人々（青方氏などの国人）による海面占有の再編を、十三世紀から十七世紀までの漁法変遷の観点から考察していく。そして、十三世紀後半から十五世紀前半の各時期の漁場開発を中心とした海の用益形態と浦集落、田畠開発などの陸の用益形態との関わりを通して、海辺空間における国人領主を主体とした生業領域の把握を行い、各時期の特性について言及していきたい。

①漁法・漁場利用の変遷史

図1-6は、これまでの議論を踏まえて作成した、十三世紀から十七世紀までの上五島における漁法の変遷の概念図である。この図を用いて、特に十四世紀の漁業と十七世紀の漁業のつながりをみていきたい。十三世紀から十四世紀初頭には網は譲与の対象ともならず、いまだ経済的な価値を持っていなかったといえる。所領分与が進むにつれて、十四世紀前半から網の分割が行われた。また十四世紀半ばからは先祖網がみられるようになり、この網が十七世紀の史料にあった「切明網」なる「元祖網」との関わりも推測される。さらに十七世紀の由緒書に出てくる漁場開発者が先祖網をもっていたことから、彼らが周辺海域の漁業開発者であったことを推測させ、かつ先祖網をもつことが漁業権者の証だった可能性を示している。十四世紀半ばには権利としての網が存在していたと想像できる。十四世紀後半に地名を冠する網代が登場し、網場も特定の場所に設けられ（定置網的な建網か）、

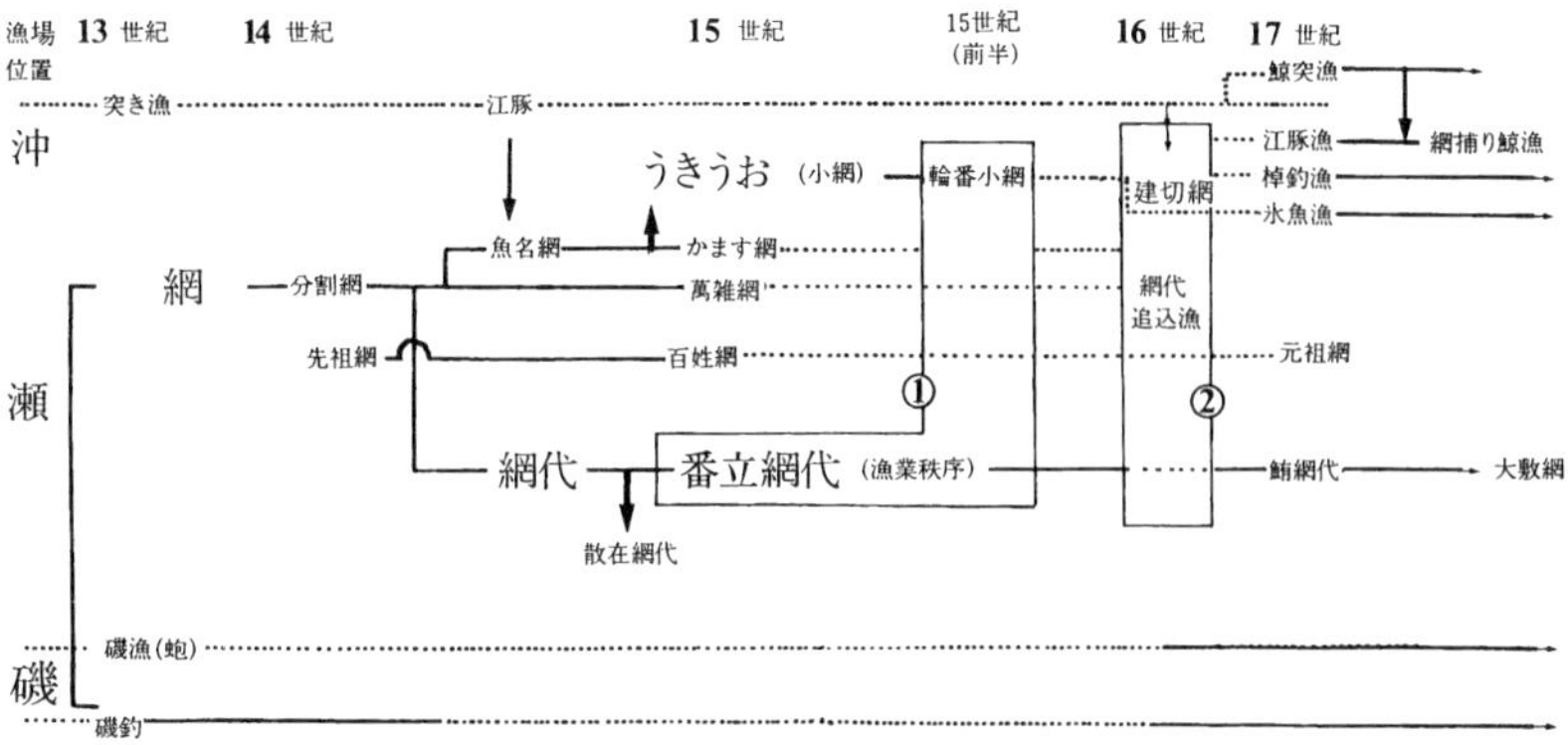

図Ⅰ－6　上五島における漁法変遷図（『青方文書』・海境相論文書等をもとに作成）
（注１）実線は史料で確認できる系統。点線は推測した系統。
（注２）①の線の囲みは漁業秩序関係を示す。

それが権利として形成されたことが十分、窺われる。十五世紀になると番立網代が登場し、輪番利用が行われた。また、「散在網代」といわれる地名を冠しない小さな網代も出現したが、これは地名を冠した網代の周辺に散在する小さな網代、または移動可能な網代網か、いずれにしろこれらの網代は魚を「待つ」漁業の漁獲装置であった。

網代とは異なる形態で登場したのが、十四世紀末にみられる「うきうお」小網である。動く魚群を追って行われた漁業と推測され、争論の際には海面を区切る形で解決がなされた。この形態の漁法としては網代とは別場所で展開したシイラ網漁があり、十七世紀にみられた。シイラは「浮き魚」であり、「うきうお」小網とシイラ網が大いに関係すると思われる。

②海と陸の一体化した領域の特性

漁法の変遷、およびそれに伴う漁場利用の変化について、これまでみてきた。それを踏まえて、次に陸の用益との関わりを絡めながら、海辺空間における海と陸の一体化した領域を、時代ごとにとらえてみていく（図1－7）。その前提として、土地利用の変化をまずもっておさえておく必要がある。

中世上五島の臨海部における生業は漁業だけでなく、農業や山野の用益など多岐にわたっていたことが、白水智の研究から明らかに

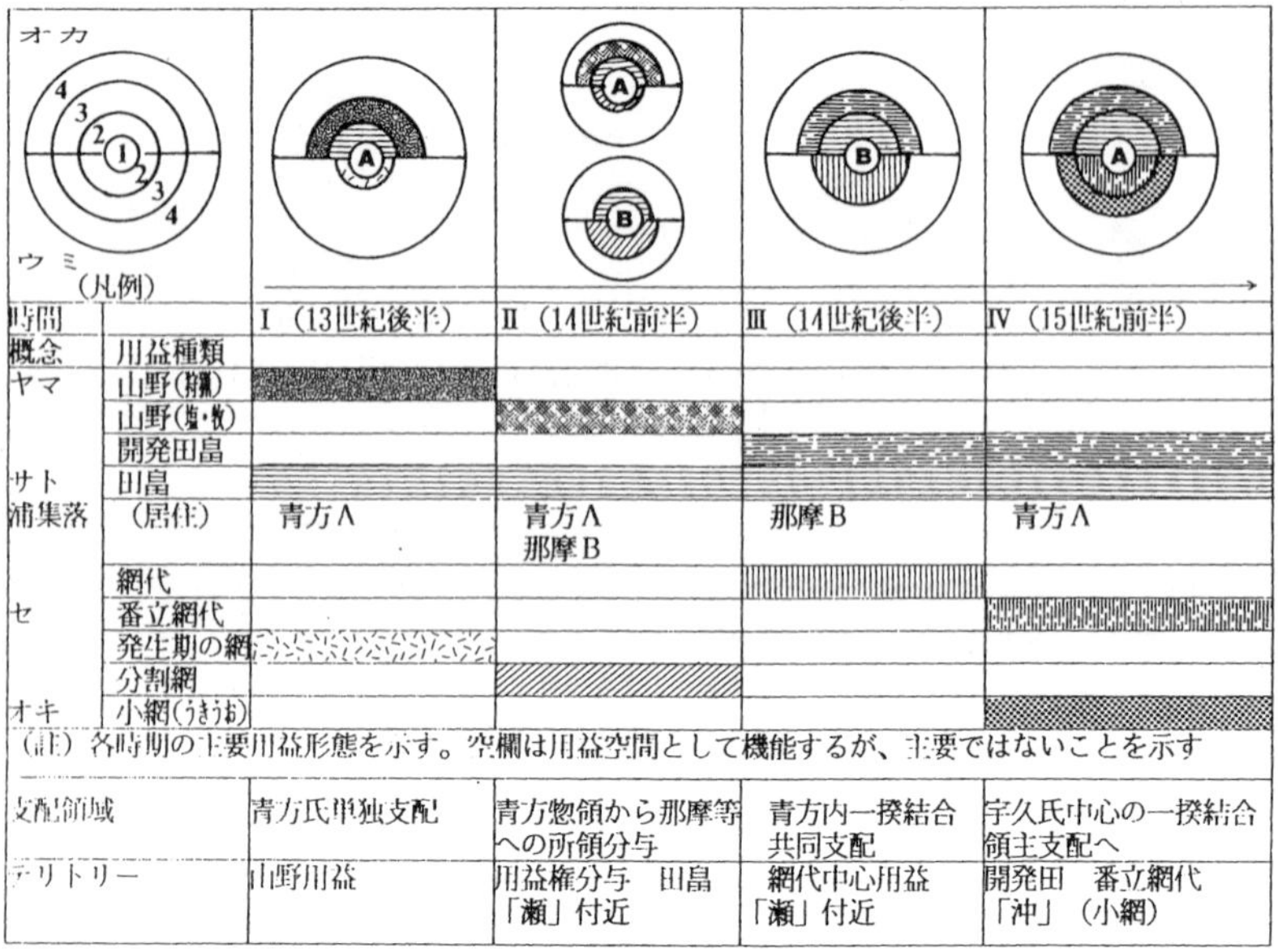

図1－7　13世紀後半～15世紀前半のテリトリーの構成要素と変遷

（注）大円はテリトリーを示す。円の上半分は陸の下半分は海のテリトリーを示す。小円は用益空間を示す。円の中心は核となる浦集落をさす。

凡例の1は主としてテリトリーの基盤となる集落、2は海では「瀬」付近（水深20m以内）、陸では田畠などの浦集落により近い立地条件を示す。3は海では本稿のみの概念として用いる、水深20m～40m程度の「沖」を、陸は山野用益空間や浦集落からの飛地など浦集落から遠隔に立地する空間を示す。4は用益空間としての機能はあるが、人間の開発の入っていない潜在的な空間を示す。

したがって、「ヤマ―サト―浦集落―セ（ソネ）―オキ」の一体化したテリトリーを示す。

なっている（白水 一九九一）。

上五島の臨海部では十三世紀まで、狩猟による鹿皮等の公事納入が多く、水田は少なく、青方氏の元寇恩賞地である九州本土の神崎荘からの米供給に依存していた。この時代、知られる地名は概ね青方に限られ、その青方がほぼ青方氏の居住地であったと考えてよいであろう。となれば、青方中心の山野用益を指標とした領域を設定できる。十四世紀になると、青方氏が所領を分与していくなかで、元応二年には本屋敷として那摩が、その飛地として曽根、矢堅目の地名が現れ、また、鮎河もみられる。那摩、鮎河はともに河口部に位置する。曽根の地先海面には、元応二（一三二〇）年の約三〇年前にすでに赤濱網代が存在し、好漁場であった。網が元応二年の段階で、この赤濱に設けられていた可能性が高く、赤濱の漁場開発と曽根の集落の形成とも密接に関係しよう。このことは、十四世紀前半に那摩の開発記録が頻出することとも関係し、赤濱の漁場開発にともなって、青方氏の本拠が青方から那摩に移動した可能性も推測できる。この段階は、山野用益を主なる指標とした領域から、網漁業の動向に左右された領域へと再編し始めた時期ともみなせる。

十四世紀中葉の赤濱網代の成立は、網代漁業による漁獲高の増加をも想像させるが、それが関係してか、赤濱網代をめぐる青方氏と鮎河氏との争論が生じた。この赤濱網代への鮎河氏の進出に着目した白水智は、「陸からの秩序」に「海からの秩序」が対抗し得る程に漁業の比重が増加したとする（白水　一九九二）。つまり、地先の論理から、地先に拘泥されない形の海の論理による漁業展開として位置づけていて、白水の説は説得力を持つと思われる。なお、地先の論理が十四世紀中葉以前の段階に存在していたのかについてはなお検証の余地を残していると思われる。というのも、例えば本節の前半で筆者は、十四世紀前半の段階に、青方惣領支配の領域の中で、小領主の網や牧・塩竈などの用益権が、自己の所領に拘らず、青方惣領内の用益空間に飛地的、あるいは「散在」するような形で展開していたことを史料から読み解いてきたからである。したがって、地先に関係なく網を設定した可能性も否定できない。網代を、地先海面の共同漁業権とは別に存在する、現在の定置漁業権による定置網の祖型ではないかと推測している筆者は、陸の境界もはっきりしない中世的な段階で設けられた網が、好漁場であれば近辺の国人は誰でも設定できるような性質を持っていたのではないか、と推測している。

再度、陸の用益についてみていこう。康永二（一三四三）年以降になると、青方内の船崎などの谷田開発も頻出する。これは、翌康永三年からの付近の海面の「みつしり」「かわち」の網代の開発とセットになっている可能性がある。船崎や樽見には小川があり、植物性プランクトンが山から川に伝わり海に流れでる。そこに魚が集まる網代ができた可能性もある。これ以降十五世紀までの水田開発記録は、青方近辺の草摘・船崎方面に集中する。特に草摘は、草を摘むというような開発地名であり、興味深い。この草摘は那摩から青方への途中の峠に位置している。したがって、この水田開発記録は那摩を中心とした青方氏の領域が、赤濱網代の衰退に伴って、再び青方に移っていっていることを物語っているのではないかと推測される。以上、推測の域を出ないが、網代を軸とした漁場開発と水田開発は何らかの形で関わりをもっていたと思われる。

十三世紀末から十五世紀にかけて、「網→網代→うきうお小網」というふうに漁業技術の変化が進み、漁獲高が高まったに違いない。その漁獲物の用途については『青方文書』（六五番文書）に、中通島東海岸の有川方面との交易を示す記録があり、米などと魚介類を交易していたことを窺わせる。また、一揆結合の構成者どうしでの交易も推測でき、一揆結合が経済的なまとまり、海や陸の用益に関わる情報交換の場にもなっていたことも十分想定できる。また、網代や「うきうお」小網の展開はある程度の漁業専業者の創出を、水田開発は農業専業者の創出を意味し、青方氏の領域内で農民と漁民の分化、相互の交易場の出現が生じた可能性も否定できない。この各時期の領域の再編については、図1－7にまとめた。

（七）小結

ここまでの内容を、次のようにまとめておこう。十三世紀の漁場争論では網が権利として登場し、十四世紀になると「網代」が登場する。網代には地名が冠されていた。そのことは、網代が特定の場所の権利となっていたことを意味している。権利は青方氏や鮎河氏などの各国人が持っていた。赤濱網代をめぐっては複数の国人の間で相論が生じ、相論を回避するために網代への網入れに輪番利用の取り決めがなされた。十四世紀後半には、網代とは異なる形態の漁業として「うきうお」の捕獲を目指した小網が登場した。この網は、相論に際して、海面分割という調整が必要とされる漁業形態であった。網代は待つ漁業なのに対し、「うきうお」小網は動き回る魚を追う漁業形態である可能性を推測した。

以上を踏まえ、中世の事例から、以下の点を解明・推測した。十七世紀のマグロ網代は、十四世紀中葉に初見の定点で「待つ」漁業形態の網代の系統につながること、同じく十七世紀のシイラ漁は、十四世紀末に初見の「追う」漁業の「うきうお」小網の系統とつながることを見通した。十四世紀後半から十五世紀の上五島における網代漁場の開発は、陸界の浦集落や水田開発と何らかの形で関わりながら展開したこと、つまり網代の漁況に左右されて、テリトリーの再編やそれにともなう集落移動がなされていたと推測される。

十七世紀の上五島の魚目浦では十五名の加徳士が存在していた。これら加徳士はポイントの網の権利を持っていた。この加徳と中世の網代の権利は、村の海面占有（領有）とは異なる枠組で存在すること、加徳の権利の主体が村でなく、郷士層や商人層であること、加徳を持つ者の中には中世の国人の流れを組む者が存在することから、同系統の可能性を推測した。すなわち、中世の網代から近世初期に加徳へと、漁業権が継続していった可能性がある。

第二節　十七世紀後半の五島魚目浦と有川村の争論――捕鯨導入に伴う漁業秩序の変化――

（一）当時の当該地域の概観

二枚の同じ地域を描いた絵図を漁場の位置から含めて比較するのが本節の課題である。そして、ここまで検討してきた中世以来の漁業権の網代、加徳と、近世以降に成立した浦方（漁村。漁業税を負担した臨海村）の占有する海面の権利との関わりについて取り上げる。

本節では五島列島北部中通島（上五島浦部島）の有川湾（当時の記載では「魚目浦」とある）に面した魚目村（魚目中）（五島（福江）藩領であったが寛文元（一六六一）年から富江陣屋領となり魚目掛代官所がおかれ、七ヶ村を支配。七ヶ村の総称を魚目村とも称す。）と有川村（五島（福江）藩領。有川掛（八ヶ村）に属しその総称を有川村とも称す。）との間の貞享期、元禄期の海境争論（争論史料と漁場争論絵図）を通じて漁場利用を検討する。

対象地域は五島列島中通島のいまの長崎県南松浦郡新上五島町（旧有川町と旧新魚目町）にあたる（図1－1）。

肥前五島藩は寛文元（一六六一）年七月、同藩内郷村七六ヶ村内を分割して五島民部の富江陣屋の分知とした。これに伴い、有川中はこれまで通り五島藩領に、魚目中は富江陣屋領となった。魚目中は高二〇〇石、浮所務銀三貫二〇〇匁、その内部七ヶ村のうち、堀切村、桑村、浦村、榎津村、似首村、小串村は浜方百姓村、藤頚村（立串）は竈方百姓村であった。有川中は魚目中の二倍強の高五三四石、全体が地方百姓村によって構成されていた。以下では魚目中を魚目、有川中を有川の称呼とする。この藩分知を契機に延宝期から元禄期にかけて海面の占有権をめぐって、湾海に対峙する村どうしで争論が起こり、幕府によって地先漁場地元主義の裁許が出された。丹羽邦男はこの争論が「磯は地付次第、沖は入会」の裁許が出された最も古い裁許例と位置づけている（丹羽　一九八九）。この争論に関わる『有川魚目間之海境帳』他などの記録と経過については、旧有川町と旧新魚目町の各『町史』で概観され（有川町郷土誌編纂委員会編　一九七二）（新魚目町　一九八六b）、北條浩も幕府裁許にいたるまでの裁判の経過を辿っている（北條　一九八二）。また、争論の裁許を描いた絵図（新上五島町教委蔵）や、魚目側の主張した漁場の範囲を描いた絵図（事代主神社所蔵）もある。

当該海域の漁業暦をみると、十二月から四月までがブリ建て網漁、四月から五月末まで春マグロ（シビ）網漁、旧暦八月から九、十月までがシイラ（ヒオ）網漁、同じく旧暦八月中から九月までに網を敷入れて正月過ぎまで行う冬マグロ漁となっていた。(2)

（二）　争論の経過

こうした漁業が行われた漁場で、寛文期から貞享期に、また元禄期に争論が起き、その経過については、『有川町郷土誌』などを使って作成した表1－3に示した。五島藩から富江陣屋領が分知される以前には、魚目浦がマグロ網・江豚《イルカ》網・シイラ網に課された所務銀五貫五九八匁を納め、魚目湾（有川湾）の排他的な権益を持っていた。寛文二（一六六二）年の分知後、魚目が富江領となり、当然の結果として富江陣屋が漁業運上銀を受け継ぎ、五島藩時代の漁業運上納入を引き続き行った。その後、寛文五（一六六五）年八月に有川の網漁を魚目が運上銀納入を盾に妨害し、寛文六年八月五島藩と富江陣屋の役人の話し合いで海境を赤之瀬崎から沖は案中島を結ぶ線に定めた（図1‐8）。延宝六（一六七八）年十一月には魚目で捕鯨をやっていた大村藩深沢儀太夫が有川湾での捕鯨も富江陣屋から許可されたことで、有川と魚目の間で海境問題が再燃した。この事態を鑑みて、天和二（一六八二）年冬に鯨網を出漁させた魚目は運上銀を五島藩と富江陣屋双方へ二等分して納入した。天和三（一六八三）年五月には両藩が話し合い、海境問題は未解決ながら魚目と有川へ鯨運上銀を割付け、魚目五貫五九八匁、有川九八匁と取り決めた。つまり、魚目に瀬引漁業と鯨漁業、有川に鯨網漁を続けさせることになった。その後、貞享元（一六八四）年十一月に五島藩の有川では、宇久島の捕鯨業者山田氏を招いて捕鯨を始めさせたところ魚目に妨害された。そのため、有川はこれまでの海役や海難救助負担の実績を根拠に、魚目に独占されていた湾内漁業のうち、有川の地先漁場に対する操業権の主張を始めた。

その操業範囲を示しているのが絵図である（現在新上五島町教育委員会に保管。以下、「有川絵図」とする）（図1‐9）。「有川絵図」は、元禄二（一六八九）年二月と元禄三年五月六日の幕府裁許状とセットで保管されているが、この絵図面左下には「此魚ノ目有川間之浦絵図御公儀様御案文之誓詞其上ヲ以為躰ニ相調申者へ　長崎絵師　溝口七郎兵衛　印」と記されている。この溝口とは、第一回目の幕府評定が行われた貞享五（一六八八）年七月に、幕府の命令で絵図を作成させられた長崎絵師の溝口である。記載内容を確認しよう。陸地の地先に描かれている□●は「阿しろ」で、□は「魚目領阿しろ御紋」として一五箇所、●は「有川領阿しろ御紋」として七箇所確認できる。「阿しろ」は網代のことである。また、湾の中央部に魚目領の「阿しろ」であることを示す□の記号が描かれた「鯐阿しろ　但うけ」が四箇所みられる。この「鯐」は、この地方で「ひいお」と呼ばれる亜熱帯性回游魚のシイラのことである。有川絵図は魚目網代が魚目地先、有川網代が有川地先にというように「磯は地付

表Ⅰ-3　魚目有川海境争論の経過

年　月	事　　　　　項
寛文2(1662)	福江藩から富江藩（陣屋）三千石分知。富江が五島五ヶ所（含む魚目）の漁浦などの運上銀を獲得。魚目の運上5貫598匁も入る。
寛文5年8月	有川の網漁を魚目が妨害
寛文6年8月	福江藩と富江藩の役人の話し合いで海境を赤之瀬崎から沖は案中島を結ぶ線とする。
延宝6年11月	魚目で捕鯨をやっていた大村藩深沢義太夫が有川湾での捕鯨を富江藩から許可される。魚目と有川の海境問題が再燃する。
天和元年6月	この争論に関し宇久島へ来た幕府巡検使へ福江藩富江藩役人衆が報告
天和2年冬	魚目は鯨網を出し、運上銀は2藩へ二等分して納入。
天和3年5月	両藩が話し合い、海境問題は未解決ながら魚目と有川へ鯨運上銀を割付。魚目5貫598匁、有川98匁。魚目が瀬引漁業と鯨漁業、有川が鯨網漁を続けさせることへ。
貞享元年11月	有川の江口正利が宇久島の山田茂兵衛と捕鯨を開始。（宇久島の山田茂兵衛が有川小河原で鯨網を敷き、有川江口正利の捕鯨網創始。）魚目根拠の深沢が新規の大網船を出し争論へ。魚目は山田の鯨網撤去と分知高海豚網への妨害除去を求め、長崎奉行所への上訴を求める。両藩役人が話し合い魚目の言い分を採用し覚書を出す。
貞享2年9月	有川惣百姓中が藩へ幕府上訴を求めて口上書提出
貞享4(1687)年3月	江口と有川村百姓共連名で富江藩家老衆へ有川捕鯨業再開の訴訟書を提出するが、拒絶される。
貞享5年3月	有川の江口と有川6カ村百姓代理人らが江戸へ赴き、幕府酒井河内守へ訴訟状を提出。
貞享5年7月	幕府が論所を描いた浦絵図提出を求め、両村は長崎桶屋町絵師溝口七郎兵衛に絵図を描かせる。
貞享5年9月	有川、魚目双方が江戸へ登り、双方が浦絵図と口上書を評定所へ提出。評定所での吟味は30数回に及ぶ。
元禄2年2月	幕府による「磯漁は地付次第」海面分割の裁許。福江藩有川側の勝訴。魚目が、磯漁は地付次第が海中の漁業を営む意味でなく、沖は案中島から沖と主張し、裁許に反発。
元禄2年8月	有川の江口らが5人が江戸表へ出訴（江戸三番登り）。
元禄3年正月から5月	魚目と有川が江戸に上り、評定所吟味。判決は、有川勝訴の内容：陸は赤之瀬を境とし磯は地付次第、沖は入海の内も入会漁場で双方漁業の妨害は許されない。
元禄3年12月	有川と魚目の庄屋と加徳の浦人、有川鯨組山田、魚目根拠鯨組深沢が七目村で会合し、実情に即して、沿岸は有川魚目両村の海境で分け、沖は継子瀬を境としてその沖合は生月馬之瀬から竹ノ子島の白岩に引く一線で両村の海境とすると取り決め。

（注）（有川町郷土誌編纂委員会編　1972）より作成。

き」の形で描かれている。

ところで貞享元（一六八四）年に、五島藩認可の有川湾における捕鯨を契機に、魚目側は湾全体に及ぶ従来からの排他的漁業権を主張し、五島藩と富江陣屋は魚目の主張を認めるに至った。新上五島町浦桑の事代主神社所蔵の絵図（以下では「魚目絵図」とする）（図1－10）には、魚目側の主張が描かれている。この絵図は西村次彦によると、魚目側が幕府評定に際して提出した絵図の写しで（西村　一九六七）、富江五島家から似首神社に伝来したとされている。漁場の景観年代については次のような理由から貞享五（一六八九）年（元禄元年）と推定している。筆者は、平成十二年春に「魚目絵図」の実見調査を行った。本絵図には、魚目側の漁業の正当性を記した詳細な文字記載もあるが、その作成年代は不明である。なお、景観年代としては、絵図内のアワビ年貢を記した文字記載に「又武助様御領小嶋浦の猟師は佐渡守様御領西目沖へ出蚫取り五ヶ年御ならしに銀五百五十目相納め来り候由にて、今以て先規の通り西目沖江遣出蚫猟仕候此段々は二十七年前被仰渡候て今以て先年の通りにて御座候」「此御知行分ヶ初二十七年以前寅三月十一日より巳年迄四年之間何角と猟場に望みを掛け候得共夫々御双方の御家来被遊御吟味向後有川地方より猟網不仕筈に相極まり午の年より十三年ニ当ル延宝六年ノ年

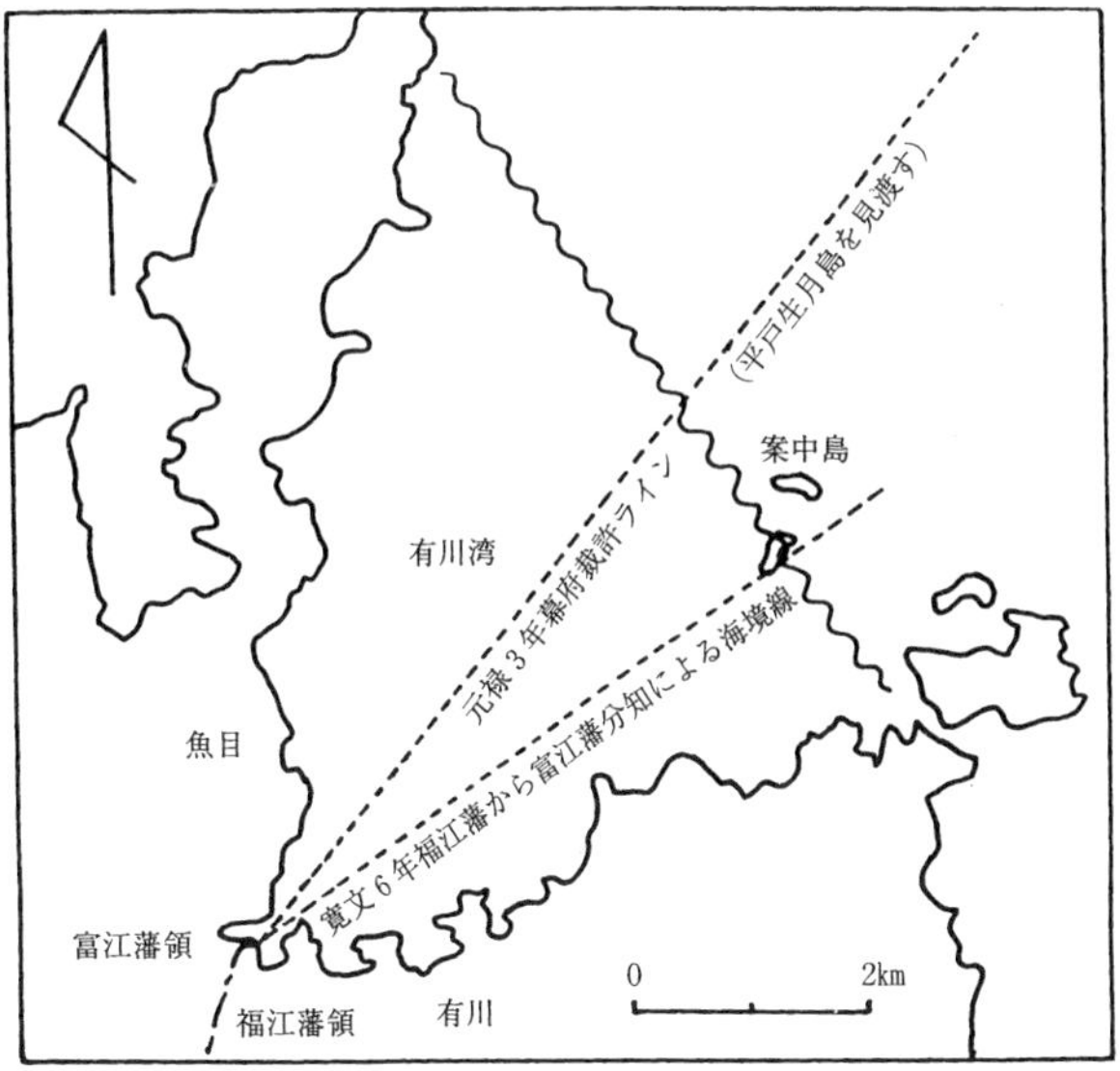

(注)　魚目の主張する海境ライン
有川の主張する海境ライン

図１－８　17世紀後半における有川湾の海境をめぐる主張

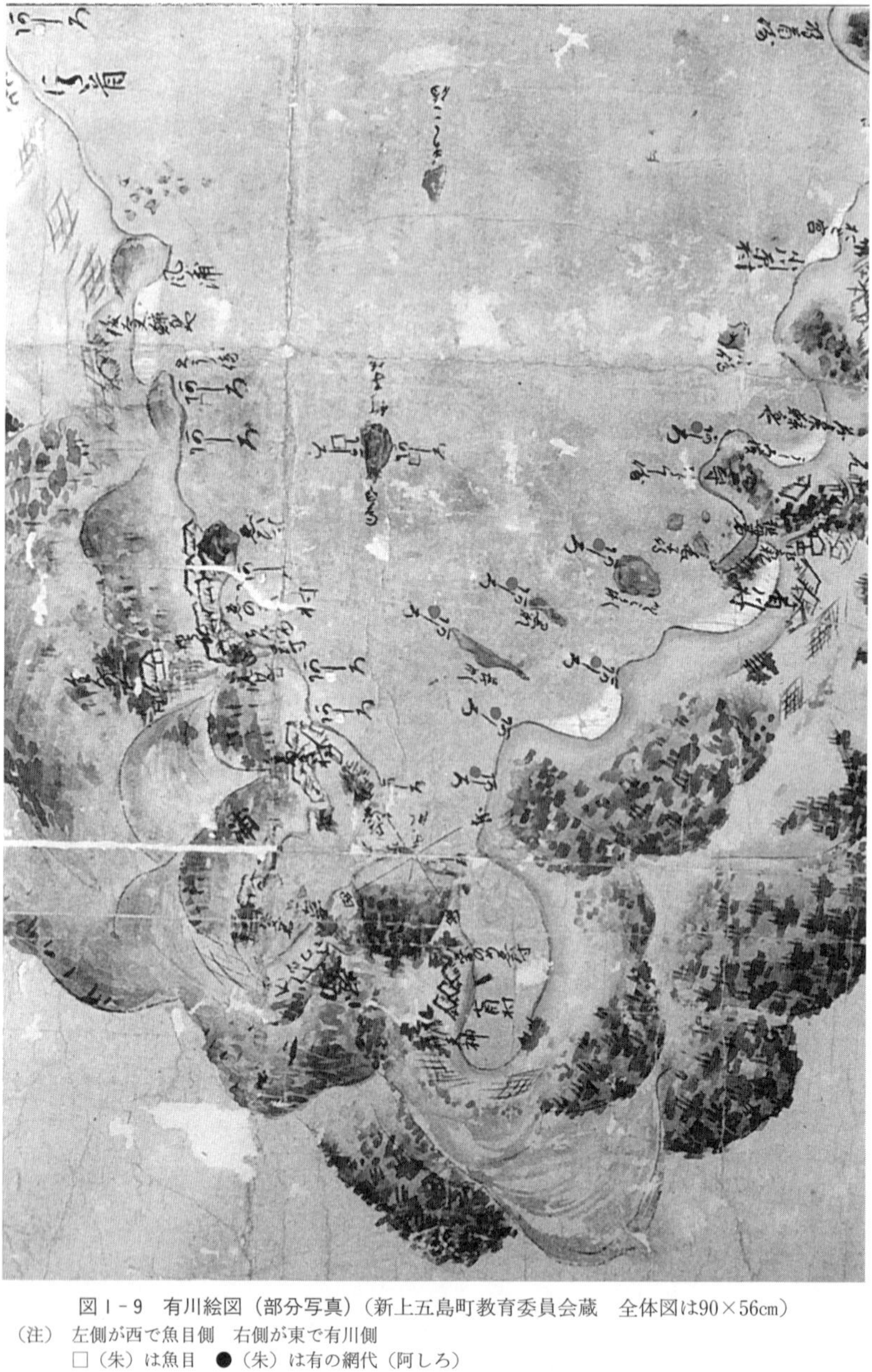

図Ｉ－９　有川絵図（部分写真）（新上五島町教育委員会蔵　全体図は90×56cm）
（注）左側が西で魚目側　右側が東で有川側
□（朱）は魚目　●（朱）は有の網代（阿しろ）

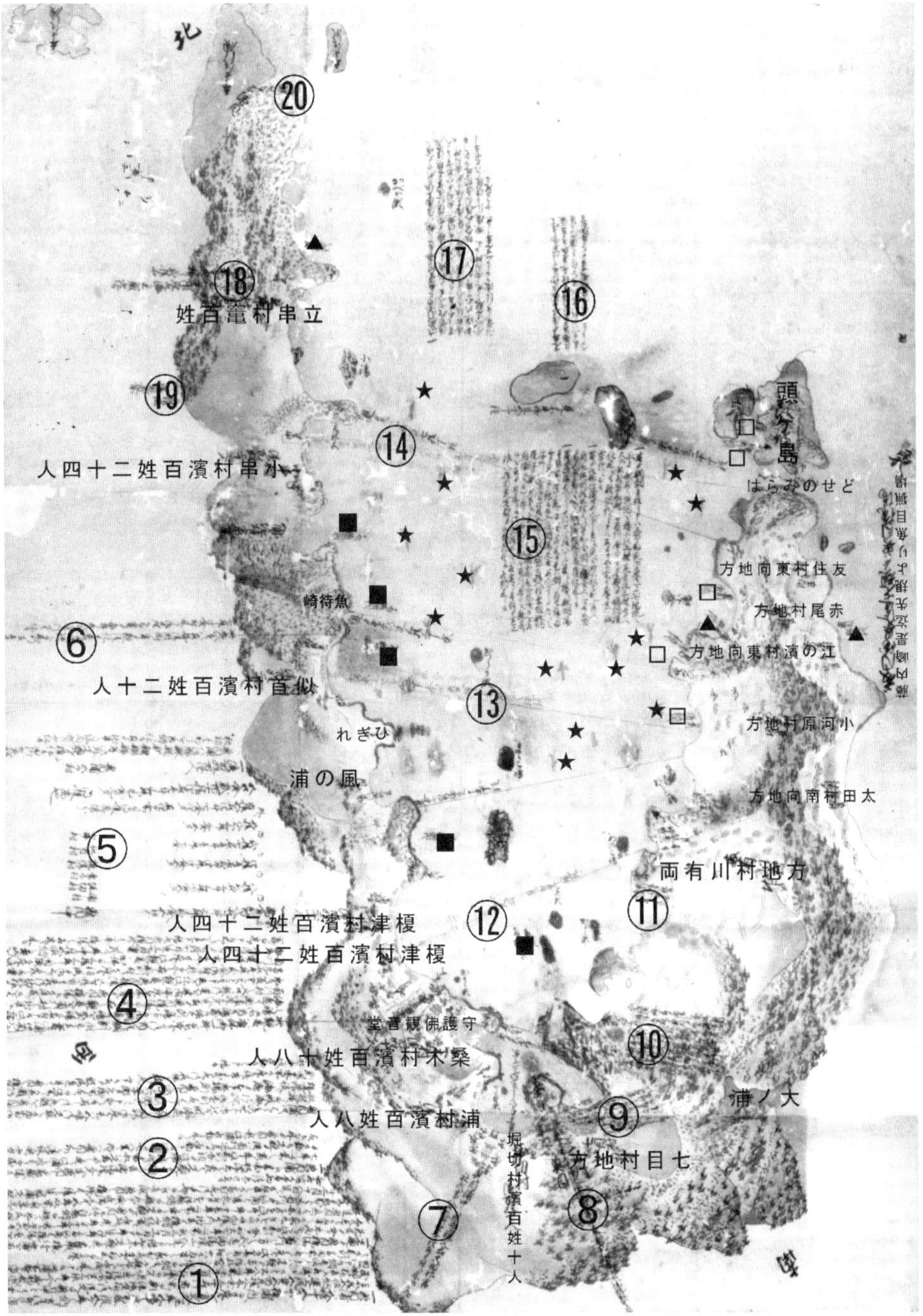

図Ⅰ-10　魚目絵図（事代主神社：194×99㎝）

（注）　主な文字を活字化した。■は鮪網代、□は瀬引網代、▲は●（かます）網代、★は鮍（シイラ）浮（シイラ漬）を示す。①～⑳の部分の文字記載は次頁以降の①～⑳の史料文章と対応する。

「魚目繪圖」　（事代主神社蔵）

①
一魚目浦ハ五島中五ヶ所の猟浦之内にて御座候を寛文元丑年五島中浮所銀五ヵ年の納り方御ならし御算用與以拾五帖網運上銀五貫五百九拾八匁余三千石御当り前にて則淡路守様より御證文に而魚目中と御書き記し民部様方へ相渡り申候と廿八年以前丑十二月被仰渡候而先規之通諸猟御運上銀年々今武助殿御代迄も相納め申候、網壱帖と申は従先規髙ニ結拾五石と申傳候而、網主ニ御扶持分ニ相渡り来り申候、此浦所務御運上銀者御知行髙同前之由ニ御座候、此御算用之様子ハ御双方之家老衆委御存知ニ而御座候。

一先規ヨリ魚目猟場ハ有川之方之磯邊潮満際三尺迄と申傳於干今先規之通家職の猟仕候、此浦を有川之地方ヨリ分ヶ取度由ニ而此御知行分ヶ初二十七年以前寅三月十一日より巳年迄四年之間何角と猟場に望みを掛け候得共夫々御双方の御家来被遊御吟味向後有川地方より猟網不仕筈に相極まり午の年より十三年ニ当ル延宝六午ノ年迄魚目の者共心安罷在、此の午の年十一年以前の事に候、先規ヨリ魚目へ仕候江豚網ニ而鯨も取候處ニ佐渡守様御家老と又有川より何角と違乱被申懸江豚網ニ而て鯨取申儀相滞候へ共五年以前貞享元子ノ年十二月十八日迄に御双方之御家老衆御書物ニ而被相済魚目の猟師共後々迄彼浦先規之通無相違御書物請取罷仕候、

②
一魚目浦へ異国船漂着の節は従先規有川の方潮満際三尺迄魚目の家職場故弐拾七年以前の寅年此知行分け初めより此の浦の嶋廻はり番船は先規よりの通り此浦の水主にて相勤め候、先規より陸は有川地方より相勤め申候、此浦より七八里には魚目の外に浜役のもの不罷居候故従古来魚目の者此浦相勤来り候

③
魚目浦口ニはりみのせど御座候、彼海辺ニ孕之明神御座候、是ハ五島御先祖之御内室御孕船破損ニ而彼海ニ御沈ミ御遠行故はりみの瀬戸と申由ニ而右之御死骸を魚目浦之猟師仮ニ海底ヨリ奉取揚、則魚目之此山上ハ孕瀬戸見渡所之由ニ而此所ニ御死骸御渡り則御墓所御座候、併左之義故御石佛之銘ハ見不申候、左ヨリ彼海辺迄も魚目之猟場故船手役相勤候と申傳候、

④
（山中観世音の由緒）
此観世音は唐佛御一躰にて御座候が御首と御胴は別々御わかれ首此浦口有川えだの嶋へ御首流れ寄り候此依之頭ヶ島と申候、御胴寄り候島をろくろ島と名付申候、此の二島の海邊も潮満際三尺迄古きより魚目猟場にて候處に、右の観音を有川村の地方へ取揚げ有川村の入口に御堂を建て御安座奉成置候へ共、魚目の猟場に御流し寄り候を有川へ取り候筈無之と其申立を仕り、此観音魚目榎津に奉移置節御地頭様より知行髙九石壱升弐合御付け於干今右の知行付き相付き居候、海より御遷り候節御堂の跡有川に堂崎と申、干今御座候此観音秘佛にて三十三年に開帳御座候、此別当毎年六月十五日より七月七日迄三七日御堂に篭り年中拾五帖網之吉凶を御竈にて究め申候、右之いわれ申伝故魚目猟師共一圓の猟場と相極り来候

⑤
御絵図之上

一　高弐百八石七斗三舛弐合五勺
　　　　　　　　　　　　　　浦村
内　八拾弐石三斗三舛七合七勺
　　　　　　　　　　　　　　堀切村
　　　　　　　　　　　　　　桑木村
内　四拾壱石弐斗四舛四合五勺　榎津村
内　弐拾七石壱斗壱舛七合　似首村
内　五拾八石三舛三合五勺　小串村
外ニ六拾五石四斗七合四勺　右四ヶ所ニ而
内検高増分五口合弐百七拾四石壱斗三舛九合九勺　内検高也

一濱百姓百四人　魚目浦六ヶ村

魚目浦は江豚・鰯・鮪・鯣・鰹・鰯・鯨等此外先規より猟仕候、田地少宛作り秋初其藁を取り網に仕候、古より地方の役目少しも不仕候

⑥
此ゑびすハ古摂津国西ノ宮ヨリ勧請仕其節ヨリ御供之御知行高壱石七舛四合付来リ御座候而昔より毎年ゑびすまつり仕候

⑦
魚目浦中之鎮守祖父君大明神宮社領高八石九斗四合往古より付キ来御座候、

⑧
赤の瀬　是より南山中陸地境御双方御家老衆相見　御境杭数本有

⑨ 潮之目大明神　此明神ハ古覚道塩焼候時之竈明神ニ而候者、覚道者塩の目大明神と祝居之由、八年以前酉ノ年佐渡守様御家老中ヨリ御判形之御書中ニ申掠参候、然ヲ有川之者共今ハゑびすと申掠候

⑩ 蛤がた　此濱之蛤を古ヨリ潮満際三尺迄ハ魚目猟場故先規ヨリ魚目ヨリ取候而五島御代々之御地頭様江相納来候処ニ、民部様江御知行分り魚目浦廿八年以前之丑十二月ヨリ淡路守様御蔵元ヨリ民部様御蔵元ヘ諸色納方御帳面御引渡之節、此蛤その御帳面ヘ御書載御渡候由ニ而、其節ヨリ民部様江相納筈ニ被仰付候、

⑪ 堂崎　魚目榎津之観音左海より御揚候節仮ニ建候堂の跡

⑫ 是より平くし迄二十一丁余但シ六尺棹ニ而是ハ相見之縄張（朱書き：筆者注）

⑬ 是より小河原迄四拾弐丁余但六尺棹ニ而是ハ相見之縄張（朱書き：筆者注）

⑭ 是より瀬戸口迄七拾七丁余但シ六尺棹ニ而是ハ相見之縄張（朱書き：筆者注）

⑮ 一昔より鮪網壱帖と申は三百尋宛御座候を六・七端帆之船壱艘右之縄網を積小船二艘宛相添三艘にて大小船数四十五艘□而有川べた迄先規より鮪網猟仕来り候鮪網代と申は古より壱拾五帖宛御座候　余は鰡網に而候。

一昔より江豚此浦口あんじゅう辺ヘ見ヘ候時小船共出シ追入れ鮪取縄網拾五帖共ニ皆出合網を繋ぎ合せ候へば四千五百尋五千尋ニ□仕網此浦内ニ張り江豚猟仕来り候

一昔より此浦あんぢゅうより内を四十八丁四方と積り鰡網場壱帖前ニ四丁宛と見合ニ相定候、是ハ網ノたて場為無御座候と申傳候而今以網場見合ニあんぢゅうより内ニ者浮竹仕置候而四拾五艘之船ニ弐百七拾人程乗組鰡網猟仕候、鰡は風下江参魚ニ而此浦北向故北風吹候を相待浦江入候を取申候西風ニハ別而有川べた江鰡寄り候を古より取来り候、此網拾五帖ニ相定り壱帖より運上銀八拾目宛先規より御地頭様江相納め来り候

⑯ 先年より孫次郎様御代迄も此のあんじゅう嶋ヘ江豚追番ニ御侍足軽衆差越被置、江豚参候ヘハ小船ニ乗船ばたをたたき網を張り浦内ヘ追入申候今以番人は武助殿方ヨリ被差越置候。

⑰ 一此魚目浦と青方村海邊の蚫は佐渡の守様御領宇久嶋の浜百姓七八里の船路来り従先規蚫猟仕り御運上銀は淡路守様方ヘ五ヶ年御ナラシに入れ申候故此蚫は魚目よりは取不申候、又武助様御領小嶋浦の猟師は佐渡守様御領西目沖ヘ出蚫取り五ヶ年御ならしに銀五百五十目相納め来り候由にて今以て先規の通り西目沖江遣出蚫猟仕候、此段々は二十七年前被仰渡候て今以て先年の通りにて御座候

⑱ 立串村竈百姓　但猟師ニ而ハ無之御座故海之家職不仕候此塩竈高ニ積リ弐拾石

⑲ 曽根嶽　遠見番所

⑳ たけわいノ内鰹網代

迄魚目の者共心安罷在此の午の年十一年以前の事に候、従先規ョリ魚目へ仕候江豚網ニ而鯨も取候處ニ佐渡守様御家老と又有川より何角と違乱被申懸江豚網ニ而て鯨取申儀相滞候へ共五年以前貞享元子ノ年十二月十八日迄に御双方之御家老衆御書物ニ而被相済魚目の猟師共後々迄彼浦先規之通無相違御書物請取罷仕候」とあって、寛文二（一六六二）年の分知の二七年後、延宝六年の十一年後、貞享元（一六八四）年の五年後の貞享五（一六八九）年（元禄元年）ごろの様子を描いたと想定される。貞享五年は、幕府が論所を描いた浦絵図を双方の村に提出を求めた年にあたる。このように、幕府評定所での審議用に提出された絵図の可能性もある。

「魚目絵図」には魚目の漁業の由来やそれぞれの網の内容や由来、神社仏閣の由来について細かく記載されており、海面にはシビ、イルカ（江豚）、カマス、シイラなど様々な網も描かれている。マグロ網代の全十五個が魚目の網代として描かれ、有川の名前の入った網代は描かれていない。有川の地先に描かれた網代にも「魚目瀬引網代」とある。「有川絵図」は、有川や魚目の地先に各村の網代やシイラ浮きを描写する方法で描かれた絵図である。また、「有川絵図」には描かれていないが、湾内の距離を記した数本の朱線が「魚目絵図」には引かれている。漁場争論に関する有川と魚目の絵図は、同一地域を描いているにもかかわらず、その描写内容に違いがみられる。

その後、貞享二（一六八五）年に有川の庄屋江口は幕府への上訴を試み、貞享五（一六八八）年三月に有川と魚目双方が江戸へ出て幕府評定所での口上を経て、元禄二（一六八九）年二月に有川の漁業権を認める「磯は地付き次第、沖は入会」の幕府裁許が出された（図1-8）。この幕府裁許に対して、魚目側が湾内漁業の現実に合わないとして、同年八月に再び幕府訴訟となり、評定所口上を経て元禄三（一六九〇）年に前年と同じ裁決が出された。同年十二月には魚目と有川の庄屋と漁業者、捕鯨業者が話し合いを持ち、沿岸は有川・魚目両村の海境で分け、その沖合は継子瀬を境として生月馬之瀬から竹ノ子島の白岩に引く一線で両村の海境とする取り決めを行った。というのも、幕府の裁許による海境線では捕鯨やマグロ網、江豚網、シイラ網などの多様な漁業に支障を来たすからで、漁種によっては境界線を越えて操業しても構わないという緩やかな取り決めで妥協が図られたと見なせよう。有川は二度にわたって上訴に及び、幕府のお墨付きをもらいながらも、その境界線が漁業に則さないという理由から再度話し合いをもったということは漁場の占有利用との乖離が現場にあったことを物語るものであろう。

（三）　双方の漁場占有・利用の主張

この争論で、実際に争論の当事者となった二つの村が、海面占有をどのように主張したのかを概観する。『有川魚目間之海境帳』（新魚目町　一九八六b）の「御境分ヶ之次第」には有川側の主張がある。

一、其節民部様被仰出候ハ海之儀、有川領不残魚目之猟場可被成と御座候。是ヲ幸ニ仕、魚目之者共大偽ヲ申上、有川之潮満際三尺迄かけて魚目進退と申候。

寛文元（一六六一）年の五島藩からの五島民部の富江陣屋三千石分知以前は、有川湾全体の「猟場」については、藩の五浦の一つであった魚目に権利があり、分知後に魚目領を領地とした富江陣屋は「海之儀、有川領不残魚目之猟場」とした。魚目側は藩領の分割後も「有川之潮満際三尺迄かけて魚目進退」と、有川が福江藩の単独統治時代には「地方」で、漁業を操業していなかったことを主張した。それに対し、引き続き五島藩領となった有川は次のように主張した。

（史料1－13）

一、寛文弐年寅之年より魚目有川御双方ニわかり御境わけ初、元禄三年（以下略）

一、古来より仕来り候漁場ニて御座候（中略）、其節より有川領潮満際三尺藤内崎迄魚目村一円之漁場と被仰付候得共、我々親共御請不申上、其節より申上候ハ、五島之儀ハ島ニテ候得ハ地方・浦方・竃方とて名之違ハ在之候得共、有川魚目経営之儀ハ同前ニテ田地ヲ作リ、致漁を、塩竃を仕渡世送申候

（『海境帳』［新魚目町　一九八六b］）

有川は、寛文二（一六六二）年の分知の際、境分けで海面の分割も行っているので、富江陣屋領になった魚目が有川湾の独占的な漁業権をもつのはおかしいと主張した。争点は陸地の藩領の分割が海にまで及ぶのかどうかという問題である。『海境帳』で有川は、「五島は島世界なので地方・浦方・竈方の村区分があり、各村人は田地耕作や漁業、塩作りを行ってきた」と主張し魚目の言い分に反論した。双方の村の地先や沖、磯の利用主張については、幕府評定所で行われた第一回目の訴訟、すなわち貞享五（一六八八）年十月の口上に詳しい。ここでは、表1－2にまとめた十月二日の口上記述と、「魚目絵図」の記載（六〇～六一頁）を用いて双方の主張を検討してみよう。

有川側は、漁業の権利がある根拠として、宇久や平戸などの他国の鯨組を入れて操業させたこと（有川町郷土誌編纂委員会編　一九七二）、磯猟または魚目湾の外側の沖漁を担ったことを主張している（表1－4）。いっぽう魚目は、大村藩の深沢儀太夫組を受け入れていた。つまり双方の村はともに捕鯨を営む外来の漁業者を受け入れていた。さらに有川側は貞享元（一六八四）年十一月に宇久島山田茂兵衛に「鯨あみ」を有川地先の「小川原之前」に出すよう求めていた。それに対し、魚目側はこれまで鮪網、シイラ網、江豚網の運上銀を納めてきたことを主張している（新魚目町　一九八八）。加えて、魚目は、有川の地先にまで及んでいる排他的な海面を必要とする根拠を、イルカ漁から次のように説明する。

（史料1－14）

昔より江豚、此浦口あんじゅう辺へ見へ候時、小船出シ追入れ鮪取縄網拾五帖共皆出合網を繋ぎ合せ候へば、四千五百尋五千尋ニ□仕網此浦内ニ張り切り、江豚猟仕来り候

（魚目絵図）

江豚《イルカ》漁業を行うために、魚目では十五帖の全てのマグロ取縄網をつなぎ合わせて約四五〇〇～五〇〇〇尋にも

なった網で湾口をふさいだ。イルカ網は、湾の入口（案中島より内側）にやってきた江豚を湾内に追い込んでとる漁法であった。そのために、広域的海面が必要だと主張する。魚目側は、魚目と同様に五島五ヶ浦のひとつ、福江島玉之浦でも同じような理由で広域的な海面を占有していると述べている。イルカ漁をするためには湾内全体を占有する必要があったのである。さらに、魚目はマグロを捕るためにも、シイラを捕るためにも海面が必要であると主張していた。

表1-4によると、地先漁場について、魚目は、魚目地先漁場をはらみの瀬戸から藤内崎迄の内部として、沖をその外側だと主張する。有川には地先漁場がないのではという質問に、有川は「はらみの瀬戸」を越えて江之濱前の「藤内崎迄」、網七帖を出して網漁業を行っていると述べる。それに対し、魚目は、有川が網七帖を出している事実はなく、漁業と言っているのは沖での「釣船運上銀」のことではないか、と疑問を呈する。有川は、村の前海は荒海で漁が難しいと主張する。役人は、この点が有川の前海へ魚目が入会漁業に行けない証拠になると述べる。双方で地先と沖の認識に違いがあることが浮かび上がる。この双方の漁場認識を示すのが、図1-9と図1-10の絵図ということになる。図1-10の絵図は、有川湾内全体が魚目村の地先漁場で、案中島より外側の湾外を入会海とする描写である。図1-9では有川が有川湾から「外海」の地先まで含めて地先漁場であると主張し、沖の入会海の位置は魚目と異なっている。双方の漁場認識の違いがクリアになる。

さらに役人は磯についての入会の有無を尋ねた。有川は入会採取を行っていたことを述べ、魚目は昔から魚目猟場に五島藩領宇久島の漁師共がアワビ採取に来るので、磯でのアワビ捕りを行えないことを述べる。アワビ採取については、「魚目絵図」に「此魚目浦と青方村海邊の蚫は、佐渡の守様御領宇久嶋の浜百姓七八里の船路来り、従先規蚫猟仕り、御運上銀は淡路守様方へ五ヶ年御ならしに入れ申候故、此蚫は魚目よりは取不申候」とある。宇久島の潜水漁民による五島列島各地でのアワビ採取の特権は、最近まで行われ、よく知られていた事項であったが、十七世紀後半にも行われていたことがわかる。磯の利用に関して、魚目は宇久島の漁民の入漁権があ

表１－４　貞享５年10月の幕府評定所における各村の主張と役人の発言（貞享５年10月２日６日）

発言者	発言内容
魚目・伝左衛門	（魚目の漁場は）「はらミのせど廻り東之方藤内崎迄猟仕候」
有川・甚右衛門	（有川に海はないのではという問いに対して）「いや夫ハはらミのせどこへさせ猟□させし事ニ而無御座候と申上候ニ付年々せどを越江之濱前藤内崎迄網仕候」
魚目・伝左衛門	「有川より猟と申ハ沖ニ而釣船運上銀ニ而御座候」
有川・甚右衛門	「我々所者阿ら海ニ而候故大分之猟無御座候」
彦二郎	「有川へ入相之猟不仕候証拠ニ而候」「磯ハ入相ニ仕候」と被仰候
有川・甚右衛門	「夫ハ互ニ入相ニ仕候」
彦二郎	「夫ハいそくさニ而も弐百目ハ可有之候」「磯猟有之や」
魚目・宅太夫	「我々猟場ニ佐渡守様御領宇久嶋之猟仕共鮑がつぎニ参我々家之下迄取申候へ共是ハ古より宇久嶋之者共鮑猟仕候而五ヶ年ならしニも入申候故我々ハ取不申候而宇久嶋之者へ取遣申候」
有川・貞右衛門	「先年より網七帖有川より出し猟仕候」
魚目・宅太夫	「夫ハ其方之大偽りを申候有川より何網昔より網七帖を出シ候哉扨々横着者ニ而候」
魚目・七郎右衛門	「有川へ網七帖出候ハ有川之帳ニ可有之候」

「御評定所江魚目之者共罷出段々申上候口上覚」（10月２日６日）（「魚目有川両村海境論争資料」〔新魚目町：1986b、153-159〕）より作成。

るので有川には権利がないことを主張している。つまり入漁にも双方に意見の食い違いが見られる。

（四）　地先漁場と捕鯨、網代漁の関係

元禄期の上五島の有川湾では、幕府によって有川の要求を容れて地先海面をベースにした線引きの裁許が出された。これは、「磯は地付き次第、沖は入会」の権利が認められたことを意味している。しかし、その地先漁場の権利では、網代漁業のみならず、有川の捕鯨業でも不都合が生じるなど、漁民にとっては現実的なものでなかった。そこで、魚目と有川の漁民同士が話し合い、その線をこえて入漁や網を立てる取り決めを行った。これは、支配権力の漁場の権利と漁民レベルでの実際の漁場利用のズレを示しているともいえるかもしれない。しかし、筆者は、これについて線引き自体は漁業の秩序の上でも必要な行為であって、線引きの上に立った実際の操業は線をこえて行われていたと考えている。つまり漁業上の境界線と漁業用益の場は次元の違う問題としてみなければならないのではないだろうか。ここに海の境界線、テリトリーの特徴が示されているのではないか。なお、この有川の地先海面の許可、線引きの裁許について丹羽邦男は、これまで入漁権すらなかった「海付き地方《じかた》」の村が漁業を獲得できる近世で最も早い事例として紹介している（丹羽　一九八九）。

※当該地域の史料は、荒木文朗氏の努力で、有川村庄屋江口家文書等の解読がこの十年で進んでいる。本節の内容は、その成果の出る以前にまとめたものであることを付記しておく。

第二章　五島への他領漁業者定着と漁業権の変化

――十八世紀中葉以降の福江島大敷網漁業を中心に――

第一節　十七世紀以降の五島列島の漁業権について

この章では、前章で検討した中世期に存在した網代と関連する漁業や権利が、近世期の五島列島においても存在するのかを検討し、その権利が近世期においてどのように変質したのかをも考察するものである。

（一）　漁業権の「加徳」

最初に五島藩の漁業制度を概観しておこう。五島藩では、漁業政策を進めるための役所は特におかれず、漁場紛争の際には各掛の代官所や、藩の蔵元が調停に出ていた。寛文延宝期の史料を用いて分析した内海紀雄による（内海　一九七六）と、正保四（一六四七）年、浜方百姓村（浦）に岩瀬浦、漁生浦、樫ノ浦、戸岐浦、田ノ浦、岐宿、玉之浦、宇久島などが指定されていた。これらの浦は、年に一度の大阪、年に二度の長崎、さらに異国船警備の島廻り番船の水主役の負担とその代償に与えられた周辺の漁場（網代）からの運上銀負担、藩への「御菜」の供給などを行っていた。五島藩は、浜方百姓村の持つ網（浦百姓網）やそれらの村網の操業と運上銀払いを請け負う請浦のほかに、藩が強固な支配権を持つ個々の網代に代官の役職に付随する代官網があり、また御蔵網、加徳網などのように知行権が個人に付与された網があった（森山　一九七三）。このうち五島列島の漁業権として特徴的な加徳網の加徳については森山の以下の解説に従いたい。中世五島の国人の青方氏らは沿岸漁業権を田畑経営と同様に知行権として所有し、漁船・漁具等の生産用具はもとより、労働力をも村住民に負担させて経営するという方法をとっていた。そのため多くの村住民は漁夫や水夫として労働力を提供し、そのかわりに漁獲物の一部は勿論のこと、日常生活をも彼ら在地有力国人の漁業経済に負っていた。このような漁業知行権が、のちに家中・郷士らの知行の一部として、藩から宛がわれる形態をとることとなり、「家督」「加徳」と呼ばれることになった。すなわち加徳とは藩主から加徳士と呼ばれる個人に対して知行を許した網株で、藩制確立による知行権の確立によって中世以来の「家督」が「加徳」に改められたという。「家督」は「家」（一軒、二軒の家を指すのではなく「何々家」と呼称される単位）の財産相続権・家長としての支配命令権・祖先祭祀権をもつ、いわゆる家長権のことであったが、知行権と同一視され、次第に藩から公許された世襲的な網代漁業権を指すようになったとされる。加徳を持つ加徳士は代官・郷士階級、庄屋・小頭らの地元の有力な役人層や江戸時代を通じて世襲的に存続してきた有力な村落支配階層であった。彼らは網代知行権を田畑知行権と併存しながら世襲的に受け継ぎ、一般漁民を網子にして労働力を提供させ経営にあたっていたとされる（森山　一九七三）。こうした網の権利は、五島独自のものではなく、例えば宇和島藩で郷士層に与えられていた「元網、結出網、新網」というイワシ網の特権などとも類似する（羽原　一九五三、四八八―五九八）。

西村次彦によると、上五島の魚目浦にあったマグロ（シビ）網株は、十五名の網主が家督（扶持）として藩主から与えられたもので、藩の知行高に結びついていた。加徳網にはマグロ網代の他に、ブリ網・シイラ網・イルカ網などがあった（西村　一九六七）。上五島魚目浦の網の操業について、西村はそれが浜方百姓の村の総有形態から、マグロ網漁業の発達に伴い、領主より認められた網加徳と呼ばれる権利に変化したととらえている（西村　一九六七）が、浦方総有漁場と網加徳が併存していた可能性も高いのでその辺についても検討する。

このように、加徳とは、中世以来の国人領主クラスが持っていた田畑や山野、網の権利、網代の権利を起因としていた。つまり、郷村制の村総有の田畑山野河海とは異なる形の網の権利であることが窺われる。この加徳網は、郷士階級の他に有力な商人や漁師などが網主となり、一般の浜方百姓を所属の網子として使用し、漁業を営む傾向にあった。この網の所有は代々世襲されていた。郷士や町人が加徳の権利をもつことは、いかに浜方百姓の漁業へ制約を与えることになったかが、維新直後の明治八年「長崎県勧業課事務簿・諸漁業免許帳」に記された魚目浦浜方百姓の漁場解放の動きから知りえる(内海　一九九二)。加徳は浜方百姓村の漁業を制約することとなり、明治初期に浜方百姓たちによる漁場解放の運動が進んだのであった。(1)

(二)　上五島における他領漁業者の漁業権

ここでは視点を変えて、他領漁業者が五島列島へ出漁・移住した場合、その漁業権がどうなっていたのかを、上五島でみることにする。

近世後期五島列島への他領出漁漁民や農民の移動については、大村藩からの「居付百姓」と、捕鯨等の漁業稼ぎを求めて移住した他領漁業者の存在が宮本らによって概観されているほか(宮本　一九七五)(西村　一九六七)(森山　一九七三)、近世期に紀州からの五島へ移住した漁民の系譜に関しても整理されつつある(法村　一九八九)。『新魚目町郷土誌』によると、他地域から来る集団の属性は平家落人、流罪、漁業開拓、キリスト教に概ね区分されるとする(新魚目町　一九八六a)。このうち漁業開拓の移民は、概ね安永期の浜方百姓の減少に伴って大村藩から受け入れた百姓(農漁民)集団と、網代場を発見しその権利を藩から獲得して漁業問屋や大形網の経営をなし、藩への献金を通じて知行権の網加徳をうるという方法で大資本家へと成長していった漁業者に分けられる(森山　一九七三)。前者は「受動的進出型」の、後者は「主体的進出型」の移民としてとらえられる。後者にあたる五島列島各地の主な他領出身の漁業者は、『長崎県史　藩政編』によると、表2-1のようにまとめられる(森山　一九七三)。彼らは越前、泉州佐野、紀州、讃岐、周防、壱岐、薩摩などの各地を出身地としていた。

『長崎県史　藩政編』によると、他領漁業者が多額の金納を進めて郷士格を得た一方で、幕末期における藩の困窮化の中で在方の地主や漁業関係の商人による金納郷士化が最高潮に達した（森山　一九七三）。このように漁業権と他領漁業者に関する研究が蓄積されてきたが、他領漁業者が五島列島の既存の漁業権とどう関わりながら漁業を進めていったのかが必ずしも明確になっていない。それを踏まえて、上五島における他領漁業者の動きを概観していこう。

表２－２は、『新魚目町郷土誌』の記述をもとに、藩政時代に富江陣屋領だった上五島魚目郷（現・南松浦郡新上五島町）の明治初期の網加徳をもつ漁業者を掲げた（新魚目町　一九八六）。これをみると、中世以来、他国より来た漁業者は僅かで、その多くは近世中・後期に新たに網加徳の権利を獲得していたことが分かる。柴田家は慶長十八年頃に越前から入り、カマス網権利を領主から得ていたといわれる。湯川家は紀州湯川村から泉州佐野浦を経て寛文三（一六六三）年頃から延宝五（一六七七）年に入ったとされる。延享三（一七四六）年に死去した二代目源左衛門は似首の小頭役と網加徳を得ていたとされる。小頭は村方三役の一つで組頭に相当した。福岡から享保年間に移住したとされる設楽久兵衛の息子、儀太右衛門は、白島、門松のマグロ（シビ）網代を見立て、その子、久次兵衛は網加徳、小頭役、士分を得た。また、立串の小倉家は明和年間に筑前小倉から移住して漁業と漁商を営み、榎津・福山氏も寛政期に淡路島より魚商として移住したという。このように、概ね他領出身の漁業者の移住時期は近世前期であるが、実際に網加徳を得たのは享保期以降であったこと

表２－１　五島領外より移動した主な漁業者一覧

他領漁業者	移住先	出身地
山田家	宇久島	薩摩
小田家	小値賀笛吹	壱岐
小西家	小値賀笛吹	紀州
柴田家	上五島北魚目	越前
湯川家	上五島魚目似首	和泉佐野
道津家	上五島青方	紀伊
法村家	上五島青方	紀伊
入江家、今村家	日之嶋	讃岐
笠戸家	中通島佐尾	周防
西村家	福江島岐宿	越前
中尾家（甚六）	福江島柏（三井楽）	呼子浦
福江佐野屋	福江　嵯峨島	和泉佐野

（注）『長崎県史藩政編』吉川弘文館、1973年を参考に橋村が作成。

表2-2　近世上五島魚目浦における主な漁業者

他領漁業者	来　歴
柴田家（北魚目）	慶長18（1618）年に越前より移住。カマス網権利を領主から得る。
湯川家（似首）	紀州湯川村→泉州佐野浦（寛文3（1663）年、延宝5年（1677）ごろか）助三郎一源左衛門（延享3（1746）年死去。似首小頭、網加徳を得る。）
設楽家	福岡から享保年間に移住。久兵衛一儀太右衛門が白島、門松鮪網代を見立てる。久次兵衛は網加徳、小頭役、士分を得る。
小倉家（立串）	明和年間に筑前小倉から移住。漁業、漁商
福山家（榎津）	寛政期に淡路島より魚商として移住。
川崎家	
中世以来の家	
中野家	
浦家	元亨3（1323）年に奈摩で漁業開始か。3代与四郎兵衛は富江藩分知で榎津の小頭となり、高3石と網1帖を付与された。その後、庄屋、大庄屋などを代々歴任。寛保4（1744）年は浦弥兵次。

（注）『新魚目町郷土誌』をもとに橋村が作成。

が知られる。彼等は移住後、小頭などの村の要職に就き、そのの ち網加徳を得る傾向にあった。彼らは単なる漁業者ではなく、武士や商人出身者などが多く含まれ、田島佳也が示した蝦夷地への出漁漁業資本家、場所請負人栖原家の出自と類似している（田島　一九九〇）。幕府は幕末に栖原の支配人を幕吏に、松前藩は栖原を先手組格にしていたという。

他領漁業者が網加徳を獲得した時期については、「明治七年　旧来網代関係原由緒」（浦家所蔵）に「当時魚目浦の儀は往古十五帖網にて延網にて漁業仕業候得共、其後享保度に至り加徳示談之上敷網と相成り、只今の網代場江敷入甲乙之無き様、隔年廻し稼ぎ相極由、云々」とある（新魚目町　一九八六）。これによると、享保期には以前からの十五帖網の延網から加徳の示談で敷網に変化し、網代場へ敷網を敷く上で輪番利用等の取り決めへと再編されたことがわかる。延網は、第一章二節で取り上げた元禄期の史料と絵図でも確認され、魚群を追い込んだところに設定された「建切網」と推測される。このように享保期の延網から敷網への変化による漁業権の再編と、他領出身漁業者の網加徳の獲得とが関連することが窺われる。もっともこの敷網は定置網の大敷網と推測され、享保期に西南式大敷網の流入は進んでいたことが知られている。

上五島（中通島）の西海岸に位置する平戸藩領中通島浜ノ浦（現・南松浦郡新上五島町）には伊藤家が存在した（上五島町　一九八六）。この浜ノ浦や飯ノ瀬戸は、平戸藩の代官所がおかれ浜方百姓も存在した。浜ノ浦に移ってからの伊藤家初代の助作は正徳期に加瀬川網代、折島の網代を発見し、折島網納屋を設け、さらに、享和期の伊藤助左衛門は串島のマグロ（シビ）網代を発見し、その後も、焼崎・立瀬・飯ノ瀬戸・折島・串島・青木・加瀬川に好漁場を見たてマグロ大敷網・カツオ大敷網を設けたとされる。このように、津和崎地区をはじめとして浜ノ浦周辺に網代を見たてて世襲網代の経営を進めていた。その収益で伊藤氏は、藩への献金を進め、平戸藩の代官所の「町年寄格」となるに至った。

ここまでみてきたように、富江陣屋領上五島魚目では他領出身の漁業者がその定着過程で侍格や村役の身分を得て、さらに延網から敷網への変化による漁業権の再編で権利を獲得した点と、平戸藩領上五島浜ノ浦では他領漁業者が網代を発見し権利を得て、そこで捕れたマグロ網の収益で藩への献銀を進めて村役人の身分を得ながら定着を進めた点には共通点がある。

第二節　他領漁業者の定着と漁業権獲得による大敷網漁場利用の変化

（一）　西村家の福江島への定着

次に、十八世紀中葉以降の五島藩領の福江島岐宿村周辺（現在の五島市［旧南松浦郡岐宿町］）の海域において、他領出身の漁業者だった西村家が定着し新規漁業を導入して漁業権を獲得していくプロセスを検討する。近世期においても商人資本の援助を得て地先漁場をこえて他領・他地域へ出漁する漁業関係者も数多く存在していた。近年では、近世後期における商人や仲買の介入した漁場請負研究でこうした問題についても触れられている

（高橋　一九九五）（定兼　一九九九）（後藤　二〇〇一a）（後藤・吉田編　二〇〇二）（田島　二〇〇五）。近世漁村の網の権利は、漁村（五島では浜方百姓村［浜方］）の中に属する網主のもので、総百姓共有漁場と密接に関わっていた。しかし、漁村に属さない者が、その漁村の地先漁場において網場の権利を藩などから公認される場合もあった。本稿では、後者の事例を取り上げる。

　後者の事例は近世の五島列島で散見される。五島列島は、マグロ漁業が著名な地域で、そのマグロ網を中心とした網の権利は、概ね浜方百姓村でなく、郷士層や近隣漁村の漁民、商人が所持していた。つまり、五島列島では、近世初期から濱方が総有する海面の中に濱方に所属する者とは別の者がもつ権利（網加徳）が存在していた。前節で取り上げたように、この権利は五島列島で加徳（網加徳）と呼ばれ、個々の網の権利を藩が個人に対して与えることで、網漁業を操業させ、運上銀を納めさせていた。五島列島の漁業権は、浜方運上を負担する浜方百姓村の権利と網運上を負担（藩への献銀）する網加徳の権利に区分されていた。加徳とは近世初期に社会的に力のある郷士階級や商人に対して、藩が公認した網の知行権だとされる。

　西村家は福江島岐宿のマグロ大敷網漁業やブリ網漁業の経営で知られ、近代には「ブリ大尽」（岐宿町　二〇〇一）と呼ばれた。この西村家は十八世紀に五島列島福江島岐宿村（現・五島市岐宿町）に定着し、漁業権獲得を進めた。この西村家の漁業権獲得、定着過程をみていく。西村家関係文書（東京海洋大学の羽原文庫所蔵）[2]は、十八世紀後半から十九世紀中葉の史料で、羽原又吉が筆写した史料が残されている。このことは、羽原又吉が西村家の大規模なマグロ網やブリ網経営に注目していたことを示しているが、同氏の『日本漁業経済史上巻』の五島列島の章では西村家についてほとんどとりあげられていない（羽原　一九五二）。

　西村家の来歴を文政期にまとめた「西村家永代記録」[3]を用いて五島への来島後の身分と漁業権の獲得に関係する内容を整理したのが表2－3である。これによると、西村家の先祖は、越前の住人西口新助で、宝永六（一七〇九）年に来島した。その後、福江島北部の岐宿村に移り、村方三役のひとつ「小頭」をつとめた。魚目の湯川

表２－３　福江藩領下五島岐宿村西村家の変遷

年　代	他領漁業者西村氏の属性	内　容
宝永６(1709)年 宝永８(1711)年	外来漁民（小作人） 岐宿村小頭（村方三役）	西口新助（西村家先祖）が、越前から移住。 （五島（福江）藩への献金）
宝暦７(1757)年 明和６(1769)年 安永６(1777)年 安永９(1780)年 天明７(1788)年 寛政５(1793)年	小頭 ↓ 網加徳 ↓ 岐宿村庄屋 一代郷士格 ↓ ↓ 福江御徒士格	（五島（福江）藩への献金） マグロ大敷網の網漁業権（網加徳）獲得（赤瀬網代） 既存の網（ブリ、ムロアジ）の網漁業権を加徳士たちから獲得。 藩への二千両献銀の見返りに知行５石下賜。20貫目献銀の見返りに海面の下賜。礼銀６貫目納入。
文化２(1805)年～ 文化９(1812)年～ 文政８(1825)年	↓ 藩中小姓 岐宿掛代官	福江藩への献金。 元々あった加徳士たちの網漁業の請負権を獲得 （シイラ、イルカ、その他）

（注）「西村家永代記録」「西村家関係文書」を用いて作成。

氏も入部後に村の「小頭」をつとめていた点と共通している。この新助の子孫が一代目西村団七、二代目團右衛門、三代目団助であった。西村家は、宝暦七年に大坂御用をつとめた見返りに岐宿村で高四石を得て、安永六（一七七七）年には、移住後七〇年余で岐宿村庄屋に、さらにその三年後の安永九（一七八〇）年には侍格（一代郷士格）となっている。その後、文政八（一八二五）年には岐宿掛代官となって、宝暦期から七十年余の間に異例の処遇を受けている。この処遇を受けることができた背景をみていきたい。「西村家永代記録」によると西村家がこの間に負担した五島藩への大口御用銀は、参勤交代費用、姫様縁組費用及び祝儀、若様御出府費用、殿様岐宿村御出掛費用、先代殿様（八代覚公）御廟所建立整備費用、賓客接待費用、遠見番所・普請維持費用、異国船手配方費用、殿様家督費用などとなっている。また、マグロ網を開始した二代目團右衛門は、天明七（一七八七）年に冥加金として二千両を藩へ献上し、知行高五石を下され、福江掛蕨畑村の田地開発を「無年貢」で認められていた。西村家は、藩への献銀の見返りに、既存の加徳士の持つ漁業権を請け負う権利を得た。同家の納めるマグロ網加徳の運上は五島藩の重要な収入源となっていた。つまり、西村家の処遇の背景には五島藩への献金があったのである。

（二）　西村家の十八世紀後半の漁業権獲得

福江島北部の旧南松浦郡三井楽町濱之畔付近の海域における西村家の漁業権の獲得をみていく。当五島藩に属する該地域は岐宿掛代官、三井楽掛代官などによって支配され、その下に各村の庄屋がおかれていた。史料に出てくる村は、岐宿掛岐宿村、三井楽に属する濱之畔村、柏村、大川村、福江掛奥浦村の戸岐浦である。このうち西村氏の争論相手として頻出するのは戸岐浦関係者である。西村家が漁業権を獲得する以前の十八世紀中葉における三井楽掛の濱之畔網代では、複数の加徳士がマグロ網、ムロアジ網、イルカ網、シイラ網、ブリ網などの魚名を冠した網を営んでいた。この段階では、それぞれの網の規模が小さく、各々の網には整合性があったため、加徳どうしでの争論は起きなかったものと思われる。そうしたなかで戸岐浦町人義太郎がシイラ網の加徳を根拠に独占していた。戸岐浦は正保期から五島藩の浦として存在していた。この戸岐浦は福江島東北に位置し濱之畔網代から約一〇キロ離れていた。この浦は安永六（一七七七）年に代官・下代のほか浦船見・戸主を改めたとされ、天明九（一七八九）年の巡見使答書領内調書では船掛がよいとされる。文化三（一八〇六）年の新開改では、奥浦村戸岐居付五斗余・奥浦村半泊居付一石余とされ（天保五年福江領高辻郷村帳）、文政四年（一八二一）の福江掛人付町人帳では、家数四十四・人数二九〇（うち浜百姓三）、舟二十七（縄船二十一、丸頭船一・二枚帆一・三枚帆一・四反帆三）、役目銀二百八十二匁となっている。明治三（一八七〇）年諸湊取調帳（太田家文書）では、河口民家数九十一・問屋数一軒、扱荷はするめ・おご・鰹節・心太草となっている。なお濱之畔網代は三井楽掛の地先に位置し、西村の属する岐宿村の地先海面ではなかった。

表2-4は、濱之畔網代において明和六（一七六九）年から文政四（一八二一）年に西村家に対して操業の請け負いが許可された網免許一覧である。西村家は明和六（一七六九）年に藩への献銀の見返りに赤瀬、堂所、小倉三ヶ所のマグロ網加徳を得た。明和七（一七七〇）年になると、秋に西村家と戸岐浦との間で争論が生じ、戸岐のシイラ網は浦内で、西村家のマグロ網が沖でという形で双方が海面に線をひいて操業するよう調停された。西

表2－4　濱之畔漁場（網代）で1769（明和6）年以降に西村家に許可された網

網名	許可年	漁場
①マグロ網（加徳）	明和6（1769）年	三井楽赤瀬よりはちのこ浦八崎堂所
②ムロアジ網	明和7（1770）年3月～	三井楽濱之畔灘目
③ブリ網	明和8（1771）年7月～	三井楽濱之畔灘目
④マグロ新網代3帖・ムロアジ網代（加徳）	明和9（1772）年3月	三井楽赤瀬より濱之畔之内 堂所崎より小倉戸や首迄之間
⑤マグロ網	天明5（1785）年9月	西津ノ口津々ら山之下より小倉迄之間
⑥シイラ網	文化9（1812）年11月～	三井楽濱之畔灘目
⑦鱓網	文化13（1816）年4月～	三井楽濱之畔灘目
⑧イルカ網	文化13年9月～	三井楽濱之畔灘目
⑨クロウオ網	文政3（1820）年8月	岐宿支配惣瀬浦より水たれ、談合島之間見立、
⑩やず網	文政4（1821）年3月～	三井楽濱之畔

（注）　羽原文庫（西村家関係文書）写本61号文書、81号文書より橋村作成。

村家は、既存の加徳士に対し運上銀の代替負担や漁具や資金の前貸を行ない、明和七（一七七〇）年にマグロと共にムロアジ網、次いで明和八（一七七一）年にブリ網、文化九（一八一二）年にシイラ網、文化十三（一八一六）年にはアメウオ網、イルカ網、クロウオ網の順で既存の加徳士から加徳または網の操業を請け負う権利を獲得していった。また、西村家に対しては天明五（一七八五）年に濱之畔漁場の海面の請負権が与えられた（図2－1）。

戸岐浦の濱之畔網代の占有の根拠だったシイラ網は、文化九（一八一二）年に西村家が初めて戸岐浦の独占的に請け負っていたシイラ網一帖の請負権を得て、西村家の関与するところとなった。西村家は藩の蔵元へ献金し、その見返りにシイラ網加徳の請負権を得て、文化十四（一八一七）年に永代請負権を得るに至った。また、西村家は藩への運上銀上納を滞納していた郷士久保家（既存の加徳士）の持つシイラ網にも注目して、文化十四年に一時的な請負権を、文政五（一八二二）年にその永代請負権を得ている。西村家は久保家に運上銀数年分を前貸しして、藩の蔵元へも献金をおこなっている。

このように、請負権の獲得時期は網によって異なる。西村家は、まず、経済性の高いマグロ網漁業権から獲得し、続いてマグロ大敷網経営へ支障を与える周辺の既存の小さな網加徳まで徐々に獲得を進めていった。また、その過程の天明五（一七八五）年には海面の請負権も与えられている。それらの理由について、西村家による既存の漁業権の獲得と新規のマグロ網の操業との関係から検討する。

(三) マグロ大敷網導入と既存の網の獲得との関係

先述のように、明和六(一七六九)年から西村家は福江島岐宿・三井楽においてマグロ網の敷設と操業を始めた。このマグロ網は大敷網で、現在の大型定置網と似ている。図2-1は西村家の網場の分布図である。ここに出てくる堂所、小倉、赤瀬、濱之畔、高崎の網場は、西村家の根拠地である岐宿掛の西隣にあたる三井楽掛の東海岸に位置する。この網場にはマグロ網以外に、ムロアジ、ブリ、シイラ、イルカなどの網が存在していた。[4] 西村家は明和七(一七七〇)年から翌八年(一七七一)年にかけてのマグロ大敷網導入後にムロアジ網とブリ網の請負権を得ている。[5] 大敷網の導入と既存の網の請負権の獲得との関係を、天明八(一七八八)年七月の史料から検討する。史料の下線部は筆者が重要と思われる部分にひいたものである。(以下同じ)

(史料2-1)

三井楽濱之畔江鮪網代并鰹漁業見立度明和六丑ノ年より追々相願イ道所小倉赤瀬ニ而鮪網三帖見立其元家督被下置漁業有之候之所道所小倉に網相立候而ハ赤瀬網ニ差障ニ付、因願道所小倉此弐帖ハ相止候、併場所差明ケ脇より鋪入願人有之而ハ難儀之趣承届、右之海面其元江被下置天明三卯年銀拾貫目差上、其後　民姫様就御出府同拾貫目天明五巳年指上都合銀高弐拾貫目相納候ニ付西津口津々ら山下より濱畔内赤瀬迄永々其元江被下置其時々委鋪證文相渡置候、勿論赤瀬網代之儀明和六丑年より鋪入漁業相叶、其後安永五酉年より同弐番網敷入初候得共不浦立、去ル午(天明六…筆者註)冬より右場所小網壱帖冬網敷入(中略)……差免候、勿論小網敷候而ハ高崎網代差障候段長谷川善左衛門願出候得共、元より請持之海面殊ニ差障候儀も無之段相分候ニ付弐帖敷入差免候永久漁業可為候、且於下五島鮪敷網之儀ハ父團右衛門發初漁業致永續、昨未ノ年冥加金として弐千両差上候段神妙に思召知行高五石永々被成下、其上福江掛蕨畑村ニ而田地開発茂

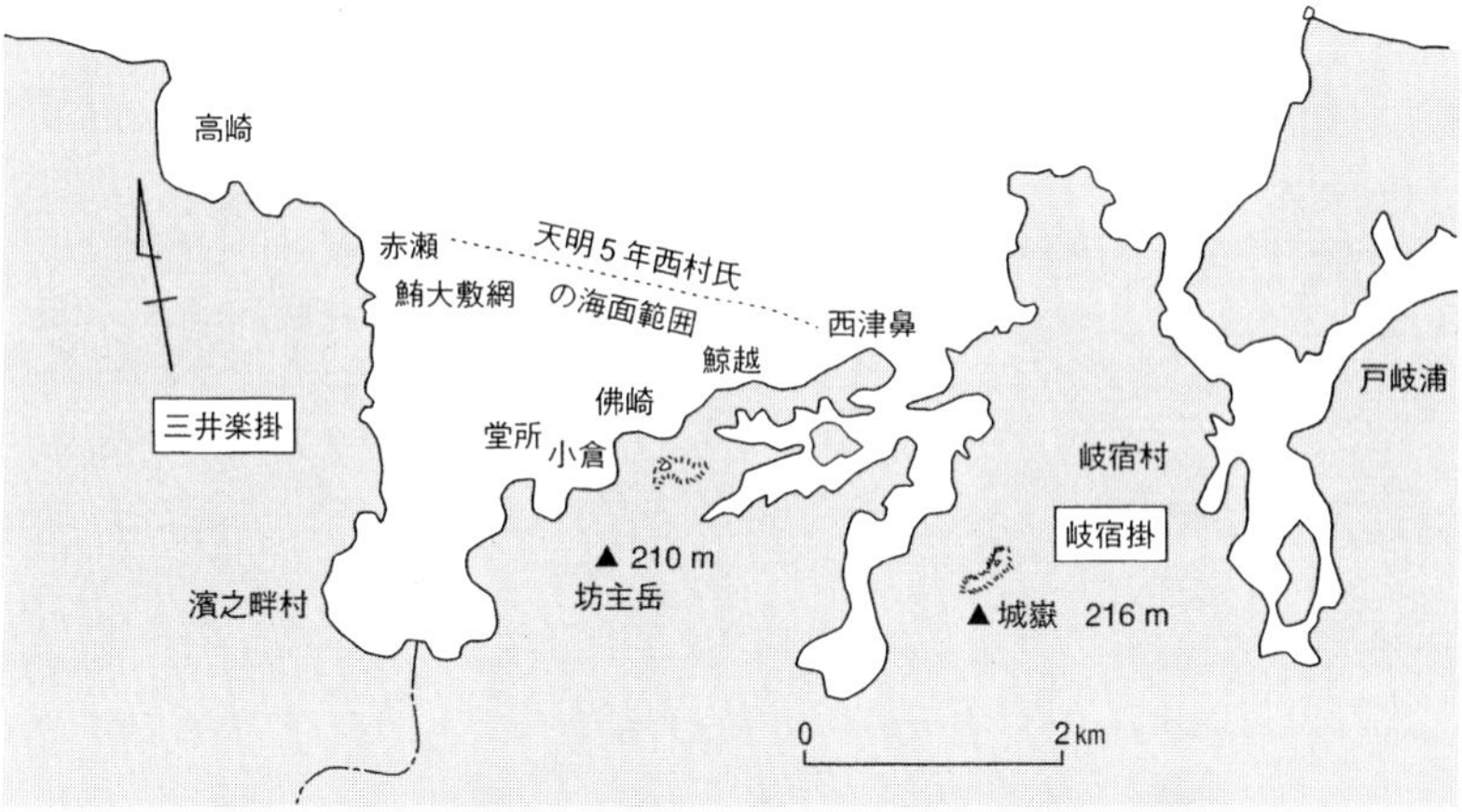

図２－１　福江島の岐宿、三井楽における近世後期漁業関係図

無年貢ニ被　仰付候段難有可相心得候、然上ハ以後出精漁業
永続肝要ニ候、猶右網代ニ付追々相渡置候証文通相違無之候
尚此節相改任願依而一札如件
天明八年申七月廿九日(6)

これは、藩蔵許の藤田彦左衛門他四人の連名で西村團助へ出された史料で、次のような内容になる。西村は、濱ノ畔漁場へマグロ網代とムロアジ漁業を立てることを願い出て、明和六（一七六九）年より道所（堂所）、小倉、赤瀬のマグロ網三帖の「家督」（加徳）を得た。表２－４にあるように一七七〇～一七七一年は西村家がムロアジ網とブリ網の加徳を得た時期と重なる。その後、赤瀬網に支障が出るので、堂所、小倉の網二帖の操業をとりやめた。しかし、堂所、小倉へ別な者が網を敷設できないようにするために、網加徳の継続を求めた。

その後、赤瀬網代に安永五（一七七六）年から二番網を敷き入れたが、失敗に終わった。この件は、以下に掲げる史料２－２の安永六（一七七七）年十月二十七日に西村団右衛門が蔵許へ出した史料「乍憚奉申上候」（羽原文庫写本四三八）に、安永期に西村家の持つ堂所、古蔵ロ佛崎より東側で魚の回游経路にあたる鯨越の網敷免許が岐宿の大町吉左衛門に与えられたことに対する西村

図２－２　西村氏の大敷網と周辺漁業場の描写絵図（『五島列島漁業図解』［立平　1992］）

の抗議と取り消しの願いが記されている。

（史料２－２）

一鯨越江新網出来仕候而者私方佛崎網相立不申候ニ付山海并魚掛之繪圖指上申候乍憚得与御推察為分被下候様奉願上候、

一古蔵之口佛崎之儀者西津灘目本廻之入レ魚請取網代之場所故繪圖面ニ相見へ申候通ニ御座候得者海上遠近ニ相かかわり候趣ニ者無御座候、只本廻魚通留メニ相成其上右網ニ當候魚ハ不残沖江は祢申候故魚請相叶不申候ニ付佛崎網一向相立不申候

一右場所是迄歳々見募浦立候場所与見届置候ニ付當年者私方一手ニ而仕出かうし網にし而船々等迄手定夫々用意仕候處之儀者是迄指障無之打〆り罷有候場所ニ付宜敷与見込十分ニ相備申候、然ル處ニ観音崎并鯨越之間ニ而吉左衛門方相妨候而者私難儀ニ及指候、弥又鯨越之儀灘目中之惣魚溜之場所柄与申本廻之惣魚上故彼場所より相廻り候魚ならて者三帖網之漁事ニ者相叶不申候、尤魚盛ニ相成候得者直入レ之魚茂参候得共

其魚ハ地山ニ當り多ハ直ニ元之通ニ引申候故立ろ網ニ茂留メ兼申候、依之本廻壱筋之魚本道ニ請不申候而者漁事難仕候、右之通ニ御座候間兎ニ角私難儀ニ不相成候様乍憚宜敷奉頼上候、且又西津口之儀者元形之備より茂少茂沖立候而者是以私網代ニ相障申候、是又宜敷様ニ被仰付被為下候様ニ奉願上候以上、

西村団右衛門の主張は次のようになる。鯨越の新網ができると西村の佛崎網は立てられなくなること、古蔵（小倉）之口佛崎は西津灘目本廻に入る魚を捕る網代の場所であるが、鯨越に網ができると、海上遠近にかかわりなく「本廻魚」の通りを止めることになり、さらにこの網に当たった魚のほとんどは沖へ行くので魚を網に入れることができず、佛崎網に魚が入らなくなる。また、この鯨越には、西村が網を立てる予定であったが、観音崎と鯨越の間で大町吉左衛門の網ができると妨げになるので困ること、鯨越は灘目中のほとんどの魚が上るところなので、この場所から回游する魚は三帖網の漁業で捕ることができないことなどを主張している。そして、「本廻壱筋之魚」を「本道」に入れることができないと漁業に支障が出ると述べた。また、西村の網代に支障が出るので、鯨越からさらに東側に位置する西津口の網を、今よりも沖に立てないよう求めた。鯨越と西津口は、西村が持つ佛崎の西側の網代の東側に位置し、魚の回游経路の中間点となっている。こうした位置に新たな網を立てることや、網の位置の変更が行われることに対して、西村はとても慎重になっていた。

史料2－1に戻る。西村は天明三（一七八三）年以降、全部で銀二十貫目を藩へ献上した見返りに、天明五（一七八五）年に「西津口津々ら山下より濱畔内赤瀬迄」の海面を「永々」占有する権利を請け負うことになった。堂所、小倉、赤瀬のマグロ網の網加徳の権利に次いで、海面の請負権も与えられたことになった。この海面は、鯨越や西津口も含む範囲である（図2－1）。天明六（一七八六）年冬には、赤瀬網代に小網一帖の冬網の敷き入れを許可されたものの、潮流の下に位置する高崎網代を持つ長谷川が、漁への障害を訴えた。それに対し西村はこの海面が自らの「請持海面」であることで、その正当性を主張した。図2－1によるとこの海面は三井楽掛と

岐宿掛の陸の境界を越えて二つの掛の地先海に展開していた。その後の文化六（一八〇九）年にも西村家はこの海面占有の維持に努めていた。

（史料2-3）

覚

一赤瀬浦之儀者其元先祖見立尽力ヲ以波戸普請等大金ヲ費遂成功且下五島鮪網代之開基其功不少、其上御用途之内江金三千両銀六百七拾三貫九百目余差出候ニ付、赤瀬鮪網代西津口より津々羅山下赤瀬迄右網代海面ニ相極永世漁業令免許候条運上銀規則之通年々可相納候為後證永免状仍而如件

文化六巳年十二月　　御蔵許　印

西村八郎左衛門殿

（羽原文庫　写本史料四三八「天明四年―「覚」「銀子預り証文」）

この史料から、文化六（一八〇九）年に西村家の開発した赤瀬鮪網代の「西津口より津々羅山下赤瀬迄右網代海面」の免許[7]が継続許可されていることが分かる。図2-2は明治十六（一八八三）年の第一回水産博覧会提出絵図に描かれた西村家のマグロ大敷網である。史料2-3の「西津口津々ら山下より濱畔内赤瀬迄」の範囲は、図2-2の範囲とほぼ一致する。図2-1と図2-2を比べると、この範囲は小倉、堂所から赤瀬へとつながる魚の回游経路にあたる。絵図には南側の堂所と小倉の海面とその背後の山並みも描かれている。この山並は図2-1にみられる坊主岳などにあたる。また西側の濱之畔と正山の集落描写の付近に「納屋場」の文字と、石で築かれた波戸四ヶ所を確認できる。この描かれた波戸は文化六（一八〇九）年の史料2-3の「赤瀬浦之儀者其元先祖見立尽力ヲ以波戸普請等大金ヲ費遂成功」の記述にあるように西村家が築いたものである。大敷網の描き方をみていくと、側竹《ガワタケ》が海面に浮かび底の碇と綱で結ばれていたことがわかる。一般的に博覧会提出絵図は漁具のみを描いたものが多く、図2-2のように網とそれを敷設した地域や周辺地形を特定できる描写は珍しい。この

点は、史料2-2で回游経路の堂所と小倉の二帖の網を「止浦」（中止）にした理由として、そこに網を立てると赤瀬へ魚群が入らなくなることを述べているように、西村家が大敷網と魚の回游経路である海面をセットにした漁場占有の意識を持っていたことがうかがわれる。

西村家の大敷網の設定は、魚の回游経路上にあった小さな網を止めさせ、大量の魚を独占的に大敷網に導き入れることを可能にした。この動きは西村家が網に入る魚の回游経路の海面を独占的に占有することへと導くことになった。換言すれば、大敷網という巨大漁法の導入によって、西村は魚群の回游経路であるところの広範囲の海面を排他的に獲得する必要となり、「西津口津々ら山下より濱畔内赤瀬迄」の範囲を、藩へ献金して得ることとなった。あわせて、周辺に散在していた既存の漁業者の持つ網を獲得する動きに出た。西村家が周辺の網を獲得した理由は、新規のマグロ網の加徳を得ても、シイラ網やその他の網などとの関係で実際の操業は難しかったことが挙げられる。そのため、西村家は競合する旧来からの漁業者（加徳士）への運上銀の前貸しや藩への献金を重ねて、加徳士の持つ網の請負権を獲得していった。つまり、西村家は明和期のマグロ大敷網を導入した後に、大敷網経営へ支障を与える周辺の既存の小さな網加徳を徐々に獲得していったのである。

（四）十八世紀後半以降の漁業権の再編とその意味――まとめ――

最後に、他領漁業者だった西村家がマグロ網を導入し、元からあった漁業権（網加徳）を獲得する過程で生じた漁業権再編の意味について、離島の特性と絡めて検討する。

五島の漁業権を取り上げたこれまでの研究では、網の漁業権加徳が藩からの網の知行権であることが解明されてきたが、その時系列的な変化が不明であったため（西村　一九六七）、本章はその課題について分析し次の点を明らかにした。十八世紀後半以降に進出してきた漁業者が網の漁業権（加徳）の所持者（加徳士）に代わって運上銀の負担を行う見返りにその網の操業を請け負うようになった。つまり、網の漁業権が島の加徳士から他領漁

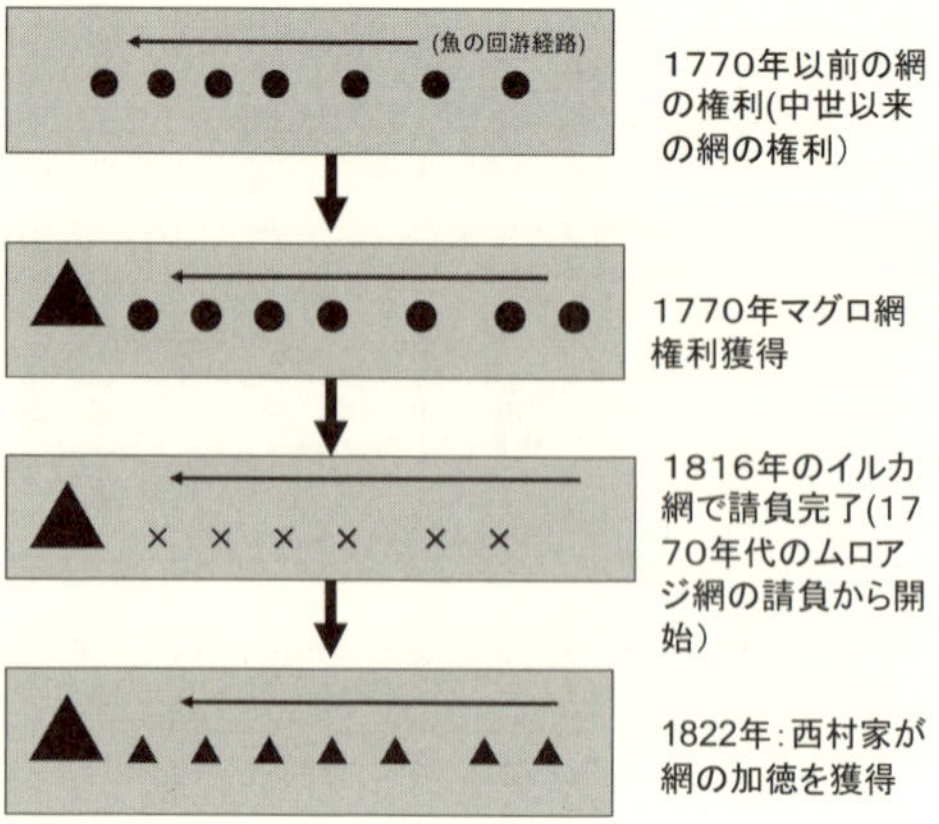

図２－３　福江島北岸における西村家の網漁業権の獲得過程

（注）▲：西村家の網（大きな▲はマグロ大敷網）。
●：既存の加徳士の持つ網
×：西村家が既存の加徳士の持つ網の操業と運上銀納入の請負をしている網

業者の権利へ変化した。

つまり、島に定着した他領漁業者は、元からあった漁業権の買い占めを進めたのである。西村家は、魚の回遊経路となる広い海面を必要としたマグロ大敷網を、新規に開発して権利を得た。しかしながらその段階では、それ以外の網の権利を島の先住者（郷士、浦の町人）が持っていた。そのため、いろいろな支障が出たことで、網の権利を獲得し、海面を排他的に占有していった。大敷網導入以前の十三世紀から十七世紀中葉までの五島列島の沿岸海域では、スポットとしての網代を基盤とした漁場利用権が散在していた（第一章参照）。つまり、様々な水産資源を獲る網が多数あって、水産資源は共有されていたともいえよう。しかし、大敷網の導入で魚の通り道にあたる網の買い占めと排他的な海面占有が進んだため、海の資源の共有は崩壊した（図２－３）。これは、中世以来の網代をベースにした散在網代から、他の漁業種の参入を許さない排他的な海面利用への変化を意味する。この時期の変化は近代以降の漁業権を考える上でも重要なエポックメーキングといえよう。

中世以来の網代を基盤とした漁業権の加徳が、十八世紀後半の大敷網の導入を境にして崩壊していった理由を検討していこう。まず、財政難の五島藩が、漁業収益をもたらす他領漁業者の流入と定着を容認していた点を挙げることができる(8)。五島は豊富な漁場があっても、消費地から離れた離島のため、大坂市場などへ魚を運ぶネットワークを持つ他領漁業者に頼らざるを得なかった。また、他領漁業者が網の漁業権（加徳）を容易に獲得できたもう一つの理由として、五島の中世以来の漁業権である加徳の存在が挙げられる。主として近世漁村の漁業権は村（浦）を基盤とした強固な封建制度によって成立しているが、当地域では村（浜方百姓村）の漁業権が弱く、中世以来の小領主制の名残りである（網野　一九九五、三五〇―三五一）、加徳士の持つ網代漁業権が早い段階から存在した。つまり、他領漁業者が村人の合意を抜きにして藩と加徳士と交渉するだけで、網代の加徳を容易に獲得できたということも推測できる。この点は、離島五島の漁業権の特性とも見なせる。この動向は、三陸における漁業者の呼び寄せによる漁業生産の維持とも比較する必要がある（高橋　一九九五）。

今後の課題としては、①漁場の獲得に加えて西村家が進めた陸地の開発が海の開発とどのように関わるのか、②大敷網漁のような排他的な漁場利用が他地域ではどのように展開し、当該地域の事例が幕末から明治以降どのような経過を辿ったのか、③浜方百姓村の占有する地先海面の権利と網の漁業権（加徳）との関わりを労働力供給も加味しながら究明することなどが挙げられるが、他日を期したい。

第II部　肥後天草郡の周辺における漁業と漁場利用

肥後国天草諸島の地域概観と史料

第II部では幕領である肥後国天草諸島（現・熊本県）のうち、水主《か》《こ》浦制度下でも漁場が分割されず、近世期を通じてそれが保持された天草下島の富岡（天草郡苓北町）、牛深（天草市）、近世末期に水主浦になった高浜（天草市）などを中心に天草郡の漁業史を検討していく。

天草富岡周辺海域の自然地理的特性をみておこう。天草は下島と上島にわかれる。下島西海岸は東シナ海に面し、北岸と東岸と上島の北岸は有明海に、上島の南岸と下島の東岸は不知火海に面する。そのため、島の海域条件は各地で異なっていて、さまざまな漁業がみられ、漁場利用にも特徴があった。

九州大学臨海実験場によると、富岡は天草諸島中最大の下島の北西端に突出する小半島の柄部にある砂州上に発達した町で、富岡半島は市街地のある柄部と扇状にひろがった東西二・五キロの島状部からなり、東端からは松と常緑灌木の茂った巴崎と呼ばれる砂嘴が弧状にのびて波静かな小湾を抱いている。半島の基部東岸には旧富岡城跡である城山があり、そこからは富岡の市街地をはさんで波荒い天草灘の外海と静穏な富岡湾を同時に眺めることができる。気候は温暖で冬もほとんど霜を見ない。海水は対馬暖流分枝の影響を受けて高温高塩分で、冬季水温も海岸近くで一〇から十二℃、沖に出ると十四℃を下らない。干満差は大きく、大潮時には三・七メートルに達する。有明海と外海を出入りする海水は有明海出口の早崎海峡で最高六・五ノットの急流となり、富岡半島沖でも二から三ノットを示す。富岡半島の外海側と早崎海峡に近い通詞島には岩礁海岸が発達し、暖流系生物が豊富である。天草下島西岸は、暖流のあたる海域であるため、温暖である。

肥後国天草郡は、寛永十四（一六三七）年の島原の乱後、天領となり、代官鈴木重成により諸制度が整備された。寛永十八（一六四一）年秋から寛文四（一六六四）年、寛文十一（一六七一）年から正徳四（一七一四）年六月まで天草代官による専任統治が行われる。以後、日田郡代（役所）、島原藩（享保五（一七二〇）年六月から明和五（一七六八）年三月。天明三（一七八三）年九月から文化九（一八一二）年）の預所となる。以降は、長崎代官と日田郡代の交互支配となっていた（本渡市教育委員会　一九八二、一三八―一四六）（苓北町史編纂委員会編　一九八四）。なお、寛文四年から十一年までは、戸田忠昌が支配を行った。天草郡の農村（地方）支配は一〇の大庄屋組を単位として行われ（本渡市教育委員会　一九八二）、地方（農業村落）は「代官所―郡中大庄屋―組（大庄屋）―村（庄屋）」の大庄屋制度による支配のもと統制された。天草郡の地方村支配は一〇の大庄屋組を単位として行われていた。この地の水主浦も富岡（町）以外は地方の村に属するため、村政上では代官所の支配を受けたが、船役や漁業行為については郡中総弁指の管轄にあり、いわば二重の支配を受けていた（中村　一九六一、二三三―二四一）。

近世の漁村（浦方）は、漁業年貢を納める漁浦と水主《かこ》役負担と漁業税を負担する水主浦《かこうら》に概ね区分されるが、これまでの研究では漁浦が対象となることが多かった。水主浦漁場については、水主役負担の見返りに広域的な範囲の海面利用の権利が付与されたこと、浦方が他領漁師の入漁を制限することによって、入会海域の自浦の範囲を区切り、排他的な漁場の形成が進んだことが明らかにされてきた（河岡　一九八七）。肥後国天草諸島の浦方は水主浦《かこうら》であった（1）。近世天草郡の浦方は（2）、正保二（一六四五）年の水主浦（舸子浦）制度の確立（中村　一九六一）に際し、「一　正保二酉年郡中七浦御定浦運上被仰付候」（農林水産局　一九三四）とあるように「定浦《じょううら》」と呼ばれたが、本研究では水主浦の表記を用いることにする。水主浦とは「代官―大庄屋―富岡浦（郡中総弁指）―浦（弁指）」の指揮系統下で漁民や水主の統制を行うものであり、その後の万治期以降にも新たに水主浦が認定され、十七浦に増加した。

中村正夫（中村　一九六一）は、天草郡の水主浦について、以下の特徴（①―⑤）を明らかにしている。①水主役の見返りに漁業権を与えられた村が水主浦、②水主浦の成立時期を正保期と特定、[3]③水主浦が臨海の農業村である地方の地先海面を占有し、水主浦の漁師は自村の前浜以外の広域海面で漁業を行っていた、[4]④漁業権を持たない村々が他の水主浦の水主を雇い、排他的な漁業権や入会漁業権を獲得する過程を解明（中村　一九六一）、⑤支配者は、地域で起きた紛争に対して当事者の村どうしによる自主的解決を期待していた（中村　一九六四）、⑥浦の水主役の売買交渉過程で水夫役の移動には漁民の移住をともなう（漁民の漂泊性）、⑦漁民の移住は漁民の漁場用益権の一種の持分権を想定させ、水夫役の移動にはたんに名目的な権利義務の移行を意味するのではなく、水夫役を請け持つ本漁師がその持分権である漁場用益権を帯同して移住したので水主浦の本漁師の漁場用益権を「合有」形態と想定したなどである。以上の諸事実をふまえたうえで、中村は十八世紀から十九世紀における水主浦の封建的な権利が崩壊していく経過を検証した。なお、鶴田倉造が正保期の水主浦制度導入以前、すなわち唐津藩寺沢氏の天草支配時代、万治期より多い水主浦が二〇浦存在していた可能性を（有明町史編纂室編　二〇〇〇）、中村が寛文二（一六六二）年に赤崎村に住む寺沢氏時代の家来であった武士が漁業を渡世とするために赤崎村の地先漁場にある網代の操業請負権を代官から許されたことを（中村　一九六四、七三―七四）、指摘していることを付け加えておきたい。

　ところで、天草下島の富岡（現・苓北町）には、元禄から文久期までの漁場範囲の記載史料、争論史料、水主役負担記録等が存在している。これらは享保十七年の「万記簿」、文化十（一八一三）年の史料[5]（寛政十一年の「諸御用控」所収）、文久三（一八六三）年「高濱村江相掛候網代日記」（いずれも『苓北漁協所蔵文書』所収）、慶応三（一八六七）年の「総弁指中元家履歴書」（『富岡漁業史』所載。浦田　一九六二）等である。富岡浦の公課は水主役負担と漁方運上銀納入である。水主三五人が水主役を負担し、かつ漁業運上として漁師浦方運上銀三〇〇目、漁師蚫（鮑）運上銀三〇目が課せられていた。島原の乱後、この富岡には幕府天領天草郡の代官所がおかれ、天草郡内の唯一の「町」である。ここには天草郡中水主浦の元締めである惣（総）弁指も置かれた。また、天草郡内ではもっとも長崎に近く、有明海の入口に位置し、港の機能も持つ交通の要衝でもあった。集落は陸繋島を結ぶ砂州上にあり、砂州の東西では太平洋戦争直後まで地引網が営まれていた。現在でも陸繋島の周囲の岩場ではウニや海草が豊富である。地先海は、小型回游魚の鰯が入り込みやすく、鯛漁も盛んであり（熊本県水産試験場　一九七二）、近世には千葉県九十九里浜と並ぶ鰯の産地といわれた（熊本県農商課　一八九〇）。

このほかに、肥後国天草郡における漁業史、海面領有と利用に関わる史・資料には、元禄十四（一七〇一）年、寛延三（一七五〇）年等の「村明細帳」（『天草郡村々明細帳』所収。天草古文書会編　一九八八、一九九〇、一九九三）、天草町高濱の庄屋「上田家文書」、明治十六（一八八三）年の『熊本県水産誌』[6]、熊本県の「漁場ノ入會専用ニ関スル事項」（昭和九年農林省水産局編纂『旧藩時代の漁業制度調査資料』）などがある。また、天草との争論記録のある肥前野母に関係する史料には「野母村役場史料」（中央水産研究センター所蔵）や「野母村水産史料」（野母崎町郷土誌編纂委員会編　一九八六、三九―八〇）がある。

第三章　十七〜十九世紀の天草郡における海面占有にみる漁村間の階層性

第一節　はじめに

(一)　問題設定

本章では、近世末期の浦方（漁村）が占有した漁場の特徴から階層性を見出し、その漁場の形成過程を、近世前期からの約二百年間の時系列的な展開過程から究明することを目的としている。

浦方とは、近世郷村制度下の村方、町方と明確に区別された漁村を示し、漁業権の対価となる水主役・海高・御菜魚代などの漁業年貢を負担していた。浦方は、概ね、①水主役負担の浦と②漁業年貢納入のみの浦に区分される（田島　一九八八、七一七―七二九）。近世前期の浦方漁場は、中世を起源とするような広域的な水主浦漁場（春田　一九九三）（橋村　一九九六）や、水主役負担の見返りに特定の集団に保証された特権的な漁場を継承する場合が多く[1]、自村前のみならず、権利を持たない他村の地先にまで展開する浦方総有が行われていた（羽原　一九五二）。しかし、その浦方漁場も、近世中・後期に地方村が漁場に進出するにつれて、漁場が「村前」「地付」原則へと分割されることが、封建制度の崩壊の観点から究明されてきた（中村　一九六一）（実松　一九九二）（出口　一九九六）。そして、近世漁村の漁場の領有は、一般的に惣百姓総有、または、磯付、根付は村前漁場で、沖合は入会漁場という原則へと固まっていった。

したがって、これまでの浦方漁場の研究は、地方（在方）の漁場獲得運動で崩壊するような漁場を対象として研究されることが多く、近世期を通して漁場範域を維持し続ける「力」のあった浦方の漁場展開について究明する必要がある。これは、浦方（漁村）間の多様性を論じた研究[2]に漁場の空間的な特徴を加味することで、漁村間の関係性を漁場の占有・利用の視座（遠藤　一九八二）（定兼　一九八九）から議論できることを意味している。漁村間の「力」関係は、漁村間の年貢負担額や漁場の広さ、漁場の入会利用や入漁料漁業をめぐる関係などから把握する。

そこで、本章は、特権の与えられた近世漁村で、広域的な海域を占有する傾向の強かった浦方を取り上げる。そして、浦方の占有した漁場について、既往の研究にあるような近世期を通して分割していった型と、それ以外の、例えば、近世期初期から末期まで、その範域が維持された浦方漁場の型とを比較し、それぞれの占有のあり方の特徴を考察することを課題としていく。この作業を行ううえで、漁場を持つ浦方の制度的な側面に加えて、各地域の漁場環境に注目する（荒居　一九七〇）。

（二）　対象地域での研究課題と史料

上記の議論を行うために、本稿では同一地域のなかでの漁場の多様性を取り上げていく。つまり、一つの漁村のみならず、同じ支配機構に属する同一郡内の全ての浦方（漁村）漁場を取り上げ、漁場の特徴を類型化し、研究対象としてふさわしい漁村を見出すのが有効である。しかし、近世期の漁場を記した一次史料は、断片的にしか残らず、郡などの地域単位でまとまった形で残存するものは少ない。そこで、明治期の史料に着目する。近世期の漁場は明治期には「旧慣」漁場と呼ばれる（原暉三　一九七七、二二一―二二三）。これは、明治前期の水産博覧会に際して作成された各県の水産史料にまとまったかたちで記述されている（藤塚　一九九八）。近世史料の少ない地域では、こうした明治期の史料を用いて近世期の漁村について考察していくことも有効な方法といえよう[3]。

表３－１　近世期天草郡水主浦とその諸負担

町・組	水主浦	浦成立		水主数			
			浦高(石)	万治期17		18世紀増加後24	
富岡町	富岡	正保	183	35		35	
井手組	二江	正保	4	17		17	
御領組	御領	正保	121	17		17	
	佐伊津	正保	32	10		14	4人亀川より
栖本組	大島子	正徳				5	
	大浦	正徳				2	
	湯船原	正保	9	12		5	大島子５大浦２へ分与
砥岐組	御所ノ浦	万治	49	●	砥岐組で101	31	
	二間戸	万治		●		3	
	高戸	万治	137	●		21	
	大道	万治	93	●		24	
	樋島	万治	72	●		11	
	棚底	18世紀				5	
	宮田	18世紀				5	
本戸組	亀川	万治	25	9		0	佐伊津、高濱へ移動
	楠浦	万治	16	10		10	
	大多尾	万治	0.9	5		5	
壱町田組	中田	万治	5	7		7	
久玉組	牛深	正保	185	44		37	宮野河内３深海２久玉２へ分与
	宮野河内	18世紀				3	
	深海	18世紀				2	
	久玉	18世紀				2	
大江組	崎津	正保	16	31		31	
	大江	万治	4	1		1	
	高濱	文久				5	亀川より

（注）　浦高、水主浦の変遷は中村正夫（中村　1964）を参考にした。

そこで、本章の分析対象地域として、次のような明治期の史料のある肥後国天草郡を選定した。明治十六（一八八三）年に水産博覧会に際して提出された『熊本県水産誌』（国立史料館祭魚洞文庫水産史料所収）の「漁業沿革」記事には、「維新前」漁場として、天草郡における殆どの漁村の「旧慣」漁場（幕末期漁場）が記されている（永野　一九九六、二三―二五四）。近世期は天領であった肥後国天草郡の臨海村は、水主負担の見返りに漁業権を与えられた浦方の舸子浦《かこうら》（水主浦）と、本来、漁業権は持たないが、下稼料を水主浦に支払い入漁するようになった大庄屋組支配下の農村（地方《じかた》）に概ね分けられていた。

近世天草郡では、正保二（一六四五）年の水主浦（「舸子浦」）制度の確立に際し、臨海村のうち富岡、二江、御領、佐伊津、湯船原、牛深、崎津の七浦が指定された（中村　一九六一、二四二―二四三）。「一　正保二酉年郡中七浦御定浦運上被仰付候」（農林水産局　一九三四、三二九―三三一）とあるように「定浦《じょううら》」または「舸子浦」と呼ばれる。本稿では同じ意味で一般性を持つ水主浦の記述に統一する。水主浦は、「代官―大庄屋―郡中惣弁指（富岡浦）―弁指（各水主浦）」の指揮系統下で漁民や水主の統制を行っていた。

水主浦の時系列的な変質については、中村正夫がその成立時期を軸に検討している（表3-1）。これによると正保期に七つの浦が成立し（以下では正保浦）、万治二（一六五九）年には代官鈴木氏の検地に際して浦高が設定され浦も増加し（以下では万治浦）、十六浦となり、それ以降、郡内で正徳期にも増え（以下では正徳浦）、その後、享保期までには二四浦となっていた（中村　一九六一）。そして、宝暦期に地方村への漁業権の分割を禁止した統制的な制度が確立したとする（中村　一九六六）。文久期には高濱村が水主浦に指定された（文久浦）。その増加の背景を中村は人口増加に求め、さらに水主浦の条件として、水主の数、漁業年貢、漁場、浦高の四点を示した（中村　一九六二）。しかし、漁場の広狭と水主浦の階層性との関係は、全浦の漁場記載史料が未発見だったため、分析されていない。

個別の水主浦漁場の近世期の展開については、中村による次の分析があり（中村　一九六一）、十八世紀前半における正保浦の栖本組湯船原と、赤崎村はじめ付近の地方の村々との関係から、湯船原の水主が売買され、漁場が細分化されていく過程と、十九世紀中葉の富岡浦の漁場では、郡中惣弁指の権威により下稼料を支払うことによって「海付き地方《じかた》」の村が入漁でき、水主浦漁場の分割は文久期までなかったことが示されている。

このような中村の研究を踏まえると、明治期資料から天草郡の全ての水主浦漁場を復原し、漁場記載の表現からその多様な姿を見出し、それが形成されていくプロセスを検証することが課題となる。水主浦漁場の分割例の湯船原浦周辺が既に検討されていることは、それ以外の展開をした水主浦と比較するうえでも有益である。天草郡は、この課題を解明できる有効な地域といえよう。また、天草郡は、同じ郡内でも、不知火海や有明海等の「内海」と東シナ海や天草灘などの「外海」で漁業の形態も異なり（熊本県水産試験場　一九七二）、従来、究明されてきた水主浦の制度的特徴に加えて、自然条件に規制された漁業との関わりにも留意していく必要がある。

『熊本県水産誌』以外の史料としては、明治二十三年『熊本県漁業誌』（熊本県農商課　一八九〇）、昭和九（一九三四）年農林省水産局編纂『舊旧藩時代の漁業制度調査資料』の熊本県の「漁場ノ入會専用ニ関スル事項」も参考になる。また、近世期の漁場記載と漁業実態に関わる一次史料としては、漁場分割の例として湯船原に触れた「赤崎村北野家文書」を用いた中村の成果（中村　一九六四、一九六六）、『天草郡村々明細帳』所収の元禄十四（一七〇一）年と寛延三（一七五〇）年の「富岡町明細帳」はじめ各村明細帳（天草古文書会編　一九八八、一九九〇、一九九三）、苓北漁協所蔵文書（享保十七年「万記簿」、寛政十一年「諸御用控」所収の文化十（一八一三）年史料等、文久三（一八六三）年「高濱村江相掛候網代日記」）などがある。本章では、「旧慣」漁場を記した明治期の史料を用いて、肥後国天草郡内の幕末期水主浦漁場の多様性を見出し、近世期の一次史料を用いて、その形成過程を考察していく。

第二節　「維新前」漁場の階層性

本節では、明治十六年『熊本県水産誌』の「漁業沿革」項目にある天草郡における水主浦の「維新前」漁場の多様性と、その成因を分析する。

（一）「維新前」漁場の類型

この「維新前」漁場の記述の表現形態を分析したところ、封建末期における水主浦漁場の境界は、A．岬、島、岩礁、瀬などのような海の側からの目印、B．村境線の海への延長、の二つのタイプがあった。また、これによって区画される漁場は、X．自村の前面のみに限定された狭い漁場、Y．隣接する数か村の前面に及ぶ広い漁場、の二つのタイプに区分できる。こうした二つの指標を考慮すると、漁場は次のような三つの類型に分類できる。Ⅰ．A・Y、海のランドマーク（海上又は海中で境界設定、航海、漁撈活動等の際に明確な目印になる岩礁、瀬、岬などを示す）を境界とした広域漁場。Ⅱ．B・Y、村切線を境界とした広域漁場。Ⅲ．B・X、一村前漁場（A・Xの組合せは出現しない）。以下、表3－2、図3－1を用いて詳述する。

Ⅰ型の、正保浦で、幕末期に天草郡全体の水主浦の代表とされる郡中惣弁指がおかれていた富岡は、地先海は沿岸八里の範囲とし、対岸は他国近海の五里余を入会稼としていた[4]。この漁場の地先の範域は、図3－1のD―Fの範囲となる。東の坂瀬川村延瀬は現在の五和町通詞島西岸の延瀬に比定される。延瀬は、『熊本県漁業誌』によると「坂瀬川村字村ノ下を湾内第一の良網代」とする役割を担う岩礁であった（熊本県農商課　一八九〇）。『旧藩時代の漁業制度調査資料第一編』（以下では『旧藩』と略記）では「東坂瀬川村地先字延瀬ト申ス處ニ江浦富岡浦トノ漁場経界ニシテ延瀬ヨリ以西坂瀬川村上津深江村志岐村沿海」とある（農林水産局　一九三四）。南の「高濱村沖合大加瀬」は、現在の天草町の大江と高濱の間の大ヶ瀬に比定される。大ヶ瀬は外洋性回游魚の集ま

表3－2　明治16年『熊本県水産誌』にみる天草郡の維新前漁場記載

	水主浦	明治16年『熊本県水産誌』 「漁業沿革」の項目にみる維新前漁場(旧慣) 関連記事	漁場区画の型	固定網○	沖漁場●
富岡町	富岡	(明治七年迄ハ) 東ハ坂瀬川村延瀬ヨリ南ハ高濱村沖合大加瀬ニ到るモ八里西北ハ長崎県肥前国高来郡近海迄大凡五里余入會稼	I		●
井手組	二江	東鬼池村沖鰕曽根ヨリ西ハ坂瀬川沖ノウ瀬迄	I		●
御領組	御領	南ハ佐伊津村境字犬瀬岬ヨリ北二江字大田岬迄海上凡二里半東ハ五六里沖合ヲ域り旧慣ニ依り鬼池村ト入會稼ヲナス	II		●
	佐伊津	記載ナシ			
栖本組	大島子	維新前ハ西志柿村ヨリ東赤嵜村ニテ海面網代面ハ総テ村内漁夫ノ飼子場タリシモ一タヒ区画解放ノ令アリシヨリ漁場頓ニ狭窄セシ～	II	○	
	大浦	記載ナシ			
	湯船原	地引網ノ如きハ慣襲（ママ）ニより古江馬場両村ノ海岸ヲ域り、江切網ハ字大嵜ヨリ馬場村字塩濱迄古江村字唐ノ嵜ヨリ地先字大嵜マテトシ且つ釣漁ハ萬ノ瀬戸ヨリ牛深村ノ沖ニ出テ捕獲ス	II	○	●
砥岐組	御所ノ浦	葦北郡佐敷水俣南ハ鹿児島縣獅子島西ハ本部宮野河内村大多尾村北ハ大道髙戸村ノ沖合ニテ入會稼ト雖モ地引網手繰網等ハ場所ヲ要スルヲ以テ地先海面九拾五ヶ所ヲ慣行ノ網代場トス	III	○	
	二間戸	記載ナシ			
	髙戸	地引網ハ旧慣ニヨリ東樋島村界ヨリ西大道村界北二間戸村ヲ畫リ網代場トス其他入會稼ヲ以テ漁ス～	III	○	
	大道	南御所浦界字楠盛島ヨリ西ハ棚底村字横島迄ヲ域リ網代場トス其他入會稼 鯛釣ハ御所浦村或ハ鹿児島縣甑島沖ニテ漁ス	III	○	●
	樋島	東ハ芦北郡日奈久南ハ御所浦村西ハ髙戸村北ハ宇土郡松合ノ沖ニテ入會稼ヲナスト雖モ地引網場所ハ要スルヲ以テ地先ヨリ二三町ノ海面ヲ漁場ト定ムル十ヶ所アリ	III	○	
	棚底	東ハ浦村界ヨリ西ハ宮田村界ニテ凡壱里余従来ノ慣行ニ由リ地引網ノ漁場	III	○	
	宮田	東ハ棚底村西ハ古江村ニ亘り壱里余ノ海面ニ於テ六ヶ所ノ漁場ヲ有ス	III	○	
本戸組	亀川	記載ナシ			
	楠浦	記載ナシ			

	大多尾	南ハ小宮地村字田手ヨリ北ハ地先字ナル瀬ヲ域リ網代場ト定メ地引網及手繰網カシ網等ヲ使用セリ	II	○	
一町田組	中田	従来南ハ宮野河内村野嵜ヨリ大多尾村字アコウニ至ル里程四里及鹿児島縣ノ内葛和地方ヘモ入會稼ヲナシ漁場調大ナリシニ	II		●
久玉組	牛深	明治七年マデハ其慣行ヲ襲ヒ漁場区域トスルハ東宮野河内村八幡瀬ニ到ル五里西北ハ魚貫崎ニ到ル凡三里南ハ鹿児島県薩摩国甑島同阿久根川内地方ト入會稼ニシテ廣調ノ区画ナリシニ～	I		●
	宮野河内	記載ナシ			
	深海	萬治以後明治七年迄ハ旧慣ニ由リ東ハ宮野河内村ヲ域リ西ハ久玉村沖合早岬ニ到ル凡一里弐拾丁南ハ当村沖合ヨリ鹿児島縣出水郡長島地方ト入會稼ナリシカ	III		●
	久玉	記載ナシ			
大江組	崎津	南ハ魚貫村魚貫崎ヨリ下津深江村ヘ村沖合里程六里東ハ當郡河浦村ヨリ西ハ大洋十二三里ノ外ハ海面ヲ区画セズ	I		●
	大江	記載ナシ			
	高濱	萬治年間享和二年迄ハ漁業スル者ナキヲ以テ富岡町及崎津村ノ漁夫来リテ捕魚セリ而ルニ享和三年中亀川村水主役十一人ヲ此地エ轉セシコトヲ旧幕府ニ請ヒ其認可ヲ得始テ漁業ヲ開キ北ハ小田床村境字穴ノ口ヨリ南大江村境字大ヶ瀬マテ其間壱里三拾丁西ハ長崎縣西彼杵郡樺島村地方トノ入會漁稼ニ決シ	III		●

（注）明治16年『熊本県水産史』から作成。
「網代場」記述の有無を「固定網」欄に○で示した。
沖漁場の有無を●で示した。

る岩礁であった（熊本県農商課　一八九〇、一四）。両方の瀬について『旧藩』では「一定不動ノ延瀬大ヶ瀬ヲ以テ両浦トノ界トシ三百年来稼居リシ」とあり（農林水産局　一九三四）、これらの瀬が隣接する水主浦との境界になっていた。

井手組で正保浦の二江の漁場は、Bの蝦曽根からDのノウ瀬までの範域で、ここも海の目印となる瀬を境界としていた。

久玉組で正保浦の牛深の漁場は、「八幡瀬」から「魚貫崎」という設定で、図3－1によると、HからGの範囲となる。その範囲の漁場を地先海とするのは牛深村のほか、魚貫村、そして牛深から十八世紀に水主が分与された久玉村、深海村、宮野河内村の三つの後発の水主浦であった。これらのうち、深海には漁場記載があり、村の地先海域をその範囲とし、牛深漁場と重なっていた。

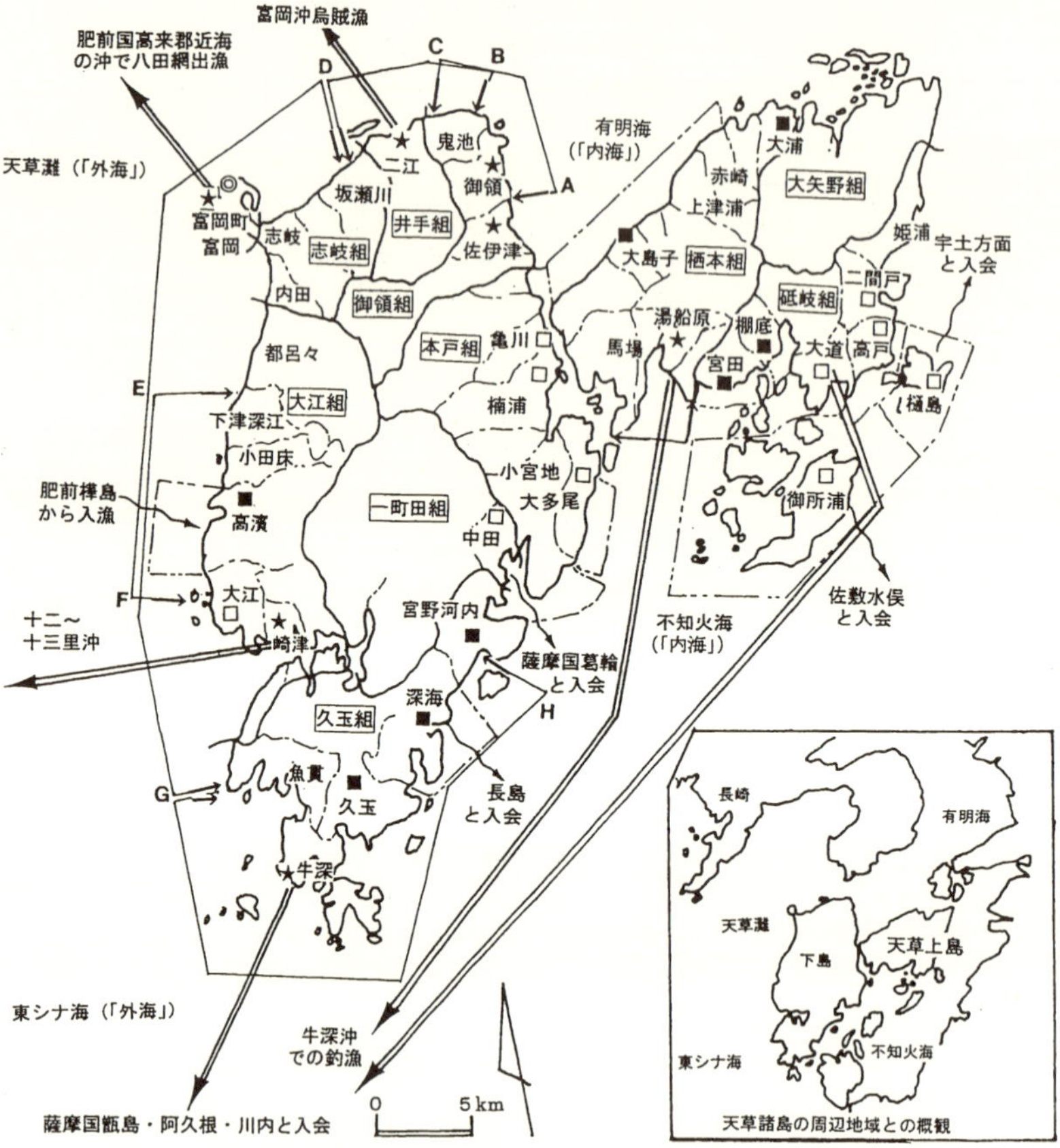

図3－1　『熊本県水産誌』の維新前漁場記事による肥後国天草郡の水主浦漁場

図中記号凡例

1．記号のない地名は沿岸部の主な地方村を示す。
2．地名記号　○○組：大庄屋組　◎：町
★：正保水主浦　□：万治水主浦
■：正徳　18世紀　文久の各時期に認定の水主浦
3．陸側の線：———— 大庄屋組境
—・—・— 江戸時代の村境（平田豊弘の図を参考に作成）
（平田豊弘「木山家文書解題」『本渡市古文書史料集木山家文書第1巻』，1996。）
4．海側の線と記号（『熊本県水産誌』の維新前漁場記載（表3-2）をもとに復原した。）
←——→ 正保水主浦漁場
—・・—・・— 万治，正徳，18世紀，文久期成立の水主浦漁場
⇐══ 沖漁場（東シナ海，天草灘）への出漁を示す。
←〜〜 その他の入会漁場への出漁を示す。

正保浦で大江組崎津の漁場は、南北の距離は、南は魚貫村魚貫崎から北の下津深江村沖合まで六里で、北側は下津深江村までとある。東西は、東は河浦村から西は大洋十二里から十三里の外は区画せず、という範囲となる。図3－1によると、富岡浦の漁場範囲の高濱村小田床村下津深江村の地先海にまで及んでいる。

以上のI型漁場は、隣村や隣組の地先海まで漁場が及ぶ型ととらえられる(5)。岬や島や瀬、浦内など海のランドマークを境界とした広域的な漁場の区画である。

次に、II型の漁場を検討する。御領組で正保浦の御領は、A「佐伊津村境字犬瀬岬」からC「二江字大田岬」の範域で、御領浦の地先と隣接する地方村の鬼池村の地先を漁場としていた。

天草上島の有明海北岸に位置した正徳浦の栖本組大島子は、「西志柿村ヨリ東赤崎村」とあるように、村を基準とした表現で、その範囲は、村前海だけでなく、東は赤崎村から西は志柿村までの地先海を漁場としていた。栖本組で正保浦の湯船原は、不知火海に面し現在の栖本湾の奥に位置する。「地引網代場」が、栖本湾内の湯船原村の地先と古江、馬場両村の前海に及んでいた。また、江切網(6)は「字大崎ヨリ馬場村字塩濱迄古江村字唐之崎ヨリ地先字大崎迄」とあり、釣漁も牛深沖での設定があるなど、漁法により漁場の設定は異なっていた。

砥《と》岐《き》組で万治浦の大道は、島を境界にした「網代場」が設定され、地先は自村の範囲であった。これは、他の砥岐組の水主浦とは境界の表現形態が違うことを特徴とするが、その理由については後述する(7)。

万治浦の本戸組大多尾の漁場は、村境の瀬を境界にし、隣接する地方村の地先まで及んでいた。一町田組で万治浦の中田も、隣村に及ぶ地先の四里の範囲を漁場としていた。

以上のII型漁場は、水主浦の所在する村の境界線で区切られた地先海域と、隣接する地方村の地先海までを漁場とするタイプで、村の境界を基準とした漁場の区画である。

III型漁場を検討していく。十八世紀成立の久玉組深海も村の地先のみを漁場としていた。ここはI型の牛深漁場の内部に位置し、牛深の漁場の範囲にもなっていた。大江組で文久期に浦方になった高濱(8)は、北は小田床村境に、南は大江村境を結んだ一里三十一町が範囲とされていた。

砥岐組に属した万治浦を検討すると、御所浦は、村単位で区切った漁場の中に、特定の場所を必要とした地引網、手繰網等の海面九十五ヶ所を、慣行の「網代場」として展開させていた。多数の島々にまで及ぶが、何れも村の範囲であり、村地先を漁場とする型ととらえられる。高戸、樋島も村地先のみを区切った範囲で、入会稼が行われていた。十八世紀に成立した浦の砥岐組の宮田と棚底のいずれもが、自村の地先海のみを漁場としていた。これらは、先行研究で究明されてきた「一村地先」の漁場である。以上により、漁場のI型II型III型の多様な漁場が浮かび上がった。これらには、漁場の広狭による「階層性」がある。

(二)　漁場の広狭と水主浦成立時期や漁業年貢との対応関係

まず、水主浦成立期の違いと漁場との関係を検討する。

I型の富岡、牛深、崎津、二江は、正保浦で、江戸時代初期に最初に設定された水主浦のほとんどがあてはまる。それらは、漁場の境がBの村境でなく、Aの海のランドマークとなる地形に設けられ、地先も広域に展開することを特徴とする。Aの境界は、江戸時代初期における村境設定に先行する可能性が高く、Iは中世に起源をもつ漁業集落が保有する漁場であったことが窺われる。

II型の湯船原と御領は正保浦で、大道、大多尾、中田は万治浦、大島子は正徳浦である。大島子は湯船原から正徳期に分離してできた、いわゆる後発の水主浦である。したがって、湯船原の漁場は十八世紀前半の大島子やその他の村の分割に伴い形成されたことになる。

他村地先にまで及ぶ広い漁場のI型とII型の違いは、I型は海のランドマークとなる地形等を境界とし、II型よりも広域的に展開したこと、II型は村境を基準とした漁場設定で、I型よりも狭い範囲で展開していたことが挙げられる。I型は、海側のランドマークによる構成、II型は村境を延長した境界線で区分されたというように海の空間認識の違いがある。

III型の深海、高濱は、水主浦として認定された年代がそれぞれ異なる。しかし、I型漁場から分割されず、その内部に内包された漁場であることを共通点としている。樋島、御所浦、高戸は万治浦で、不知火海（「内海」）の多島海を漁場とし、宮田、棚底は十八世紀に新規に成立した水主浦であった。砥岐組の万治期成立の水主浦は、大道を除き、一村単位で分割、成立した傾向を見出せる。

次に表3-3の文化期「天草郷帳」の漁方役銀記載を用いて、各水主浦の漁業年貢の負担額と漁場の広狭との関係を検討する。これによると、I型の広域的な漁場である富岡が三三七目、牛深が三二〇目、崎津が四六五目と、他の水主浦の三倍以上にものぼる漁業年貢を負担していることがわかる。I型については、漁業年貢と漁場の広さが関わるといえる。

表3-3　近世紀天草郡水主浦の漁業年貢

水主浦	漁方役銀（目）	
	18世紀	文化期
富岡	330	337
二江	60	60
御領	不明	45
佐伊津	不明	12
大島子	8	13
大浦	3.5	3
湯船原	11	11
御所ノ浦	不明	30
二間戸	不明	6
高戸	不明	27
大道	不明	30
樋島	不明	20
棚底	不明	14
宮田	不明	4
亀川	不明	15
楠浦	12	12
大多尾	不明	10
中田	15（寛延3）	15
牛深	不明	320
宮野河内	不明	28
深海	不明	20
久玉	60（安永）	60
崎津	465（享保17）	465
大江	40（享保17）	40
高濱	無	無

（注）18世紀の各時期の各村明細帳、文化期の「天草郷帳」（島原松平文庫所蔵）を用いて作成した。

（三）　地先と沖漁場の権利関係

まず、漁場記事中のうち、地先漁場と沖漁場を検討し、それぞれの権利のあり方の違いを取り上げていく。大島子では、漁場表記は「網代面」となっている。万治浦で砥岐組の高戸村では、地引網を村で区切った網代場で行い、それ以外は入会稼漁業とされていた。つまり、村境で区画された地引網などの決まった場所の網代場には、排他的な意味が与えられていた。樋島には、地先より二～三町の海面には一〇ヶ所の網代場が設けられていた。「網代場」の記述は、村境線に規制された漁場のII型III型に多く見られる。それは、「網代場四ヵ所」とあるように、漁場内の特に決まった箇所に発生した漁場の権利を示している。地引網なども示されているが、これらは海中や浜に漁具を固定して行われている。表3－2の漁場記事の右側には、「網代場」記述の有無の丸印を示してある。この印のある水主浦漁場には、「網代場」「地引網代場」が記されている。そして、不知火海沿岸の水主浦漁場には「網代場」の多くみられる傾向があった[9]。

一方、正保などの先発の水主浦には、「網代場」は見られず、東西南北の四至で海面を区切った表現形態である。これは、後発水主浦と、漁場利用のあり方が異なることを示している。後発の水主浦は、「稼場」となる「網代場」だけの権利があればそれでよしとされた。それに対し先発の水主浦は、従来からの権威を重んじる傾向と、沖の八田網や釣漁が中心の漁業であることを理由として、東西南北の四至で海面を広く占有することが重要視されたことを推測できる。

表3－2の漁場記事の右側には、沖漁場の有無の丸印を示した。水主浦の沖漁場の権利について検討する。I型の富岡は、対岸の肥前国高来郡の近海までを「入会稼」の漁場としていた。表3－2の牛深にも「南ハ鹿児島県薩摩国甑島同阿久根川内地方ト入會稼ニシテ廣調ノ区画ナリシニ」とあり、甑島や薩摩地方まで出漁していたように沖漁場がみられた。崎津も「西ハ大洋十二、三里」とあり、沖への展開があった。湯船原は、釣漁という限定で、「萬ノ瀬戸ヨリ牛深村ノ沖ニ出テ捕獲ス」とあり、東シナ海（外海）に面する牛深の沖への出漁が示さ

れているのを特徴とする。これらは正保浦であるから、沖漁場の権利を持つことが天草郡内の水主浦のなかでの優位性を示しているともいえる。なお、万治浦の砥岐組大道は、鯛釣に限って御所浦村方面と東シナ海側の鹿児島県甑島沖で漁を行っていたことが記されている。大道については、(一)で付近の万治期に認可された水主浦とは漁場の形態が異なることを取り上げた。この理由として、沖漁場の権利を保持していた点、つまり、付近の水主浦と比べて優越性を持っていた点が窺われる。このように、沖漁場の権利は、I型II型の先発の水主浦に多く見出せる。

(四)「外海」と「内海」での漁業の差異

本節では、東シナ海側のいわゆる「外海」と不知火海有明海側のいわゆる「内海」での漁業内容の差異について検討する。「外海」の漁業からみていきたい。I型漁場の富岡、牛深は、東シナ海や天草灘に面し、カツオなどの大型回游魚の一本釣漁業や、沖漁場における巻き網漁業であるイワシの八田網漁が盛んな地域であった(表3－4)。これらは、特定のポイントに規制されない、沖まで広域に展開する漁業である。[10]

次に「内海」の漁業について検討していく。万治期やそれ以降にできた水主浦のIII型漁場の多くは、表3－4によると、不知火海域のイワシの地引網が非常に卓越した海域に位置する傾向にあった。地引網は、村方・地方村からの労働力の供出を必要とし(古田　一九九六、七〇—七二)、天草郡でも不知火海などの「内海」地域では、人口増加を背景にこうした傾向があった。このように、天草郡における漁場の三つの階層性は、水主浦の成立時期、[11]漁業年貢額、東西南北の四至で区切られた漁場と網代場、「外海」と「内海」といった漁場環境など各要素の違いと関わっていたと考えられる。次節では、その階層の形成について、近世期の一次史料から具体的に検討していく。

表3－4　近世期から明治前期における肥後国天草郡の漁業の海域別特性

海域名	村名	近世期の明細帳にみられる魚種と漁法（注1）	『熊本県水産誌』にみる魚種と漁法（注2）
有明海側（湾奥）	大浦	元禄4：手繰網　夏秋小鯛鰯雑魚春冬ハ漁不仕。寛延3：手繰網1張	鰯網　イカ網　タコ釣り　鯛網
	赤崎	浜まい。	鰯網　イカ釣り　タコ釣り　鯛網 鱶釣り　鯵網
	大嶋子	寛延3：鰯網1張　手繰網2帳。	鰯網　イカ網　タコ　鯛釣 スズキ釣　鯵網
有明海側（湾口）	二江	寛政11：アワビ（争論文書）。	鰯八田網　イカ火釣　タコ釣　鯔網 鯛網・釣　鱶釣　スズキ釣　鮑
	御領	記録なし1。	鰯八田網　イカ火釣　鯛網・釣　カレイ網
不知火海側	湯船原	寛延3：鰯網1張　手繰網4張。	鰯地引網（秋以降は東シナ海での八田網）エビ網　鯛釣　小鯛網　スズキ釣
	大道	記録なし1。	鰯網　エビ網　イカ釣　タコ鉾 鯔網　鯛釣　鯖網
	樋島	記録なし1。	鰯網　エビ網　イカ釣　鯛網・釣 カレイ釣
	大多尾	（鰯　鰈　白魚）	鰯網　イカ釣　鯛釣
	久玉	安永元；わかめ、ひじき、あおさ。	鰯網　イカ釣　鯛網　鱶網 スズキ釣　鯵鯖網
東シナ海側	富岡	元禄14：鯛　鯖　鰯　鯵　鯛。文化10：3～5月小鰯網、8～11月八田網重ニ漁業仕候時節ニ御座候。	鰯八田網　鯛網釣り　鱶網 鯵火釣　鯖火釣
	高濱	安永元：海漁鰯鰤。文久3：鯔。	鰯八田網　鯛釣　鯵火釣　鯖火釣 鰤網　シイラ釣
	大江	享保17：鯛　万引（シイラ）　大鯛小鯛　鯖　鰯　ひじき　ふのり。	鯔網　アワビ　鯵、鯖を鰯で釣る 鰤網　シイラ釣　マグロ網　鰹釣
	崎津	享保17：鰯　鰹　万引（シイラ）　鯵鯖　鯛　鰤。	鯛縄釣　スズキ釣　鯵鯖火釣　鰤冬網　鰹釣
	牛深	記録なし2。	エビ網　イカ網　タコ釣　鯔網　鯛釣　メハル網　鱶網釣　アワビ 鯖釣　鰤釣　シイラ釣　鰹釣 カナギ網　飛魚網

（注1）　村明細帳の漁業情報を抽出したが、「記録なし1」は、明細帳はあって漁業運上額の記載はあるが漁業記録の内容が記されていない村、「記録無し2」は、明細帳が未発見の村を示す。
（注2）　明治16年『熊本県水産誌』を主に用いて作成。
（注3）　下線（例　鰹釣）をひいた漁業は「外海」で多く見られる漁業。

第三節　近世期の水主浦漁場と地先漁場

本節では、近世史料を用いて、天草郡の階層性を帯びた幕末期漁場の形成過程を把握していく。分析対象は、正保以後、幕末にいたるまでI型で、広域的な漁場が維持されていた正保浦の富岡、牛深と、近世期を通じて漁場が細分化されていったII型の正保浦・湯船原である。これらの村を選定した理由として、断片的な史料が残存していることを挙げることができる。広域的な漁場が維持された例と細分化された例を比較することで、各々の漁場が形成される過程と、その背景が浮かび上がるものと思われる。

(一)　漁場が維持された水主浦――富岡、牛深

広域的な漁場が幕末期に維持されていた正保浦の富岡（I型）（図3－2）には、島原の乱後、幕府天領天草郡の代官所がおかれ、天草郡内で唯一の「町」で、幕末期には天草郡中水主浦の元締めである郡中惣弁指がおかれていた。近世期には、九十九里浜と並ぶ鰯の産地とされていた（熊本県農商課　一八九〇）。史料3－1は、元禄十四（一七〇一）年「富岡町明細帳」（天草古文書会編［上巻］）の漁場記載である。

（史料3－1）

一漁場　弐ヶ所

内

壱ヶ所　当町前海、東ハのふ瀬を境、北ハ御城山ヨリ三里半、此間五里半、東北之間沖三里富岡二江浦立会

春ハ鯛鯖鰯　夏秋ハ鯵鰯　冬ハ鯛

壱ヶ所　当町後海、南ハ大ヶ瀬を境、西ハ御城山ヨリ五里、此間拾里、西南之間沖八里但富岡崎津村立会

右同断

寛永十四（一六三七）年の島原・天草の乱以降からこの時期まで、富岡漁場を記した一次史料は確認されていないため、史料3－1は、富岡漁場の最も古い状況を記した内容といえよう。この史料では、漁場を「前海」「後海」の二ヶ所に分け、その境界と、季節ごとの漁獲魚が記されている。御城山は富岡の北側に位置する。この二つの漁場を地先海とする地方村は、富岡浦（町）と志岐組の志岐、内田、白木尾、年柄、上津深江、坂瀬川の各村と大江組の都呂々、下津深江、小田床、高濱の各村となる。

この漁場の地先の範域は、前章の『水産誌』にある維新前の富岡漁場とほぼ一致する。[12] 境界は、瀬を目印として設定されている。つまり、幕末期漁場と同様の範囲と空間区画の方法が元禄期まで遡及できる。広域的な漁場は、水主浦の成立段階から設定され、幕末期まで維持されていたことになる。富岡では、寛保期、寛延期、文化

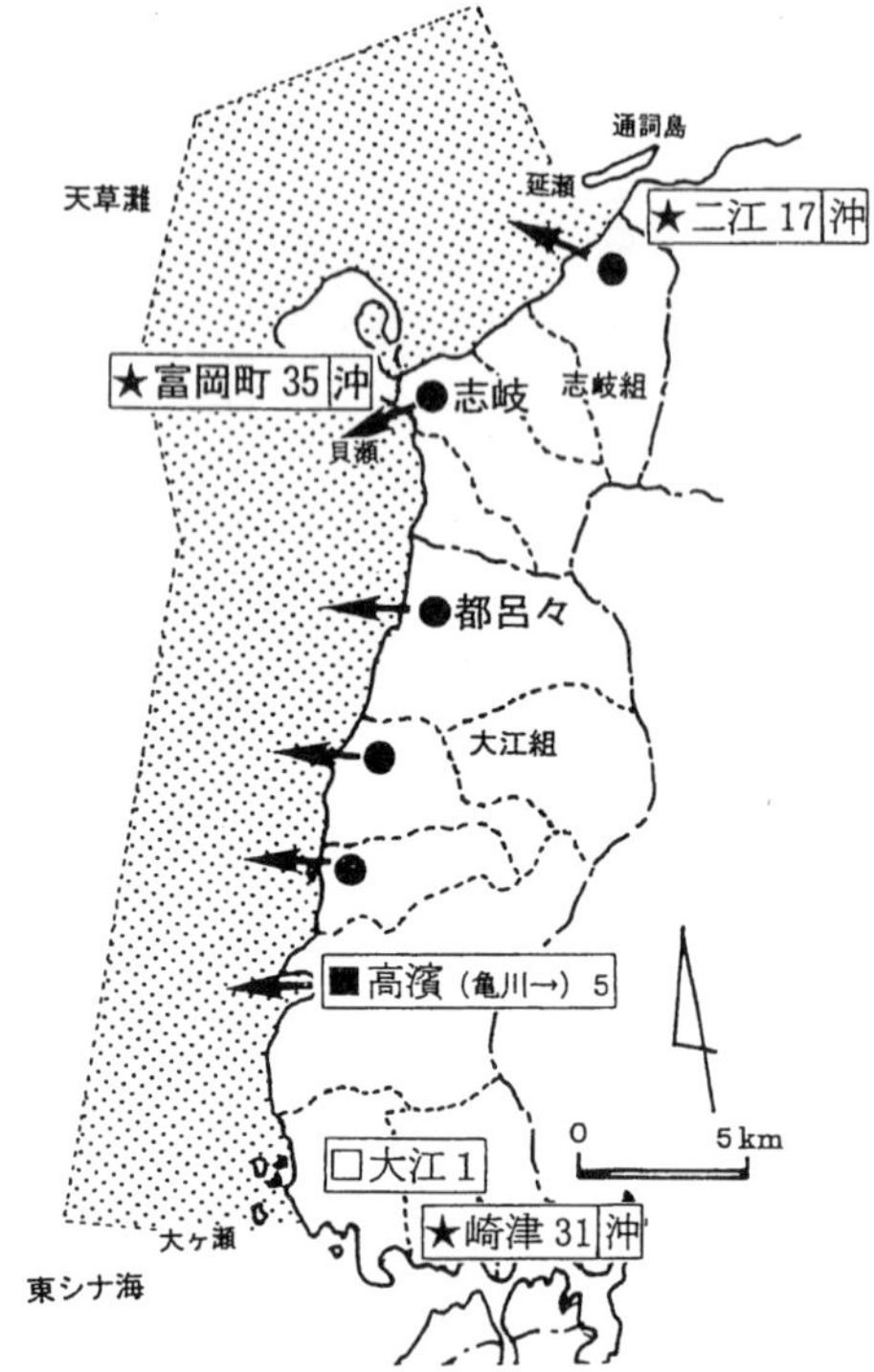

図3－2　富岡浦の地域漁場と周辺の地方村の出漁

図凡例1（図3－3，図3－4でも同じ）
・水主浦の漁場に関連する水主浦，地方村のみ記した。
・［　　］：水主浦を示す　・●：地方村を示す。
［　　］内の記号：★　正保浦　□万治浦
■18世紀以降の後発水主浦
数字：水主数
沖：沖漁場利用あり
・陸側の線 ………… 村境線（沿岸部分のみ）
―・―・ 大庄屋組境線
・海側の模様は，幕末期の各水主浦の漁場を示す。（一部に推定あり）
正保浦の地先漁場
万治浦漁場
18世紀の後発浦漁場

図凡例2（本図のみ適用）
・高濱の漁場は省略した。
・⬅：地方村などが，富岡へ入漁漁を払って，富岡地先漁場へ出漁する動きを示す。（19世紀）

期にも水主浦漁場の記載を確認できるが、その範囲は元禄期とほとんど同じである。

史料3－2は、寛保二（一七四二）年六月の富岡下船津役、組頭の七名が出した富岡役所代官への訴状である。

（史料3－2）

一先年戸田伊賀守様御支配之節当郡一切御極奉願候時分富岡町漁師共へ海辺之儀御定被下候ハ御城山ヨリ東ハ坂瀬川村二江村之境のぶ瀬と申瀬迄南ハ高濱村大江村境大ヶ瀬と申瀬迄、灘ハ西ニさして五里半北ハ三里半と御定被下、夫ヨリ富岡かこ役三拾五人　御運上銀として三百目蚫運上銀三拾五匁御上納被仰付其上海上相応之　御用等唯今迄無間違相勤来候、（以下略）

（寛保二年「御公儀様口上書差上申候写」［苓北漁協所蔵、享保十四年「万記簿」所収］）（史料中の下線は筆者が重要と思われる箇所につけたもので、以降の史料も同様である。）

富岡町漁師たちが、隣接の地方《じかた》の村との争論に際して、海辺の支配とそこでの「海付き地方村」が採取する海藻類の統制まで行う権利の正当性を、戸田氏支配以来の水主役負担と漁業年貢（運上銀）納入、海上御用、つまり船役の負担等を根拠に主張している。富岡は、元来の権利を背景に、漁場の排他的な占有を進めた。こうした主張の背景として、中村正夫が湯船原浦で示した宝暦期に郡中水主の分割が禁止された動き（中村　一九六四）と、時期的にも近いことから、関わることが想定される。

漁場の内容は、「海辺の儀」として延瀬から大ヶ瀬までの地先海と、さらに「西ニさして五里半北ハ三里半」の「灘」とされる外海がある。「灘」は現在の天草灘に比定され、沖ととらえられる。寛保期の漁場の記載は、元禄期明細帳にあるような、「前海」と「後海」の区別がなくなり、地先海と沖の「灘」海域に区分した構造となっていた。(13)

次に文化十（一八一三）年二月の富岡浦と地方である志岐村との間での志岐村前海をめぐる争論に関して、富岡の弁指由左衛門、富岡町庄屋荒木恒太郎、年寄村川他二名の連名で出された富岡役所への訴状を取り上げる。

（史料3－3）

冨岡町浦方漁師共相稼候網代場之義、東者のふ瀬、南者大ヶ瀬、北者古御城山三里半、西者五里半、往古ヨリ差配仕来漁業相稼候処、貝瀬論合ニ付不計志岐村下漁業為致候義相成不申段申之、既ニ去ル未年以来右村下ニ漁稼ニ罷出候得者、大勢罷出網引損、怪我人等有之、手荒成義右村ヨリ仕向候ニ付、無拠是迄差控罷有候得共、近年不漁打続、漁師共一統甚難渋仕、当浦之義者三月ヨリ五月迄小鰯網引立、八月ヨリ十一月迄之間者八田網重ニ漁業仕候時節ニ御座候、然ル処今一両日大分小鰯相見候ニ付、折角志岐村下ニ漁稼ニ罷越候積りニ御座候得共、前書之通右村ヨリ手荒成義仕向候間、又々罷出御厄介奉掛候而者恐入候義ニ付、右様仕不申様被　仰付被下置度、往古ヨリ右網代場御運上として銀三百三拾匁宛是迄御上納仕来申候、殊ニ三十五人舸子役等相勤来候得者、右網代場之義者百姓御田地同様之義与奉存、誠ニ漁師之義者外渡世等無御座、漁業而已ニ而其日ヲ罷過候得者、漁稼場手迫り相成候而ハ甚歎ヶ敷、対御上様諸御用向行届兼候而者奉恐入候、尤右貝瀬論合ニ付何そ右村ヨリ違論等申掛差妨候義者有御座間敷ト奉存候、然ル所別而近年不漁打続小鰯漁専ラ相稼、右余力ヲ以年中夫食之足ニ仕、當町飛龍社下ヨリ志岐村下之義者重成ル網代場ニ候間、漁業一日も相止候而者及飢渇ニ候ニ付、右様仕向候義甚不承知ニ奉存候、何卒以御憐愍、右村下ニ罷出候而茂相妨不申候様乍恐宜敷被為仰付被下置度、漁師共一統願出申候（下略）

（文化十年四月「内々ニ而差上候書付之写」〔苓北漁協所蔵「諸御用扣」所収〕）

この史料で注目されるのは、富岡が「往古」よりの「漁師共稼場」の「差配」を主張している点、貝瀬をめぐる争論（貝瀬論合）後は、志岐村下での漁業を双方入漁可能としたにもかかわらず、去る未年以来、志岐村下へ漁に行くと、志岐村側から大勢が出てきて漁を妨害され、さらに近年の不漁打続により困窮している点、三月から五月までは小鰯網を引立て、八月から十一月までは八田網を主たる漁業としていた点である。

このうち八月から十一月までの八田網は、沖合の火焚き鰯網漁法の鰯漁の八田網と想定される（農商務省水産

局　一九一〇、七六―八一）。明治十六年『熊本県水産誌』にある富岡の漁業暦によると、鰯網は地先に四月から六月に展開する地引網と、沖に九月から十一月に展開する八田網に区分され、秋に肥前沿岸へ出漁していたとされている（永野編　一九九六、一八六―一八八）。つまり、富岡の漁業は、地先と沖の漁業が季節を分けて展開していたといえよう。なお、富岡の八田網の詳細は第五章で詳述する。

八田網は船や網の大型化、船の集団化などを必要とする大型漁業である。近世後期に漁獲される鰯は干鰯として商品価値が高く、この漁業の展開には、船や網の進歩と商品経済の発達とが背景にあったと想定される。さらに、史料3－3では、「近年不漁打続」いたため、富岡町飛龍社下から志岐村下を主要な漁場（網代場）とする、小鰯漁を中心とした稼ぎが中心となったため、志岐側が妨害を進めたとされている。つまり、沖漁の不漁に伴い、富岡浦は地先漁場（網代場）へと、主要な漁場を移動したことを見出せる。すなわちこの不漁に伴う動き以前、富岡は、沖を主要な漁場としながら、地先も「漁師共稼場」として支配していた。そして、貝瀬論合にあるように、地方の志岐側に、水主は分割しないが、入漁を許していたことが窺われる。

その後の嘉永、安政、文久期の富岡浦漁場では、引き続き分割は行われず、入漁料（下稼料）を高濱、下津深江、小田床、坂瀬川などの「海付き地方」に払わせ、操業を許可するシステムが確立し、漁場の分割は、高浜村との漁場の入会利用の裁許が下る文久期までは行われなかった（中村　一九六一）。

富岡の漁場が分割されなかった理由として、次の点を挙げることができる。『熊本県漁業誌』には、船について「堅牢風波ニ堪ユヘキモノト信スルハ天草郡富岡町ノ八田網船牛深村ノ鰹釣船及二江村ノ潜漁船ノ三種ニ過キサルモノノ如シ」（熊本県農商課　一八九〇）とある。富岡と牛深は沖漁業の八田網と鰹船が中心であったことが示されている。これらの漁法には、ある一定の海面が必要である（秋道　一九九五b、一三七）。富岡の漁業は、鯖鰺漁、鰯八田網などが中心であった（表3－4）。こうした漁法や船の記事は、富岡が広域的な漁場が維持し続けた要因を示している。富岡は野母崎へ（野母崎町編　一九八六）、牛深は甑島や薩摩方面へ出漁していたこと（鹿児

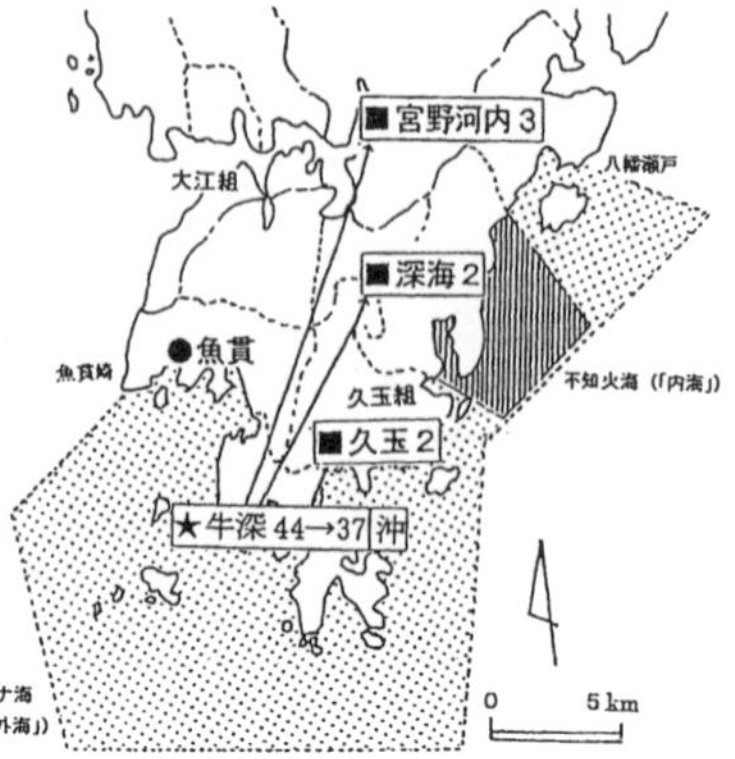

図3－3　牛深浦の地先漁場再分化と水主移譲

図凡例1⇒図3－2の図凡例1に同じ。

図凡例2（本図のみに適用）
・例牛深→深海：18世紀の水主数の移譲を示す。
・海側の線 ………… 幕末期牛深の地先漁場
　　　　　—・・— 幕末期深海の地先漁場

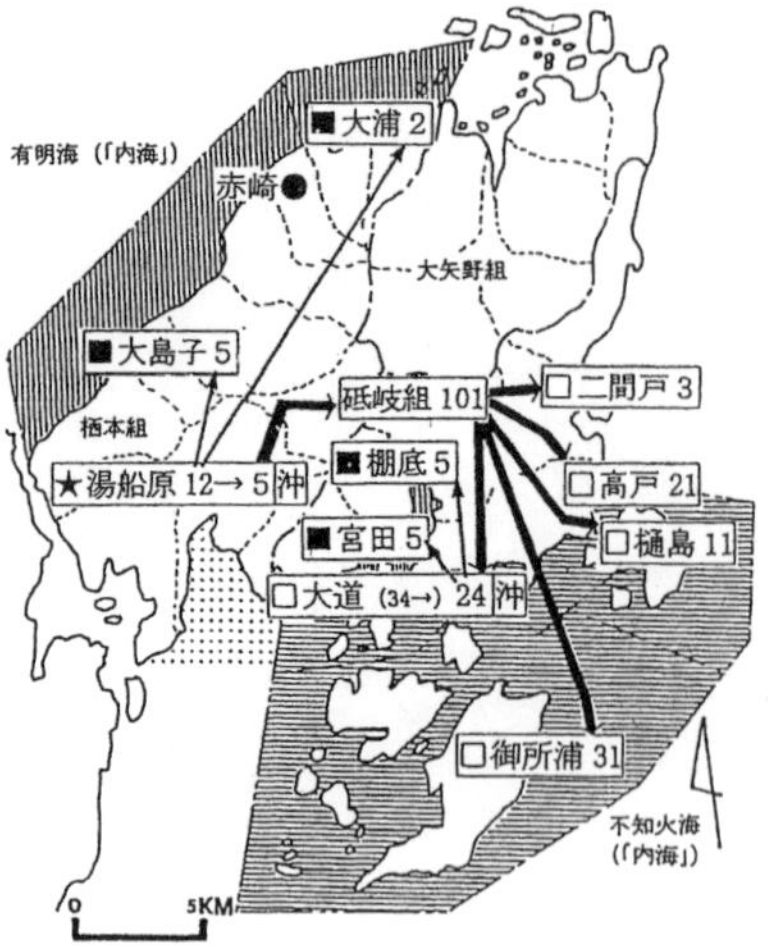

図3－4　湯船原浦の地先漁場の再分化と水主移譲

図凡例1⇒図3－2の図凡例1に同じ。

図凡例2（本図のみに適用）
・例砥岐組→大道：万治期の水主数の移譲を示す。
・例湯船原→大島子：18世紀の水主数の移譲を示す。

島県編　一九四〇）が近世史料からも確認されている。

ここに出てくる牛深も、幕末期には広域的な漁場を維持していた（図3－3）。富岡と異なるのは、広域的な漁場を維持し続けながら、その漁場内部を地先海とする不知火海（「内海」）側の地方の三ヶ村（深海など、十八世紀に指定された水主浦）に水主役負担を分与し、後発の水主浦とし、漁場まで分割していた点である。つまり、牛深の不知火海側の漁場は、牛深浦と後発の深海浦との二重の海面占有という構造を持っていたこととなる[15]。一方、東シナ海側の「外海」の魚貫村等へは水主や漁場が分割されなかった。この牛深浦の事例は、「外海」では漁場が分割されず、「内海」で分割されることを示している。

（三）漁場分割が進行した水主浦――湯船原

本節では、水主浦の漁場が近世期を通じて分割された事例として、湯船原を取り上げる。

湯船原は、中村正夫の赤崎村北野家文書を用いた研究があり、それに拠りながら、II型の漁場の成立と展開過程を検討していく。

正保浦の湯船原は天草上島の不知火海側に位置し（図3-4）、栖本組に属し、正保期には、天草上島で唯一の水主浦であった。しかし、万治二（一六五九）年には上島東部の砥岐組の大道、樋島、御所浦などにも水主役と浦高が課され一村一浦を基準とした水主浦が作られ（十七浦化）、湯船原浦の範域が細分化された。しかし、栖本組では唯一の水主浦という状況は維持され、湯船原の優越な立場が窺われる。

ところが、万治分浦の数年後の寛文二（一六六二）年には、湯船原の面する不知火海側ではなく有明海側に面する栖本組赤崎村などが、村切線の延長上にある網代漁場を、領主の戸田氏の許可を経て、形成していたことが次の史料3-4から分かる。[16]

（史料3-4）

赤崎村江網仕候儀者、寛文年中五拾弐年以前丙（ママ壬）寅年、御代官鈴木伊兵衛様江御願申上網仕申候、（中略）其後赤崎村網代場之儀ハ請所ニ被仰付候間、（戸田伊賀守様御代官＝筆者註）山田市郎左衛門殿より入札ニ被仰付候、就夫ニ赤崎村より銀百弐拾目、上津浦村より茂札入申候、其外大浦村・大嶋子村、右之村々より札入申候、銀高ニ付赤崎村江御付被下候、網境之儀ハ村境切りニ被仰付、上津浦村よりハ杢右衛門・藤左衛門・喜作、赤崎村より弁指伊兵衛・徳左衛門出合、村切り網代請取申候儀紛無御座候、（以下略）

（正徳三（一七一三）年「乍恐奉願口上書之事」［「肥後国天草郡赤崎村漁業史料」一号］［中村　一九六四］）

史料3-4には、「網境の儀ハ村境切」として赤崎村に網代場を銀一二〇目で落札した記事がある。これは、網境は村境切で設定するとあり、万治期以降に成立する水主浦漁場の境界設定をとらえるうえで重要である。[17]

その後、延宝元（一六七三）年、赤崎村の地先網代の権利を大島子村が入手する（中村　一九六四）。大島子村弁指（漁村の庄屋）半之丞が下津浦口から赤崎村前海の「さかまがえし網代」までの専用漁業権を引き継いでいる。

これは、すでに特権化していた、湯船原の浦方漁師が、先取していた漁場の利用収益権を、大島子村が水主役をはじめとする賦課負担とともに譲り受けたことを意味する。水主浦でなかった村々のなかで、大島子村は権利を勝ち取っていったのである。

また、栖本組内で、別の正徳期の新規の水主浦である大浦村の元禄四（一六九一）年の明細帳に次のような記載がある。

（史料3－5）

漁場弐ヶ所　壱ヶ所当村東ハ竹島ヨリ西ハ赤崎たけひ迄　此間壱里　壱ヶ所当村西ハ竹島ヨリ東ハ蔵江口迄

此間弐五町　北は高もくいれの網代まて　此間一里十町　共に夏秋小鯛鰯雑魚漁仕候　但春冬ハ漁仕候。

（中略）

一手繰網運上銀三匁五分　是ハ三月末ヨリ九月末迄村中百姓耕作之間ニ小鯵其外雑魚漁前々ヨリ仕来候ニ付御運上差上ヶ申候　増減依有之御運上不同。

（「元禄四年明細帳大浦村」［天草古文書会編：中巻、一九九〇、一七五－一八〇］）

大浦村では、この元禄四（一六九一）年には、すでに湯船原から漁業権利と漁場が分割されていて、漁業運上銀を納めるシステムができていたことがわかる。

正徳五（一七一五）年、大島子村は湯船原から水主三人を買いうけ、水主は五人となり、大浦村も水主二人を買い込み、大島子村と大浦村は水主浦に編入された（中村　一九六四）。しかし、延宝元年の大島子や元禄四年の大浦の例から、それ以前からその動きは加速されていたことになる。水主の譲渡は、これまでの湯船原が占有していた自他村の地先漁場用益権を分割譲渡されていく動きが、完成したことを示している。しかし、次に見るようにやがて増浦の制限を中心とした漁業統制が強化されるようになる。

（史料3－6）

（前略）貴公様江御訴申上候得ハ、近年舸子方売買、郡中一同不相成由、被仰聞承知仕候、然共、左様御座候而ハ、双方難儀仕候間、乍重々宜敷様奉願候、赤崎村之儀者前々ヨリ、村下分海上、村切支配被仰付、忝支配仕来候処、近年如何様之訳ニ御座候哉、大嶋子村ヨリ差障り、百姓御田地重之肥浜まい、数年取り不申、其上漁方渡世稼等迄、指留被申、村中仕迷惑、及難儀申候、左候ヘハ、舸子役無御座候而ハ、大小百姓・漁師共、相立不申候、右舸子役、他組ヨリ買取申候ニ而ハ無御座、組内中之かこ儀ニ御座候間、御了簡之上、宜敷相済候様（下略）

（宝暦六年七月「奉願口上書之事」［「肥後国天草郡赤崎村漁業史料」三十八号］［中村　一九六六、九六―九七］）

宝暦四（一七五四）年、湯船原浦は、赤崎村へ水主一人を売ろうとするが[18]、史料3‐6の宝暦六（一七五六）年の赤崎村から栖本組大庄屋への「奉願口上書之事」によると、「近年舸子方売買、郡中一同不相成」として却下されている。この動きについて、中村は、百姓層がこれ以上、漁業を指向、進出することを抑制し、他面、本漁師層の生業基盤を維持確保できるよう保護するため、統制機構としての水主浦（定浦）制度が整備されたとしている（中村　一九六六）。つまり、この宝暦期が、統制機構としての水主浦制度の到達点となる。史料3‐6によると、赤崎村は「村切」で自村の海面を区切っていたこと、赤崎村にとって「舸子役」の購入が重要だったこと、同じ組内からの売買が原則だったことが窺われる。なお、この時期の栖本組各水主浦における漁業年貢の負担は、寛延三（一七五〇）年の明細帳によると、史料3‐7のようになっている。

（史料3‐7）

（大浦）

一、銀三匁五分　漁方御運上　是者九十一年以前御断申上手繰網壱張

（「寛延三年肥後国天草郡大浦村明細帳」［有明町教育委員会　一九九六、一四〇］）

（大嶋子）

一、銀八匁　是ハ百弐年以前御断申上鰯網壱張仕立御運上銀御定之上漁仕来候　不漁之節ハ御断申上御運上銀御減シ被下候ニ付年々不定と書上申候　御運上銀之義者浦中竃数ニ懸取立上納仕来申候。

一、銀五匁　是ハ右同断手繰網二帳御運上銀壱帳ニ付弐匁五分宛

（「寛延三年肥後国天草郡大嶋子村明細帳」〔有明町教育委員会　一九九六、一三七〕）

（湯船原村）

一、銀五匁漁方御運上年々不定　是ハ百四年以前御断申上鰯網壱張仕立御運上御□之上漁仕来り申候　但不漁之節ハ御断申上御運上銀御減シ被下候ニ付年々不定と書上申候　御運上銀之義者浦中竃数ニ掛取立上納仕来申候。

一、銀六匁　漁方御運上年々不定　右同断手繰網四張御運上　但壱張ニ付壱匁五分宛。

（「寛延三年肥後国天草郡湯船原村明細帳」〔有明町教育委員会　一九九六、三三七〕）

各村とも、「不漁之節ハ御断申上御運上銀御減シ被下候ニ付年々不定と書上申候」とあるように漁業年貢の負担が大きかったことを記している。漁場の細分化は、水主浦にとっては死活問題といえる。しかし、湯船原は、赤崎村に水主を売ろうとした。その理由として、水主を売却すれば漁場が縮小するものの、水主の売却益が入ることを望んだことが挙げられる。また、図3－4にあるように、赤崎は湯船原の十八世紀中葉当時の漁場には出漁しにくい有明海側に位置したため、湯船原は漁業権の赤崎への移譲により、自浦の漁場が侵される可能性がなかったことも理由として挙げられる。一方、赤崎の地先を漁場としていた水主浦の大嶋子は、赤崎への漁業権の移譲による影響を受けることになる。そのため、大嶋子の意向を取り入れた大庄屋が水主の分割を認可しなかったととらえられよう。

この周辺の漁法は、湯船原や大嶋子の運上銀に鰯網を仕立てるとあるように、海面や濱の決まった場所に固定された「網代場」での地引網や定置網漁業を中心としていた。こうした種類の漁業では、史料3－4の「網境の

儀ハ村境切」という赤崎村の記事があるように、一定の海面を村境で分割して利用される傾向が強い（秋道 一九九五b、一三七―一三八）。この表現は、前章で論じた幕末期の村境線の延長線で区切られたII型III型の漁場の形成を示しているように思われる。また、万治期の漁場分割が砥岐組単位で行われたように、漁場の分割には大庄屋組の範囲が関係することも見え隠れする。[19]史料3-7の湯船原村の幕末期の漁場は、万治期、正徳期までの分割により、II型として形成された。つまり、水主浦の成立期の広域的な漁場は、細分化され続けたにもかかわらず、一村漁場のIII型にならなかった。その理由としては、漁業権を求めた村の地先を漁場とする水主浦にとっては一定の漁場が必要だったため、宝暦期の水主の分割禁止への動きになったことが挙げられる。

第四節　水主浦漁場の階層性とその形成過程

本節では、第二節で示した漁場の階層性と第三節の漁場の形成過程との関わりについて、水主浦制度下での負担と既得権の享受の違いや、隣接する地方村の状況、漁場環境の違いなどの諸要素を絡めながら考察していく。

幕末期までI型の地先の広域的な漁場が維持されていた富岡浦の漁場は、水主浦制度下での支配の漁場と漁撈活動の場でそれぞれ異なる性格を持っていた。支配としての漁場は、排他性が徹底していた。しかし、漁場内部の漁撈活動については入漁料を支払わせて、地方村にも許可していた。その過程で、数多くの漁場争論が生じた。しかし、富岡浦は漁場の支配権を強調して漁場を維持し続け、隣接の「海付き地方」も富岡に入漁料を支払う方法をとった。富岡浦の漁場利用と占有の方法には、排他的な漁場の占有と、地方《じかた》に入漁料を支払わせて漁場へのアクセスを許すといった、漁場をめぐる占有と利用の異なる二つの論理を見出せる。[20]

また、牛深浦での漁場の支配は、富岡浦同様に牛深浦のみの排他的占有として幕末期まで維持されていた。しかし、牛深浦漁場のうち、天草下島の東シナ海（「外海」）に面する側には魚貫村などの臨海村があったにもかかわらず、近世期を通じて水主と漁場の分割が行われず、新規の浦の指定は行われていなかった。他方、牛深漁場の不知火海（「内海」）に面する漁場では、久玉、深海の臨海村に牛深から水主が移譲された、その村前の海に限って地先漁場が付与された。この後発の水主浦である深海の地先海面では、牛深浦の占有と、深海浦の占有と利用というような二重の漁場占有を見出せる。このように、牛深漁場内部の不知火海側の「内海」と、東シナ海側の「外海」とでは、漁場占有のあり方に違いが存在していた。

この違いが生じる理由について検討を続けていく。富岡浦、牛深浦漁場の東シナ海側では、地先漁場の先がそのまま沖漁場であった。つまり、幕末期（封建末期）まで地先のI型漁場を維持し続けた理由としては、地先漁場と直結する東シナ海側の「外海」の沖漁場での漁業を行っていたため、地先漁場を分割しなかった可能性も窺われる。

他方、近世期を通じて漁場が細分化されたII型の湯船原（天草上島、不知火海側）は、万治期正徳期に、他の「海付き地方」の村に水主とともに自らの漁場などの全ての権利を分割していたように、漁場の占有と漁撈活動の空間は一致する原則の下で分割されていた。それは、同じ正保浦にもかかわらず、富岡、牛深と大きく異なる点である。この背景としては、前章で述べたように、この地域の漁業の特徴が挙げられる。湯船原は、不知火海側の「内海」に位置し、その沿岸の漁村では、場所が固定された網代場漁業や地引網などの、海面の分割を要した漁業が展開していた。史料3-4の「網境之儀ハ村境切り」は、その分割が村境を基準に行われたことを示し、水主浦の漁場分割の要因としてとらえられる。湯船原は、東シナ海（「外海」）の沖漁場を利用した八田網なども行い、沖への指向性を示しているが、その沖漁場は、不知火海（「内海」）に面する湯船原の地先漁場と直結していなかった。

湯船原が、III型の一村漁場まで分割されなかった理由としては、大庄屋から出された宝暦期の水主分割統制により、一村漁場に細分化されなかった点が窺われる。その統制が大庄屋から出された理由は、湯船原の水主移譲

表3－5　幕末期天草郡における漁場の三階層の特徴

漁場類型	水主浦認定時期：水主浦	地先と沖漁場の権利関係	主な漁業形態	水主浦（制度的）漁場と漁撈活動空間。
I型 広域 漁場	正保：富岡 二江 崎津 牛深	地先：東西南北の四至で区切った漁場で網代記載なし。 沖：漁場あり。（沖の漁業形態が重要視され、地先の支配権を維持しつつも利用権や漁場は新規の水主浦や地方村に認可、分割。）	八田網。 一本釣。 （「外海」漁業）	水主浦漁場は広域に維持され、漁撈活動空間とは不一致。例えば、水主浦支配の漁場に面する地方村へ入漁料漁業を認可させる富岡、支配の漁場内部にIII型の水主浦漁場のあった牛深がある。
II型 広域 村境 漁場	正保：御領 湯船原 万治：大道 大多尾 中田 正徳：大島子	地先：隣接の他村の地先海にまで及び、村境線で区切った漁場の内部に網代、地引網あり。（他村前の海域は新規水主浦に支配権と漁場利用権を併せて分割する傾向あり。） 沖：湯船原と大道にあり。（沖漁場があるが、利用には制約があった。）	地引網。 江切網。 網代漁業。 （「内海」漁業）	水主浦の支配漁場に面する地方村へ入漁料漁業を認可させた水主浦と、水主浦の支配漁場と漁撈活動空間を一致させていた水主浦の両方が含まれる。
III型 一村 漁場	万治：樋島 御所浦 高戸 18世紀： 深海 宮田 棚底 文久：高濱	地先：自村前のみに展開する漁場の内部に網代、地引網あり。 沖：東シナ海などの「外海」の沖漁場への出漁はない。	II型に同じ。 （「内海」漁業）	水主浦の支配漁場と漁撈活動空間が一致。I型の支配漁場の内部に存在する水主浦漁場あり（深海、高濱）

が、湯船原の問題だけでなく、移譲先の地方《じかた》・赤崎の村前を漁場とする水主浦大島子にも影響を与えたように、複数の村の問題になったことを考えることができる。

各類型の漁場の特徴は、表3－5のようにまとめられる。I型は四至漁場で沖漁場の権利を持ち、「外海」に面し、漁法は八田網、一本釣を主としていた。さらに、漁場に面する地方村へ入漁料を支払わせ漁業を許可し、漁場内部にIII型水主浦の漁場を内包させるなど、水主浦漁場を排他的に支配しつつも、その範域と漁撈空間の不一致を特徴とした。海のランドマークの境界や様々な特権等から、I型の一部は近世以前の中世に起因するととらえられる。

一村単位の漁場のIII型は、「内海」の地引網や網代漁業が中心で、水主浦漁場と漁撈空間が一致するかたちで、海面は占有されていた。III型には、十八世紀中葉以降に成立した新規の水主浦があてはまる。江戸時代を通じて多くの農業村落が漁業活動に参入するようになった結果、十八世紀以後、Iの漁場がIIIの漁場に分割されてゆくことは従来の研究においても強調されている。

これに対し、IIは江戸時代になって新たに水主浦として認定された漁村が該当する。江戸時代初期には、いまだIに準じる特権的な水主浦が成立する余地が残されていた。これらI、IIの水主浦によって占有された広い漁場は、それ以後新規に参入する村落に分割され、III型の狭い漁場に再編成されてゆくが、十八世紀末に漁場分割が禁止された結果、部分的に広い漁場が保持された事例もII型に含まれる。

I型の富岡と牛深が、近世期を通して、村境線がひかれる以前の漁場を維持してきた理由としては、近世初期以前からの水主浦で広い漁場が付与されていた特権と、「外海」に面することを背景に、漁業年貢が賦課される一方で、主に一本釣や八田網、火焚き漁などの新規の沖漁業を行える経済的基盤も備えていた点が考えられる。また、II型の湯船原が漁場を分割した新知見としては、地引網や網代などの村境線を区切って操業された漁業形態が発展した点をする不知火海側の「内海」に位置していた点が、挙げられる。つまり、地先漁場が沖漁場に連続するか否かという「内海」「外海」の違いが、地先漁場の海面分割の有無と関わることが考えられる。

また、I型からIII型の形成理由として、漁場に進出する指向性を持った地方村の、A水主浦の諸負担を行っても漁場の獲得を進める、B水主浦に入漁料を支払い漁場と関わるという二つの傾向を見出すことができ、水主浦漁場の形成とその傾向との関わりが窺われる。つまり、I型はAと、IIIII型はBと関わる。さらに、大庄屋組などの範囲と漁場の再編成との関わりも一部に見出せたが、さらなる検討を要する。

第五節　小　結

本章では、封建末期における水主浦の漁場に階層性を見出し、それらの漁場の形成と変化の過程を考察してきた。そして、従来の研究でも示されてきた、江戸時代を通じて、漁場は再分化される傾向とともに、こうした傾向に反して、江戸時代初期に認定された特権的な漁場を保持する事例も見られ、その結果、漁場の階層性は封建時代末期まで維持されていたことを見出した。漁場の階層は漁業村落の階層とみなしてよく、またそれぞれの漁業村落が操業していた漁業の種類とも関連する。新規に参入した村落は、多くの場合、自村の前面の海で小規模な漁業を行う権利を有しただけであったが、早く成立していた特権的な漁業村落は、沖に出漁する大規模な漁業を主とする経営を行っていた。沖の権利を占有するためには、地先海面をも保持する必要があり、そのため地先海面の分割を回避し、隣接村落に対しては一時的出漁権を売る形式がとられた。

江戸時代の漁業には、このように中世から近世初期以来の特権が維持されるとともに、新規参入者には限定された権利しか付与されない側面があった。新たに開発された技術による大規模な沖漁業は、こうした特権的漁村によって担われていったのである。

第四章　近世漁村（浦方）の占有する海域と実際の漁撈活動との関わり

第一節　はじめに

本章では、第三章で取り上げた水主浦（浦方）の占有する海域の内部や境界の部分でどのような漁撈が行われ、個々の権利としてどのように定まっていたのか検討する。水主浦の漁場として区画が決まっていても、隣接の水主浦や海に面する地方《じかた》（農業村）から入漁のあることが海の特徴でもある。河野通博は、各浦方に浦方制度の下で設定された漁場と、漁民の実際の漁撈活動の場としての漁場とは、一致しないことを指摘している（河野　一九五八）(1)。そもそも、漁業は動く資源である魚類をターゲットにして営まれている。土地の所有が一地一作人を原則とするのに対して、海面は、ウキウオや底魚などのターゲットとする魚や季節の違いで、その利用は重層的な性格を帯びたものとなる。その重層性について、前章で取り上げた近世漁村の浦方である水主浦の富岡浦《こうら》の漁場を事例に検討していく。本章に出てくる富岡浦漁場に面する「海付き地方」のうち、志岐、内田、白木尾、坂瀬川の各村は大庄屋組の志岐組に属し、また、都呂々、小田床、下津深江、高濱の各村は大江組に属していた。「地方《じかた》」は、年貢納入の基礎単位である近世村一般を指し、村庄屋が統率した。各村は大庄屋組に属し、庄屋は大庄屋大庄屋の支配を受けていた（渡辺編　一九九九）。

天草諸島の近世漁村は、島原の乱以降に幕府直轄領となると、浦方制度が敷かれ、水主役負担を行う臨海村のみに漁業権が付与され、誰もが自由に漁業に参入できないシステムが形成されていった。しかし、この排他的、封建的な漁場支配は、人口増加や市場経済の進展に伴う漁法の発展、一揆の頻発により、崩壊していく傾向にあった。一方で、排他的な漁業が持続した漁村も存在した。天領支配以降の漁村は、中村正夫が水主浦の構造の変容を封建制の崩壊過程の中から論じている（中村　一九六一、一九六四、一九六六）。近年では、鶴田倉造が、正保期の水主浦制度導入以前の、唐津藩の寺沢氏が天草を支配した時代に、二〇浦が存在していたことを紹介した（有明町史編纂室編　二〇〇〇）。第三章では、近世期を通じて分割されないまま存続した浦方の漁場について、享保期から幕末までの漁場争論史料を用いて、水主浦漁場の占有のあり方から水主浦の間の階層性、水主浦漁場が分割しなかった背景について考察したが（橋村　二〇〇一）、その漁場の成立については明らかになっていない。

第二節　富岡浦の占有する海面内部での漁業

富岡の漁撈活動としては、磯の採藻行為、地先の網漁等、沖の八田網等を確認できる。採藻行為と漁業行為に分けてみていくことにしよう。

（一）　採藻行為

まず、採藻行為をめぐる富岡と各地方《じかた》（村）との関係からとりあげていく。富岡から東側の志岐組志岐村との藻取場をめぐる関わりから検討する。なお、提示した史料のうち、筆者が重要と判断した部分に傍線をひいてある。

（史料４－１）

若昆（ママ）二江村漁師共へ差免ニ付志岐組大庄屋ヨリ御役所申出、元来志岐組海辺ニ而有之候ヲ富岡漁師

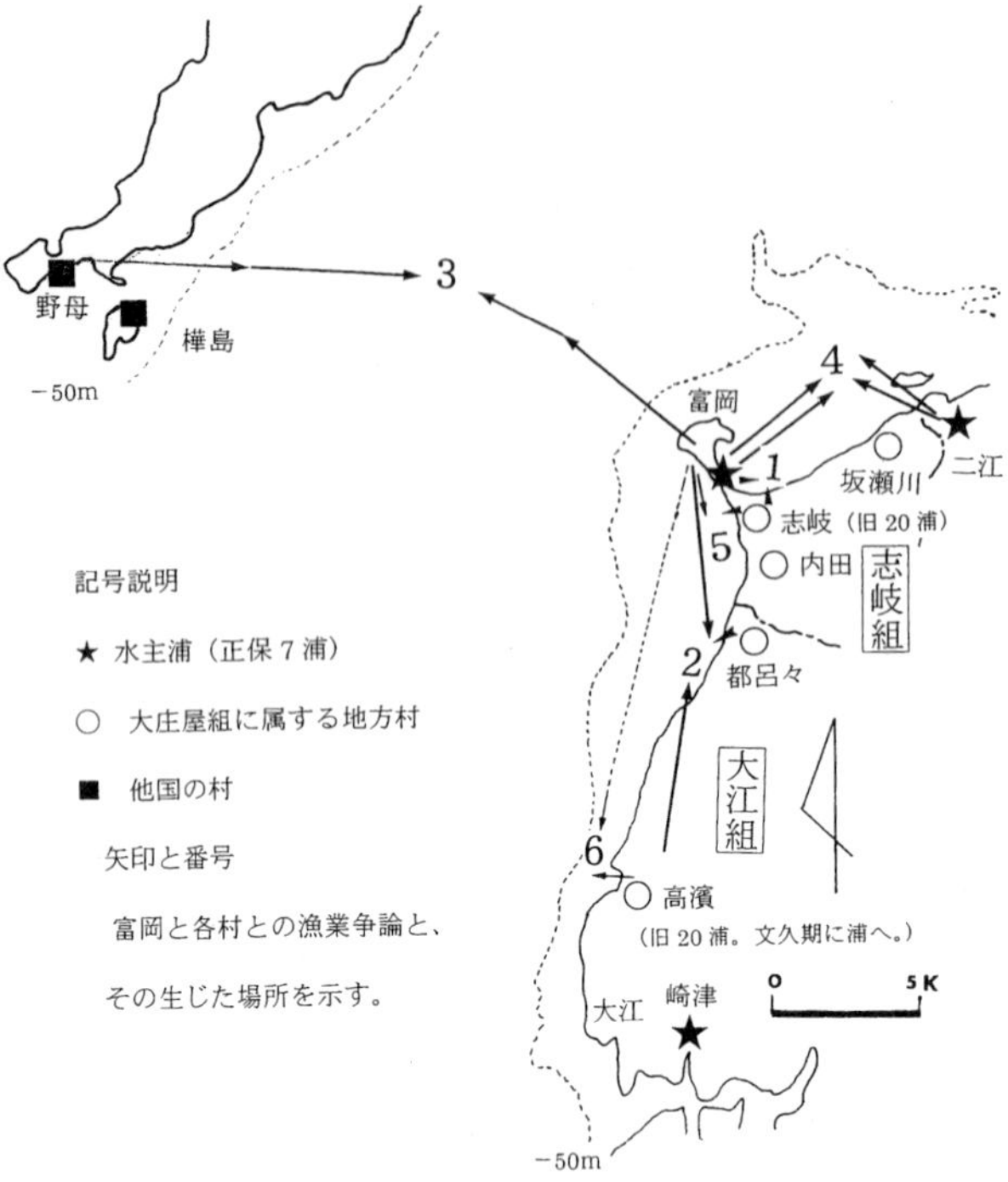

図4－1　近世後期の富岡漁場における漁業争論

方ヨリ差免申候儀、難得其意候由、
（中略）其後ハ何之取合志岐村不仕是
迄毎年取来候、尤も此以後ハ差免申候
而も不苦候、

〔享保十七（一七三二）年七月「富岡ヨリ役所ヘノ二江村漁師共ト志岐村大庄屋トノ若昆《（ママ）》ニ関スル取合一件書上」「万記簿」所収〕

この史料は、享保十七（一七三二）年七月の富岡浦側から富岡代官への書状である。富岡浦は、二江浦に対し志岐組志岐村の地先のわかめ採取権を許可した。しかし、志岐側は、古くからの志岐組の海辺と主張し、二江の採取を富岡漁師が許可することに反対した。その後、富岡側は、代官所による海辺の支配の儀は富岡漁師中にあるという判断を根拠に、海藻採取を許可する権利が富岡にあると主張した。そして、富岡側の主張が認められ、富岡側が、志岐組地先の藻場に到るまでの海面の権利を得ることになった(2)。

次は、富岡浦漁場南側の大江組都呂々村との間で、寛保二（一七四二）年に生じた採藻関連の争論である。争論以前は、富岡の南側に位置する大江組都呂々村が、志岐組内田村白木尾村に対し、図4－1の図中番号の2にあたる都呂々村の地先海での藻取行為の代償として、大麦十石（海藻運上）を上納させていた。また、都呂々村の地先海へは、「川口下之藻之儀ハ下津深江小田床天気次第高濱辺ヨリ取ニ参候事ニ御座候得共（以下略）」（寛保三年一月「大江組大庄屋ヨリ富岡弁指ヘノ都呂々村藻取一件ニ関スル返書」〔「万記簿」所収〕）とあるように、都呂々村の南側の大江組高濱村、小田床村、下津深江村が採藻行為で入漁した。この高濱他三村の地先海は沈水海岸で、流入する河川も少なく、採藻には向かない沿岸域であった。

それに対し富岡側は、海藻の採取慣行を水主浦側の「海辺支配」の範疇と主張し、都呂々村に運上徴収を中止するよう要求した。(3) これは、大江組大庄屋を介した都呂々村と富岡との対立で、大庄屋による地方の支配制度と水主浦制度との間の対立である。富岡の要求に対し、都呂々村は、他村入り込みによる採藻行為の禁止を求めた。(4) 都呂々村は、村地先海面の採取物はその村に権利があることを主張している。それに対し、再び富岡は、水主や漁業運上の負担を行うために「支配所」の権利を持つことを主張した。

富岡がこれまでの都呂々村に容認していた採藻の権利を自らの支配下に行わせた背景として、寛保二（一七四二）年に、富岡浦が厳しい飢饉により生活物資が極度に不足し難儀に陥った事実が挙げられる。この時、富岡の弁指は夫食米三〇〇石の供出を代官所へ願い出ていたことが「万記簿」に記されている。困窮状態を余儀なくされた富岡は、水主浦制度下での権利を根拠に、「海付き地方《じかた》」の漁師の入漁排除を試みたといえる。このように、富岡浦は、臨海村の自由な採藻行為に対して、従来よりも規制を強めていった。これは、磯まで含めた海の排他的支配を強める動きといえよう。

次に、寛保期と文化期の藻取りと鯛網をとりあげる。まず、この富岡浦の漁撈の実態を示している漁場内できた争論を取り上げ、漁場利用と生態との関わりを示す記述を検討する。まず、富岡漁場内部における採藻とそれに関する網をめぐる漁場争論を取り上げる。この争論は、富岡浦と都呂々村との間で十八世紀中葉の寛保期に生じたのを初見とする。

（史料4-2）

一　去春不漁ニ付、漁師共内田村ニ参候而藻取可参候間買取申間敷哉と申候得者可納段申候ニ付取参候處ニ調難成由申故約束致ニ付取参候處ニ不埒之儀と申候得者、内田白木尾村百姓共申候者先年ヨリ都呂々村江藻運上出取来候、此比都呂々村ヨリ申越も富岡漁師共取参候藻買申候者運上出候而も為取候儀相成不申と申越候故、買申儀成かたく申候、前方より運上致候儀此度始而承申候、

一　都呂々村前海之儀者鯛網代ニ而御座候、藻取候而者　あし路ニ魚付不申候而迷惑ニ存候得共、諸方入込ニ而　御田地肥十月ヨリ正二月迄取候儀其通と存知居申候、右之通之儀ニ而候得共、都呂々村ヨリ心儘ニハ難成キ儀ニ御座候、然處ニ運上取候上富岡漁師共取参候藻買候ハバ、尤　都呂々村事ニ而ハ為取不申候と之儀も得其意不申候、右村前海者漁師共支配所ニ而御座候、定而右程之儀ハ存知不申候、不法之儀申候哉と存候、然共是を申立ニ仕候而者不宜候間此節切ニ仕、向後ハ支配所胡乱不仕候様ニ仕度都呂々村江申立候得共、村方支配之様ニ相心得候様ニ相聞捨置難成候、

（寛保二年「御公儀様口上書差上申候写」享保十四年「万記簿」所収）

この寛保二（一七四二）年六月に富岡下船津役、組頭七名が富岡役所代官へ出した史料の内容は次のようになる。藻運上は、水主浦でない都呂々村が納めることになっていたが、近年の不漁で富岡浦漁師が藻の採取をするようになった。富岡は鯛網代と並行しながら藻採取を行い、富岡の採った藻を都呂々村が買って藻運上銀を納めるよう主張した。しかし、都呂々村は、それを断り、富岡浦と都呂々村の間で争論が生じた。富岡は、漁師は不漁の節に海藻を取って売るというような代替の渡世をしていたし、藻採取は海の支配のことで都呂々の前海は富岡に差配権があるので、それを認めないと都呂々村の藻運上の停止もできると、都呂々村を牽制した。

ここでは漁場利用と生態との関わりがうかがわれる。すなわち、富岡が、都呂々村前海は、鯛網代であるので藻取をされると「あし路」（網代）に魚がつかなくなり迷惑なので、諸方入込で田地肥用の藻を採取するのは十

月から三月までにして欲しいという記述である。それに都呂々村は反論するが、富岡は改めて前海の「差配」権を主張する。これは、鯛が藻に産卵する時期に藻を採取されると困ることを述べていると推測される。藻場と網代場をめぐる双方の争いの根拠に、それぞれの生物や植物の生態が出てくる。

次に検討する史料は、文化十一（一八一四）年九月に浦方の富岡町漁師惣代、庄屋、年寄と地方の志岐村百姓惣代との連印で出された、内済証文である。その記述は特に志岐村が、近年の村方一村限り稼ぎの増加で、肥料用の藻草採取の場所が不足したため、運上銀を新たに払って新規に肥網を行うことを強く求める内容である。

（史料4－3）

一　相手志岐村之儀冨岡町漁師共相稼候網代場場所、[虫損]東者のふ瀬南者大ヶ瀬北者古御城山ヨリ三里半西者五里往古ヨリ差配仕来候旨申立候得共、志岐村下冨岡町漁師共勝手ニ差配為致候様被仰渡前々ヨリ無御座、尤前々者冨岡志岐之山海共ニ入會相稼候ニ付漁業迚も勝手ニ為致候儀ニ可有御座、近年者何連之村方も一村限ニ夫々相稼候様罷成候ニ付而者志岐村元ヨリ肥藻草不足之場所弥増ニ相成、右ニ付以来相当之運上銀差上肥網新規ニ奉願度存罷在、小鰯網挽候時節者地方麦作刈取時節ニ而濱辺へ干立収納仕候処、西濱藻草場貝瀬論合ニ相成候後漁師共儀志岐村下ニおいて地引網之者共無遠慮當荒改候得者却而難公いたし候、志岐村濱辺之儀者、場狭ニ有之候上潟海重ニ而藻生立薄く藻付候小石少々御座候得者、漁師共大勢道具持参右石を取揚、藻一向生も不仕肥場不足ニ相成難渋いたし前書貝瀬藻肥場論合差配候、以来漁師共冨岡町岡方百姓共一同ニ相成諸事手荒ニ仕向、穏便ニ行候得者難航（ママ）仕候儀有之候得共、先方江怪我為致候儀者無御座、冨岡町網代場御運上銀三百三十目宛年々御上納仕候得共諸漁仕候故之儀ニ而、志岐村地内ニ抱申間敷御運上銀申立ニ手荒ニ仕向候ハバ、志岐村ニおいても以来相留之御運上銀差上肥網挽候様奉願度旨差上候、

右之通申争追々御吟味御座候処、漁師共前々ヨリ御運上銀差上志岐村下ニおいて稼仕来舸子役相勤候段相

違無御座、於志岐村ニ網子役株も無御座、耕作等一々村方ニ有之御田地□（定ヵ）取立候、藻肥生立方ニ漁師共邪間可致筋是又無御座磯辺北方者一村限ニ支配可致者勿論ニ而、一件藻草者石ニ付候儀ニ而石御座候場所江者網茂入兼漁業難致以来者少々御座候、小石等も取退不申藻肥ニ不相除、志岐村濱辺も手狭付、干潟江物干仕候段実事有之候得共地志めり有之候場所者干物不仕、漁師共を濱辺江上陸いたし干物不當荒潮干切地志免り有之候所迄漁業勝手ニ相稼勿論網子役相勤候漁師之外冨岡町百姓共儀漁稼ニ不罷越藻肥陸ニ相成候場所及改候ハバ網入不致、藻草無之場所江網入候を是又陸不申、争論無之様起而双方役人立会実事ニ取斗筈此度厚御利解被仰入所ニ寄双方対談之上和融納得仕候処相違無御座候、然上者以来右一件ニ付後日聊御願筋無御座候間、内済之程格別之御憐愍ヲ以御聞済被成遣度奉願上候、依之双方一同連印済口証文差上申所、仍而如件、

（寛政十一（一七九九）年富岡浦弁指藤左衛門「諸御用控」所収）

この史料にも藻の育成と地引網をめぐる生態に関する記述がある。その記述を見る前に、海面占有と利用に関する水主浦の富岡と地方の志岐の主張を確認する。富岡町漁民側は水主浦としての網代場の権利を主張している。それに対し、志岐村は、昔は志岐村下を富岡町漁民が勝手に支配する権限はなく、「冨岡志岐之山海」は共に富岡と志岐との入會稼で、漁業についても志岐は勝手に行っていたと主張する。富岡と志岐の対立の構造を踏まえた上で、志岐による藻の育成と富岡の地引網準備過程の記述にみられる生態記事を取り上げる。

富岡漁民の小鰯網の季節は、志岐の春の麦作刈取りの時期と重なるので、志岐は藻を浜辺へ干し立てて収納を進めた。ところが、西濱の藻草場では、貝瀬争論以後、富岡漁民のうち志岐村下の地引網の者たちが当年の荒れた漁場の回復を進めたので、採藻は難航した。志岐村の浜辺は、場所が狭く主として潟海なので、石が少ないので藻の生え具合がよくない。にもかかわらず、漁民の大勢は道具を持参してこれらの石を取り除いた。そのため藻は少しも生えてこず、肥やしとり場は不足した。これは志岐にとって困った事態である。しかし、富岡町は網

代場運上銀三三〇目の年々上納で地引網を挽くため志岐の停止要求を受け入れることができないとする。志岐は網を挽くために必要な運上納入権を持たないので、新たに肥やし網用の運上銀を納めることを求めた。この志岐の藻場と富岡の網場の調和方法として、藻場に網を入れないようにすることが述べられている。

この寛保期と文化期の藻場と網場をめぐる争論事例から、漁場利用と生態に関して次の点を指摘できる。臨海農村は、浦方の漁民が藻場へ鯛網や地引網を入れることに反対した。その理由として、鯛網や地引網は、肥料用の藻場育成に支障を与え、藻場を荒らすことになるとする。他方で、漁民は、藻の付く石は地引網に邪魔な点、肥やし藻をとられると鯛の産卵場としての機能が失われることを理由に藻採取に反対した。このように、同一海面における、藻育成と網場の二つの資源維持の発想が存在していたことになる。

（三）漁撈活動

次に漁撈活動について、富岡浦の漁場をめぐる二江浦、志岐村、高浜村等との関わりから検討していきたい。

二江浦との漁場をめぐる関係は、寛政十一（一七九九）年の二江浦から富岡浦への詫証文に「先月廿四日迄火留メ之儀御申触有之候処、私共ハ御存之通所論合ニ付、御当地江罷出居合不申候故、網子共了簡違仕、前床江火入、無調法ニよりて富岡御支配之内者東西共長々御差留ニ御申付被下候段、御尤ニ奉存候、依之左様相成候而者、網持中永々難儀仕極ニ奉存候故、（以下略）」（寛政十一年「二江浦網持中ヨリ富岡網持衆中への詫証文」「諸御用控」所収）とある。要約すると、二江浦が、八田網漁業に際しての火の使用中止の取り決めを知らず、図4-1の図中番号4の海域で火を用いた漁撈活動を行っていた。そのため、二江浦は富岡浦が占有する海域への出漁を禁止され、難渋することになったので、その回復を富岡網持中へ歎願したのである。また、富岡浦は、同時期に、二江浦に対し、アワビ漁の口開け等を指図していた。このように、漁場利用をめぐる富岡浦と二江浦との争論を見る限り、富岡が強い立場にたっていたといえよう。前章の史料3-1で示した元禄期の富岡浦漁場の記述をみると、この海域では、富岡浦と二江浦がともに沖の入会権を共有した可能性もある。(5) その後、とりわけ沖については、富岡がより優越的かつ排他的支配権を確立しようとしていたことが窺われる。富岡が、水主浦制度下の漁場の排他的な支配を目指していたといえよう。

次に、史料4-3でもとり上げた図4-1の図中番号5の海域で文化十一（一八一四）年九月に生じた富岡町の漁師惣代他と志岐組志岐村の百姓惣代との海岸での藻取行為と網漁業との調整について、内済証文を再び抜粋して検討する。

（史料4-4）

志岐村下冨岡町漁師共勝手ニ差配為致候様被仰渡前々ヨリ無御座、尤前々者冨岡志岐之山海共ニ入會相稼候ニ付漁業迚も勝手ニ為致候儀ニ可有御座、近年者何連之村方も一村限ニ夫々相稼候様罷成候ニ付而者志岐村元ヨリ肥藻草不足之場所弥増ニ相成、右ニ付以来相当之運上銀差上肥網新規ニ奉願度存罷在、（以下略）

（文化十一年書状、苓北漁協所蔵）

志岐村は、以前、富岡と志岐は「山海共」に入会漁業であったので、漁業も勝手に行っていたが、近年、どの村方も一村単位でそれぞれ稼ぐようになったと主張している。つまり、権利のない村が、漁撈活動を水主浦制度下での漁場で行っていたのである。争論が生じた理由については、文化十（一八一三）年三月の弁指由左衛門、富岡町庄屋、町年寄等から富岡御役所に出された次の史料に具体的な記述がある。

（史料4-5）

冨岡町浦方漁師共相稼候網代場之義、東者のふ瀬、南者大ヶ瀬、北者古御城山三里半、西者五里半、往古より差配仕来漁業相稼候処、貝瀬論合ニ付不計志岐村下漁業為致候義相成不申段申之、既ニ去ル未年以来右村下ニ漁稼ニ罷出候得者、大勢罷出網引損、怪我人等有之、手荒成義右村仕向候ニ付、無拠是迄差控罷有候得共、近年不漁打続、漁師共一統甚難渋仕、当浦之義者三月ヨリ五月迄小鰯網引立、八月ヨリ十一月迄之間者八田網重ニ漁業仕候時節ニ御座候、然ル処今一両日大分小鰯相見候ニ付、折角志岐村下ニ漁稼ニ罷越候積りニ御座候得共、前書之通右村手荒成義仕向候間、又々罷出御厄介奉掛候而者恐入候義ニ付、右様仕不申様被仰付被下置度、往古ヨリ右網代場御運上として銀三百三拾匁宛是迄御上納仕来申候、殊ニ三十五人舸子役等相勤来候得者、右網代場之義者百姓御田地同様之義与奉存、誠ニ漁師之義者外渡世等無御座、漁業而已ニ而其日ヲ罷過候得者漁稼場手迫り相成候而ハ甚歎ヶ敷、対御上様諸御用向行届兼候而者奉恐入候、尤右貝瀬論合ニ付何そ右村違論等申掛差妨候義者有御座間敷ト奉存候、然ル所別而近年不漁打続小鰯漁専ラ相稼、右余力ヲ以年中夫食之足ニ仕、當町飛龍社下　志岐村下之義者重成ル網代場ニ候間、漁業一日も相止候而者及飢渇ニ候ニ付、右様仕向候義甚不承知ニ奉存候、（以下略）

（文化十年四月「内々ニ而差上候書付之写」〔「諸御用控」所収〕）

この史料の富岡の主張は概ね次のようになる。つまり、富岡浦側は、三月から五月まで小鰯網（地引網）を引き、八月から十一月までは八田網を行っていた。しかし、近年の不漁（特に沖合の八田網）で困窮しているため、「東者のふ瀬、南者大ヶ瀬、北者古御城山三里半、西者五里半」の富岡に設定されていた漁場の権利の正当性を主張して、網代場御運上銀三三〇匁宛の上納、三十五人舸子役等の負担の実績から主張し、地先漁場の「志岐村下」での漁撈活動を正当化しようとした。

これまで志岐村の漁撈活動を許していた富岡浦が、不漁を契機に、水主浦制度下での諸負担を根拠に、「網代場」の海面占有を主張している。権利を持たないはずの志岐村は、富岡の出漁を妨害して、既得の権益を固守しようとするほど、漁業への依存を高めていた。

そのような志岐村の漁撈活動は、富岡による漁撈活動が、三月から五月までは富岡の地先海面で地引網の小鰯網と、八月から十一月までは沖漁業の八田網を中心としていたため、可能となっていた。

つまり、富岡は、富岡浦漁場に面する「海付き地方」の村の地先海面で漁撈活動をしていなかったことが窺われる。それが、沖の八田網等の不漁に伴って、富岡が地先に回帰し、富岡町の飛龍社下から志岐村下までの範囲での小鰯漁業を進めた。そのため、志岐村が富岡による漁業活動の妨害を進めるに至り、争論が生じたといえよう。この文化期に富岡は、不漁を背景に、浦の海面で排他的な漁撈活動を行う目的で、「海付き地方」の村に容認していた漁撈活動の中止を求める動きに出始めた。

続いて、富岡浦と大江組高濱村との網漁をめぐる関わりを検討する（図4-1の6）。取り上げる史料は、富岡側が地方の入漁に伴う争論史料をまとめた文久三（一八六三）年「高濱村江相掛候網代件日記」である。これは、大江組の高濱村が富岡浦漁場の一部にあたる高濱村の地先海域を、富岡と高濱村との争論を経て、富岡浦と入会利用するに至る経過を記している。争論以前の状況からみていく。

（史料4-6）

右者高濱村小前百姓漁業之儀、往古者崎津大江両浦漁師共雇入相稼候中、追々手馴候ニ付安政之度ヨリ村方ニ而一手稼仕候処、其比迄無舸子無運上ニ付大江崎津両浦ヨリ故障申立候間（以下略）

（文久三（一八六三）年「高濱村江相掛候網代件日記」）

この史料によると、争論以前は、地方の高濱村がその地先海の「百姓漁業」として、大江浦・崎津浦の漁民を雇い入れて漁業を行わせていた。しかし、高濱村が安政期以降、漁業になれてきたことを理由として一手に漁稼ぎを進めた。それに対して、大江浦・崎津浦が、高濱村の「無舸子無運上」を理由に支障を申し立てた。この高濱村の地先海域は、富岡浦の漁場の一部である。しかし、高濱村は、南側に隣接し距離的にも近い大江・崎津両「水主浦」の漁民を入漁させていた。つまり、「百姓漁業」と断った上で、地先海へ入漁させる権利が高濱村にあったことを窺わす内容である。このように崎津浦と大江浦の漁師は、富岡からの許可ではなく地方の高濱村に雇われる形で入漁していた。

また、争論が生じた要因については、文久三（一八六三）年五月の富岡町漁師惣代五名および郡中惣弁指與茂助から富岡役所へ出された次の史料に詳しい。

（史料4－7）

（前略）高濱村百姓共持網八田網地引網鯔網等取扱富岡浦稼場之内江立入相稼候ニ付、是ヨリ年来差留方引合および候、大江村先大庄屋松浦穀助立入高濱村ヨリ下稼料差出候様可仕旨を以只管熟談取扱候ニ付、難黙止壱ヶ年金三両ニ取極其年一ヶ年分請取証書案文等差出候處、如何相心得候哉、其後頓着不仕最早弐拾年余ニ差および候而茂、兎哉角申送リ利不尽ニ漁業仕候ニ付、三ヶ年前酉年二月中私共罷越候處、小田床村下江鯔網敷入居候間差留方仕候得者漁師之愚昧を見侮候一円頓着不仕強情而已申募候ニ付、無據右鯔網取揚私共預り帰　既ニ其砌　御上様江御訴訟奉申上度奉存候間當町年寄高嶋傳左衛門江申出候處、（中略）高濱村ニ者漁師与唱候モノ壱人茂無御座素ヨリ無網子之場所ニ而漁業仕候筋毛頭無御座、然ル處亀川村ヨリ買網子仕候趣ニ候得共、亀川村之網子役ニ候ハヾ、稼場之義者亀川村ニ可有之義与奉存候、夫故高濱村ヨリ証書差出并引合之返書等差出候儀ニ御座候、別而南海之儀者富岡漁師共専一之稼場ニ而高濱村江漁業仕候得者魚類一切道筋断絶仕自然与不濱続ニ相成候儀者眼前之事ニ而、富岡浦漁師人高凡千余人之もの共渇命および候外無御座（以下略）

（文久三（一八六三）年「高濱村江相掛候網代件日記」）

この史料には、争論が生じた要因について富岡の主張が書かれている。これによると、高濱村百姓は持網八田網地引網鯔網などで「富岡浦稼場之内」へ入漁していた。約二〇年前に、高濱村から富岡浦へ入漁料を差出したい旨が出されたので、一年に金三両と決めてその年は一年分を請取ったが、どういうわけかその後は何の音沙汰もなく今になってしまったという。つまり、入漁料漁業を富岡は、約二〇年前に許可したが、その支払いが実際に行われたのは一年のみだった。

富岡は、高濱が入漁料を払わずに漁業を続けるため、三年前の文久元（一八六一）年二月に、富岡漁師惣代等が小田床村下へ出かけ鯔網敷入の中止を要求した。しかしながら、反抗されたので、鯔網を取り上げて、持ち帰り、訴訟手続きに入った。それに対し、高濱村は、亀川村から水主を買って、漁場占有の正当性を主張した。しかし、富岡は、高濱が買った水主株が富岡漁場でなく、亀川浦の漁場に対する権利であること、および、古来、漁師や水主もいない高濱が水主株を買うこと自体が成立しない、従ってその高濱の主張は筋違いである旨を主張した。

この史料の文脈から判断すると、高濱村が、八田網地引網鯔網を自村の前海だけでなく小田床村前海から広い範囲で行っていたことが窺われる。

それにもかかわらず、富岡浦は高濱村周辺の海域を稼場と主張する理由として、漁場の南海は魚道なので、高濱村に漁業をされると、生活が維持できなくなると訴えている。まさにこのような事情が、富岡浦漁場の範囲が近世期を通じて保持された理由の一つにもなり得る。

また、この史料に続く富岡浦と「海付き地方」の小田床村下津深江村との証文類の解読からは、高濱村のみならず、その北隣りの小田床村、下津深江村でさえも、入漁料を払って漁業活動の場を確保しようとしていたことを窺い知ることができる（中村　一九六一）。

文久三（一八六三）年五月の高濱村惣代、富岡町漁師惣代、郡中惣弁指与茂助等の連名で富岡町年寄、会所詰大庄屋を経て富岡役所へ出された内済書付によると「稼場之儀者以来小田床村下津深江村地先ニ者高濱村ヨリ立入不相成候様取極、高濱村地先之義者諸魚是迄仕来之通双方入会睦敷相稼候様取極双方無遺念和融納得仕候」（文久三（一八六三）年「高濱村江相掛候網代件日記」）とある。つまり、富岡浦と高濱村の稼場は、小田床村下津深江村地先には高濱村からの入漁を禁止し、高濱村の範囲に限定して、高浜村と富岡浦での入会漁場となった。

文久三年五月に富岡浦漁師惣代と弁指から富岡役所に出された書状には、富岡浦漁場の南側に面する地方村の高濱村が、天草郡内の亀川浦から水主株（舸子）を買ったことを理由にして漁場の権利を主張したことに対する富岡浦の反論が記されている。そのうち漁場維持の生態的な理由に関する部分は次のようになる。

（史料4－8）

南海之儀者冨岡漁師共専一之稼場ニ而高濱村江漁業仕候得者魚類一切道筋断絶仕自然与不濱続ニ相成候儀者眼前之事ニ而冨岡浦漁師人高凡千余人之もの共渇命および候外無御座甚歎々敷次第ニ奉存候間、何卒格別之被為以　御憐慰高濱村百姓共御召出之上百姓漁師両段之規矩相立漁師之稼場ニ相妨不仕候様被　仰付被下置度（以下略）

（文久三（一八六三）年「高濱村江相掛候網代日記」）

ここで富岡は、高浜村の地先にあたる漁場の南海が、「冨岡漁師共専一之稼場」であって高濱村が漁業を行えば、魚類は入ってこなくなり、「冨岡浦漁師人高凡千余人之もの共」が飢えることになると主張している。自らの権利を主張するための内容で、多少の誇張が入っていることを踏まえても、富岡浦の漁民にとって漁場の南海は魚の通り道としての役割があったことを窺わせる内容である。富岡浦が占有する漁場の範囲と生態との関わりがうかびあがる。

第三節　近世の富岡浦の水主浦制度の導入と漁場再編

（一）　水主浦制度導入以前の漁場

まず、水主浦制度下で設定された漁場と、実際の漁撈活動の場との乖離が生じた理由について考察する。天草郡で水主浦制度が本格的に導入されたのは、島原の乱後の正保二（一六四五）年に七つの漁村が水主浦に指定されたことに始まるとされてきた。

しかし、近年の鶴田倉造の研究では、七浦の設定に先んじて、天草には、島原の乱以前の唐津藩寺沢氏による天草支配時代に二〇浦が存在していたことを次のように指摘している。すなわち、島原の乱以前に天草郡支配を行っていた唐津藩主寺沢氏による「郡中二十ヶ浦に船手の定備を命じ、飛船挽船等の不時公用に供せしむ」という記述にある二〇浦は、『肥後国郷帳』にある寺沢氏支配時代の「網高」を有する十九の村々に相当するとの説である。[6] この説に依拠すると、二〇浦と七浦および、その後の水主役分割により生じた浦々の関係は、次のように説明できる。二〇浦は、天草島の沿岸を網羅していた。それに対し、七浦は、各大庄屋組に一浦程度の設定で、特に砥岐組、大矢野組、栖本組から構成される天草上島には、湯船原しか確認されない。また、正保七浦の牛深と湯船原は、二〇浦ではみられず、同じく七浦の富岡（二〇浦では袋浦）は、網高の唯一確認できない浦で、二〇浦になるのか、疑問が残る。『有明町史』によると、二〇浦も水主役負担を行っていたが、島原の乱後に水主役のうち、特に公儀御用船水主役の負担が中心の七浦へと再編成された。このように、唐津藩寺沢氏支配の二〇浦と幕府代官支配の七浦は、性格を異にしていた。

その後、万治二（一六五九）年に水主浦は十七浦に増加した。しかしながら、そのなかには、かつての二〇浦に属していた村も散見され、二〇浦の段階に近い形で回復したこととなる。これらの漁村に対しては、水主役負担に加えて万治検地[7]に伴い浦高が課された。[8] つまり、水主浦制度の下で設定された水主浦が、漁浦的な性格を持ちながら、二〇浦に近い形に回復しつつあったといえよう。

しかしながら、志岐、高濱、宮野河内、深海、浅海といった、富岡、牛深の各水主浦の漁場（I型）に面している旧二〇浦の村々は、万治期の十七浦として回復しなかった。その富岡や牛深は、寺沢支配の網高負担の二〇浦に入っていないにもかかわらず、正保七浦に指定され、万治期の分割もなく、近世期を通じて漁場を保持し（橋村　二〇〇一）、天草郡最大の水主浦となった。つまり、富岡と牛深は、他の水主浦とは異なる性質を備えていた。その後、正徳期などをはじめとして十八世紀には、漁撈活動の高まりと共に、水主株を持たない無権利の村が水主株を購入して、水主浦は増加することになった。

このように、天草郡では、正保七浦が成立する以前の寺沢氏支配時代に二〇浦が設けられていたが、島原の乱後の正保二（一六四五）年には七浦に減少した。すなわち、正保七浦は、「公船役負担」を中心にした水主役負担を基準として設定されたとされる。そして、正保七浦の成立による、海面を区分した漁場が設けられた。つまり、正保七浦の漁場は、実際の漁撈活動からの収益に比例して分割されていたわけではなく、ここから制度下での漁場と実際の漁撈活動の場とのズレを読み取れる。

しかし、寺沢氏の二〇浦に指定されていた村や近隣の農村などと、水主浦に指定された臨海村が、相並んで地先や沖合の網代場へ出漁し、漁撈活動を行っていた。その過程で、争論などが繰り返され、村の前浜の地先海面での漁業権の獲得を目指した動きがみられた。

それが顕在化したのが、水主株の売買による漁業権分与によるところの、正保七浦から万治期十七浦へ、そして十八世紀の増加の動きであった。島原の乱以前の二〇浦のうち、正保七浦に指定されず、万治期に復活した浦は多くみられる。これは、漁撈活動に則したかたちで、制度的な漁場が再編される動きといえよう。

それに対して、第三章で述べたように、I型漁場の富岡では、漁場を新規の水主浦に分与することがなかった。しかし、水主浦制度の下で設けられた浦方海面（正保七浦漁場）において、十八世紀中葉まで権利のない村々が入り乱れての漁撈活動が営まれていた。その動きは、とりわけ、島原の乱以前の二〇浦として網高負担を行っていた志岐村と高浜村に顕著であった。一方、牛深、富岡は、寺沢氏支配期に網高を負担していなかった。[9]

すなわち、富岡地域で島原の乱以前に漁業の権利のあったのは、網高の確認できない富岡ではなく、網高を負担していた志岐や高濱で、乱を境にして、権利を保持していた漁村が転換したことを推測できる。[10]それでも二〇浦時代に漁業権のあった村々が、制度下での漁場で実質的な漁撈活動を進めていたことになる。このことが、十八世紀中葉までの制度的な漁場と漁撈活動との差異を生む理由となったと推測される。

(二) 制度に則した形での漁場の再編成

水主浦制度の下で設定された富岡の占有する海面の一部では、十八世紀中葉まで権利を持たない臨海村が漁撈活動を行っていた。しかし、享保期から、富岡浦は、漁場の排他的な権利を強調し、入漁していた無権利の村と争論が生じた。その際、富岡は水主役、漁業運上負担を根拠にして、漁場権利を主張するのに対し、相手の村は往古からの漁撈活動の実施を根拠に漁業権を主張している。とりわけ志岐と高濱は、島原の乱以前の二〇浦で、漁業権を持っていた可能性も高い。結果は、水主浦である富岡の主張が概ね認められ、入漁料設定などを通じて、富岡の漁場支配が確立していく。それにもかかわらず、権利のない村は、漁業権を獲得するために、文久期の高濱村のように、水主を別の水主浦の亀川浦から買い、権利を主張する動きに出たケースもしばしばみられる。

このような無権利の漁村の漁撈活動が禁止されていく理由を、万治十七浦成立の際に砥岐組の漁村に水主を分割した湯船原浦との比較から考察してみよう。(11) 湯船原漁場に面する栖本組の大浦村は、元禄四(一六九一)年に漁場、漁業運上納入が確認され、正徳五(一七一五)年に水主二人が湯船原浦から分与され、水主浦となった。しかし、漁場を持ち漁業運上を負担していた湯船原漁場に面する赤崎村は、宝暦六(一七五六)年にみられる水主分割禁止(12)のために水主浦にはなれなかった。この湯船原の例は、水主浦になる条件が、漁業運上、漁場だけでなく、水主株を持つこと、制度下の漁場の再編が水主分与の禁止と関わっていたことを示している。

富岡浦は、水主分与の禁止が出る前の、享保十七(一七三二)年の志岐村との争論、寛保二(一七四二)年の都呂々村の採藻争論で、水主三五人負担をはじめ、漁業運上の負担、漁場支配を根拠に、自らの漁場支配の正当性を主張した。そして、海辺の件は水主浦に権利があるという役所の判断を引き出している。

この類の争論は十八世紀中葉以降に徐々に増え、文化期には網漁場をめぐる争論に展開した。そして、富岡が、無権利の村々の入漁料、採藻料の権利を持つかたちで、水主浦制度下での漁場支配を強めて行った。

富岡の漁師たちが、制度下の漁場を排他的に支配しようとする動きに出た時期に、天草郡の水主分割の禁止が出されている。禁止と富岡漁場の排他支配の動きは、関係しているといえよう。

図4−1からも分かるように、水主浦漁場のいたる海域で争論が生じていると同時に、漁撈活動の範囲も拡大していった。つまり、富岡浦は、争論に際して水主役の負担などを主張することによって、同海域での漁撈活動の影響力を無権利の村々に示しているのである。

これを契機に、実際の漁撈活動の場を管理するシステムが、これまでの水主浦制度の下での漁場に則して形成されていくことになった。

第四節　小　結

水主浦漁場は、水主制度の下で特定の漁村に与えられた水主数に応じて、形式的に地先を区分して誕生した。しかし、その内部の利用は、十八世紀中葉以前において浦方と地方での入会利用が主体で、制度としての漁場と実際の漁撈活動の場との違いが生じた。その理由として、島原の乱後の水主浦制度導入により、乱以前の浦が権利を失って、浦でなかった村が水主浦に指定されたため、浦の性格が漁業中心から水主役負担に変化したことを考察した。しかしながら、十八世紀後半からは、宝暦期の水主分与の禁止前後に生じていた各争論を境にして、無権利の地方村が入漁料を支払う形で、富岡による排他的な漁場支配が形成された。水主浦制度の漁場に則した形で、漁撈活動の漁場が再編されたと考えられる。

最後に今後の展望を述べておく。島原の乱後の天草郡の水主浦制度は、万治期以降に寺沢氏支配時代の二〇浦の復活が進み、漁撈活動に則す形で再編成される傾向が強かった。しかしながら、本論文で取り上げた富岡、加えて牛深は、近世期を通じて水主浦制度に則す形で広域的な漁場を保持し続けた。この問題は次の二つの課題を生むといえよう。一つは、後者の保持の要因を、富岡、牛深の、東シナ海に面し、長崎と薩摩に接するという位置に注目しながら、船役負担の実態や遠見番の運営、漂着船処理といった海防的な観点から検討することである。二つめは、制度の導入による村や地域システムの再編成について、地域、もしくは漁村の特徴によって、様々な進み方があることに留意しながら解明することである。

また、本論で述べてきた天草群の水主浦が、他の地域のいわゆる漁浦とどのように違うのか解明を要する。江戸内湾のいわゆる漁浦では、寛保元（一七四一）年の「磯猟は地附根附次第也、沖は入会」に示されているような一村ごとの地先漁場地元主義への動きがあったとされる。しかし、本章で検討したように、天草郡の水主浦漁場は、十八世紀中葉の水主分割の禁止以前に水主を分与した水主浦を除いて、分割されることなく保持されていた。このように、近世漁村のなかでの水主浦と漁浦との違い、加えて、天草郡と瀬戸内海地域の水主浦との比較等、検討すべき課題は多いが他日を期したい。

次に、水主浦漁場と潮流、魚の生態との関係について考えていく。本稿では、天草の寛保期の富岡浦と都呂々村、文化期の富岡浦と志岐村の間の相論を取り上げながら、浦方に排他的に区画された漁場を浦方漁民だけでなくその漁場に面する地方村の農民なども利用を進めていたことを示した。ここでは、そうした同一海面の利用を可能にしたメカニズムについて検討し、小結にかえる。

富岡浦漁民は、鯛の生態系を守るために肥料用の藻を都呂々村の農民が刈り取ることの禁止を求めた。他方で志岐の農民は、富岡浦の漁民が網を立てるのに石が邪魔になるので除去しようとしたら藻の成育に石は必要なのでその除去の停止を求めた。同じ海面の異なる海洋資源をめぐる争いである。藻の生成には石が必要で、それに対し地引網には石が邪魔になるという主張は、藻採取や網設定を進めてきたそれぞれの立場からの、漁場における自然知識のあり方を示している。本事例からは、沿岸民の属性の違いで自然への関わり方に違いがあり、それによって漁場利用のあり方も多様となり、重層性を持つ利用形態が生じたことを見通すことができるのではないだろうか。

第五章　十八～十九世紀の天草郡周辺海域における出漁・入漁をめぐる争論

第一節　はじめに

本章では、移動しながら魚を捕る漁業に注目し、沖合漁場の利用について検討する。対象地域である九州西海岸では、平戸生月や五島列島の捕鯨や南九州のカツオ一本釣、沿岸各地の八田網などの沖への出漁漁業や、五島列島のマグロ大敷網、沿岸各地の手繰《たぐり》網（小型底曳網）、地引網、ナマコやアワビ採取などの俵物関連漁業などといった漁業が数多く展開していた。しかし捕鯨研究を除いて、漁業史研究は著しく少ない。本章で取り上げる沖合漁業である八田網や手繰網をめぐる諸問題もこれまで看過されてきた。そこで本章では、八田網と手繰網漁業の権利と漁場利用について、近世史料と明治期に書かれた各県の水産誌などに記された漁法資料を組み合わせながら、漁法の具体像をとらえ、権利のあり方（争論）とこの漁業が他の漁業に与える影響を検討する。移動する漁業は、何れも魚群を追って長期間にわたって移動するように、前章まで取り上げてきた村（浦）持ち漁場や定点の網代で行われる漁業とは異なる性格を持つ。そうした特徴を見据えながら、天草諸島の近海で行われる沖合漁業を検討する。

漁法、漁具の研究は、同時代史料が少ないため研究が立ち遅れる傾向にあったが、近年になって近世、近代の漁法、漁具に関し、考古学的知見、同時代の漁書絵図、明治期水産絵図を用いた方法論の提示と研究が行われている（真鍋　一九九六、一九九八）。また、明治期の水産博覧会や農商務省調査事業などを経て作成された漁業誌、水産絵図を総覧した成果も出されている（藤塚　一九九八）（大田区立郷土博物館編　一九九五）。こうした成果に学びながら、近代漁法史料と近世史料とを組み合わせた成果の蓄積が必要だと思われる。その上で、近代資料の近世漁業史研究への応用の是非についても検討する必要がある。

第二節　十八〜十九世紀の肥前野母と天草の八田網漁業をめぐる関係

(一)　八田網漁業とは

ここでは、天草郡富岡浦と漁場争論に発展した肥前野母の八田網漁業を取り上げ、その権利の形成と展開、漁場利用について検討する。八田網漁業とは、図5－1にあるように群れで回游するイワシを火で集魚して網で捕る漁法である。現在の小型巻網漁業と類似している部分が多い。この漁法を概説した資料として、明治二十三年刊行の『熊本県漁業誌』がある。これによると、八田網の漁場が海の深浅に一定の決まりがあるものの暗礁がなければ近海で概ね漁ができ、八田網がイワシ漁の「沖漁網」として最も便利な道具であったという。出漁季節は、文化十年四月「内々ニ而差上候書付之写」（「諸御用控」所収）や『熊本県水産誌』によると、九月から十一月とある（永野　一九九六、一八六―一八八）。この漁業が展開した理由としては、主として近世後期の干鰯として商品価値の高いイワシ漁業と関係していると推測される。

(二)　野母浦周辺の村との漁場利用をめぐる関係

八田網漁業の事例地域は、明和期、天保期の肥前国野母村周辺である（図5－2）。特に野母と肥後天草郡との漁業争論史料を取り上げる。野母村は、現在の長崎県長崎市にあたり（旧・野母崎町ほか）、野母崎半島の先端に

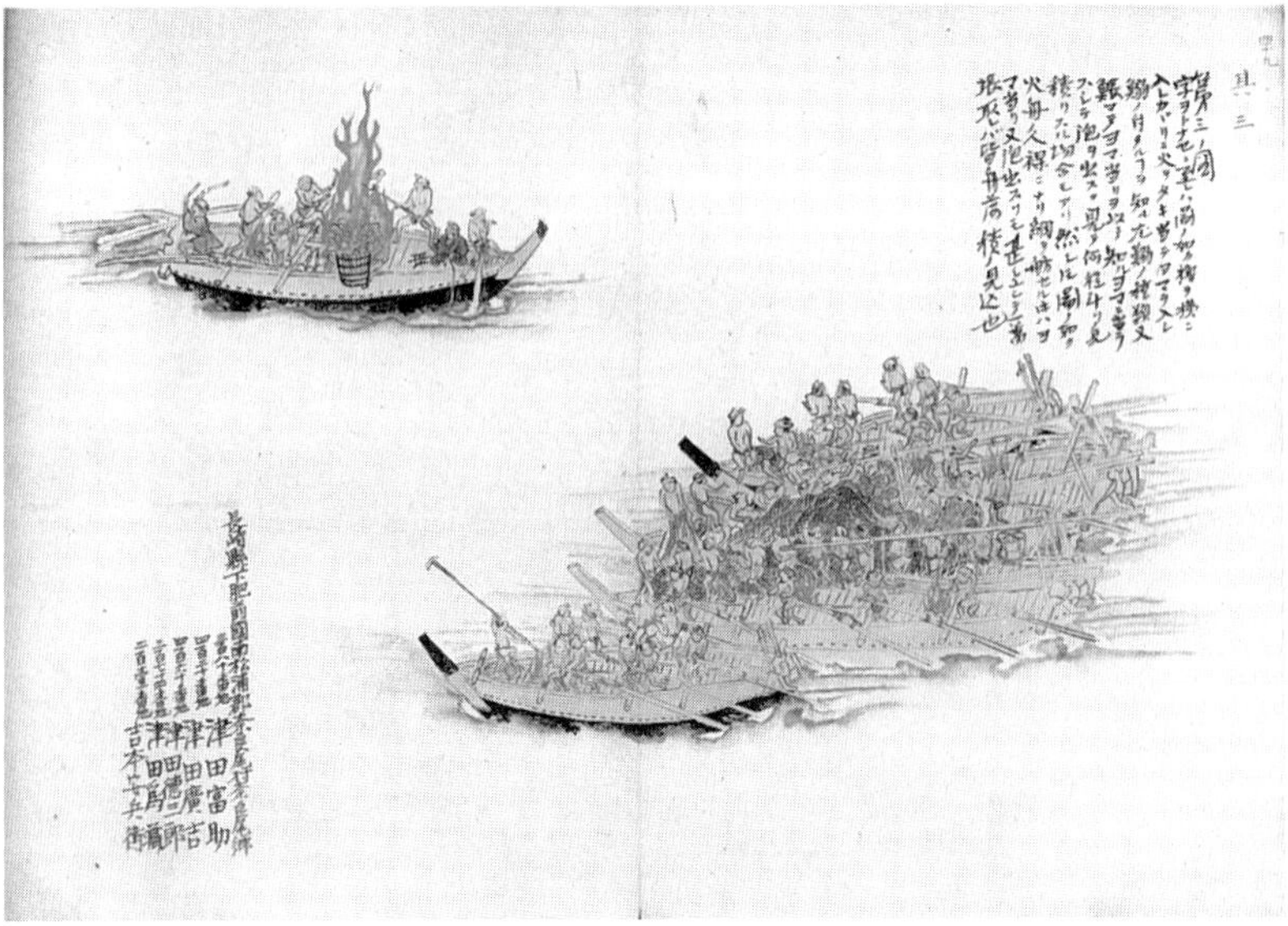

図5-1　八田網操業図（『五島列島漁業図解』［立平　1992］）

位置し、長崎の東シナ海側入口にあたる。九州西海岸の中央にあたり、本書で取り上げてきた五島列島と天草諸島の中間に位置する。近代以降は、沖合、遠洋漁業基地としても知られる（片岡　一九九五）。

江戸時代は、幕府天領（御料）で、遠見番所が置かれ、中国船などの難船救助や長崎への曳航、幕府役人の巡検などに際して水主役負担などが行われていた。近世史料は野母村の村役人がまとめた、天草諸島や野母崎周辺の村々どうしの漁場争論史料の筆写本が中央水産研究所に存在している（「野母村役場史料」）。野母村は、江戸時代においても漁業基地として知られ、周辺村々の間では唯一の漁方運上が課された浦方であった。野母崎周辺の近世漁業史については、現代までの変遷が概観されている（片岡　一九九五）。ここでは、野母村の近世後期の漁業構造や漁業年貢体系、様々な漁場争論などに関して「野母村役場史料」を用いて検討する。

寛政五年五月に野母村が出した「田畑漁業稼方旬合御尋ニ付申上候書付」によると、漁師家数は三三七軒、男性漁師は約四〇〇人（「但五嶋天草へ稼ニ罷越候者

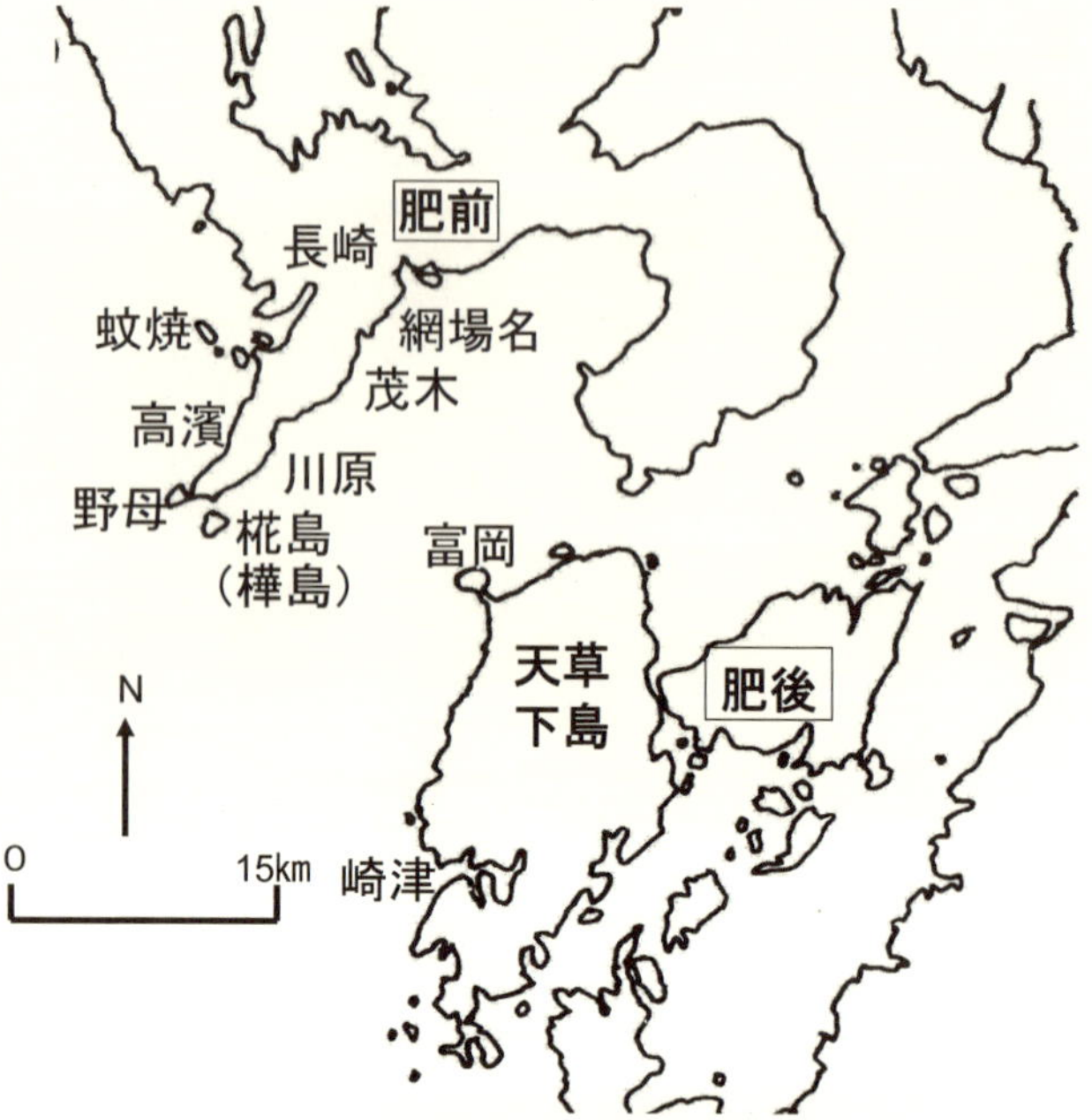

図5－2　肥前野母と肥後天草との位置関係

も御座候」の注記あり)、である。船は、漁作船六十六艘、村用船一艘、廻船七艘(「是者五嶋其外近国江渡海仕申候」)となっている。漁業は、鰡網(八月〜三月)六帖、大魚網九帖(二月〜四月。二帖は十月〜四月)、鰡網四帖(二月〜四月(春は不漁が多い)、八月〜十月)、鯽網三帖(五月〜八月)、鰹、氷魚《シイラ》釣船十六艘(五月〜九月)、鮔網六帖(四月〜六月)となっている。網船については、漁作船や鰹・シイラ釣船を用いていた。また、「漁事多少之訳」として、「是者正月より当時迄鰡鮔至而不漁にて御座候、尤其外漁之儀平年ニ弐歩通余之漁事ニ御座候」と記している。これをみると、鰡網など網が多数存在したこと、当時は不漁続きであったこと、野母から五嶋天草へ出漁する漁師も多く存在したことが窺われる。水田については、「去秋田方不作ニ付夫食為用意外作仕来候畑ニも麦作仕付候哉之儀承知奉畏候　此段去秋田方不作ニ付常体外もの仕付候畑ニも……」と記され、不作の様子が窺われる。

野母村の漁業関係の年貢には、野母浦に課されていた公儀運上銀があった。これは、一貫八〇匁を寛永年間より毎年納めていた。野母浦は、野母村の地先海面のみならず椛島村や高濱村などの地先海面の領有権を持ってい

表5-1　野母村とその周辺村の支配機構と漁業年貢

村名	浦	支配	漁方運上銀（開始年）	その他の漁業年貢（開始年）
野母	○	幕領	1貫80匁（寛永）	
椛島	×	幕領	野母浦漁方運上の半分を負担	野母浦漁方運上の半分を負担する手数料として銀10枚
高濱	×	幕領	×	鮪網、鰮網（正徳年間認可）。他の網は随時申請、認可。
川原	×	幕領	×	（不明）
蚊焼	×	佐賀藩	×	
（他所）				居浦運上銀

※「野母村役場史料」所収の近世漁業史料を用いて作成した。

た。正徳元（一七一一）年卯十二月（宝暦九（一七五九）年十月書写）の争論史料には、「野母村之漁師共此嶋々内外ニ而漁捕る仕候ニ付漁役銀年々上納仕儀御座候、殊先年上方より鰯網并小鯛釣船数艘罷下右嶋内外ニおゐて漁仕候節漁御運上銀取立差上申候御事……（中略）……古来之通高濱野母両村内ニ相極居申候」とある。

漁業年貢は、漁場争論を経て、正徳元年以降（「新規之企致間敷旨被仰渡ニ付而ハ左之様々漁業仕来之儀ニ付相経営候而茂不苦旨申之候ニ付取扱之趣左之通ニ御座候」）に、高濱村などの新規の村々に対して、漁種ごとの運上銀が課されるようになる。これは隣接の高濱村や椛島《かばしま》（樺島）村の漁業進出に伴う措置である。隣接する臨海村は、表5-1のようになる。

野母村に隣接する椛島村は、廻船や外来漁船の寄港地として知られていた（宮本　一九七〇、二六七—二七七）。ここには、外来者が逗留する「網宿」が多数おかれていた。旅漁船が野母村と漁業争論に及ぶと、椛島村が旅漁船の代理で野母村との争論に参加する場合も少なくなかった。外来漁船が多い時期（明和期）は、椛島村が野母村の納めている漁方運上銀の一部を、「壱ヶ年銀拾枚宛年々樽代銀」として差向けることを条件に負担したいことを求め、長崎代官も承知した。しかし、十九世紀になると不漁が続き他国漁船の来着が減ったため、運上銀を納められなくなり、その減免を求めた[1]。浦でなかった高濱村の寛政十一（一七九九）年の漁業は、表5-2のようになる。その寛政年間に野母浦と高濱村との間で網をめぐる争論が起こる。高濱村は正徳

表5－2　寛政11年の高濱村の漁業

網名	来歴
鮪網	宝永五子年より
地引	凡六七十年以前より
鰡網	凡五拾年程以前より
鰤網	去ル寅年春より
かし網	凡七八拾年以前より
鮔網	凡廿五年以前より
鰯網	凡四拾年以前より
きびな網	凡三十年以前より
鰒網	凡六七十年以前より

※「野母村役場史料」10－2（寛政11年7月21日高濱村）より作成した。

期の両村の調停で権利を得ていた鮪網と鰡網のみの操業を続けることとし、他の漁業は取り止めることになった。

新規の漁業を行った高濱村には、漁場利用に関して、「高濱村ハ是迄漁方御運上茂不差出候ニ付野母村前浦に入込漁猟仕候儀者相止メ居村前之浦ニ而地付根付次第漁猟相稼、野母村よりハ古来より漁方御運上茂相納来候得者是迄仕来之通勝手ニ高濱村海辺ニ茂入込ミ漁業仕、追々高濱村之儀茂相応ニ漁方御運上銀等相納候様相成候而も同村地先を境野母村内江者入込ミ申間敷申談仕候。」という規制があった。これを図示すると、図5－3のようになる。

つまり、野母浦は自村海面に加えて高濱村など周辺の「海付き地方」の村々の地先海面を占有していたが、高濱村が、漁方運上を納入する見返りに、高濱村の地先海面の占有を主張するようになった。野母村は、高濱村が自村前海でのみ漁業をすること、野母村の前海での漁業禁止を訴えた。これは、村の地先海面占有の成立を示している[2]。

(三)　八田網をめぐる争論

九州西海岸地方における八田網の初見史料は、管見の限り、明和五（一七六八）年に生じた八田網に使用する火の数をめぐる、五島、野母崎（一つ）と天草（二つ）の間での争論記事である。五島、野母崎は篝火を一つ、天草は篝火を二つ用いることを主張している。この争論は本書三章の肥後国天草郡富岡浦側から野母方面の沖への出漁記事の中で取り上げている。この争論は明和七年まで続き、さらに約六〇年後の天保五（一八三四）年にも争論が起こっていた。ここでは、『舊藩時代の漁業制度調査資料』（『舊藩』）から第三章でも取り上げた明和期の争論を検討する（史料5－1、5－2）。

当時の鰯網漁業は野母浦と椛島村の沖合二里より外側の海面で各地の鰯網により入会操業で行われ、そこで争論が起こった。先述の明治十六年『熊本県水産誌』の富岡町漁場に「西北ハ長崎県肥前国高来郡近海迄大凡五里余入会稼ヲナシ」とあり、天草郡富岡漁師は西北方向の対岸、肥前国高来郡方向を入会海域としていた。ここで展開した漁業が八田網であった。村方の椛島村は、漁民が少なく、商人が多く存在し、他国旅船の網宿、魚問屋がおかれ、廻船や旅漁者の寄留地であった。ちなみに、この海域に面する肥前茂木には、天草郡富岡町の出先の番所が置かれるなど（松田 一九四七）、富岡は、橘湾、天草灘をはさんだ対岸の肥前方面と漁撈活動の面からも

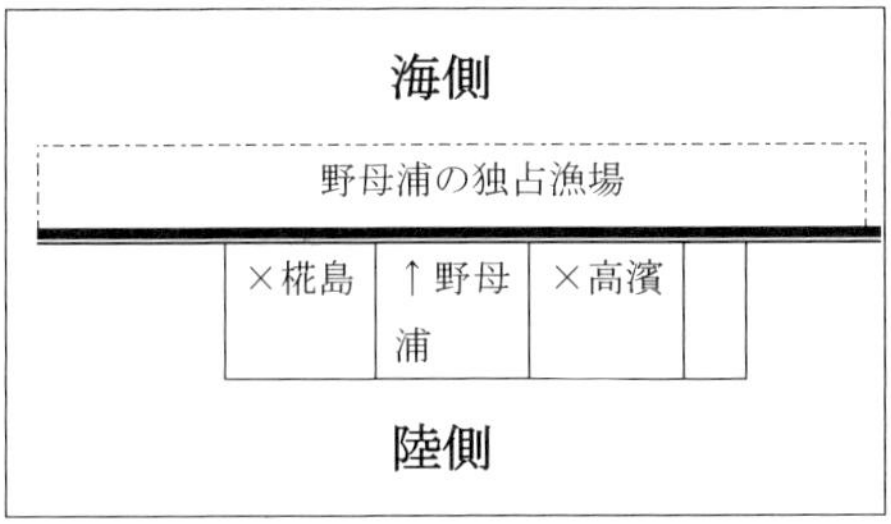

①17 世紀から 18 世紀までの野母浦と周辺臨海村の海面占有

↓　↓　↓（時系列的な変化）

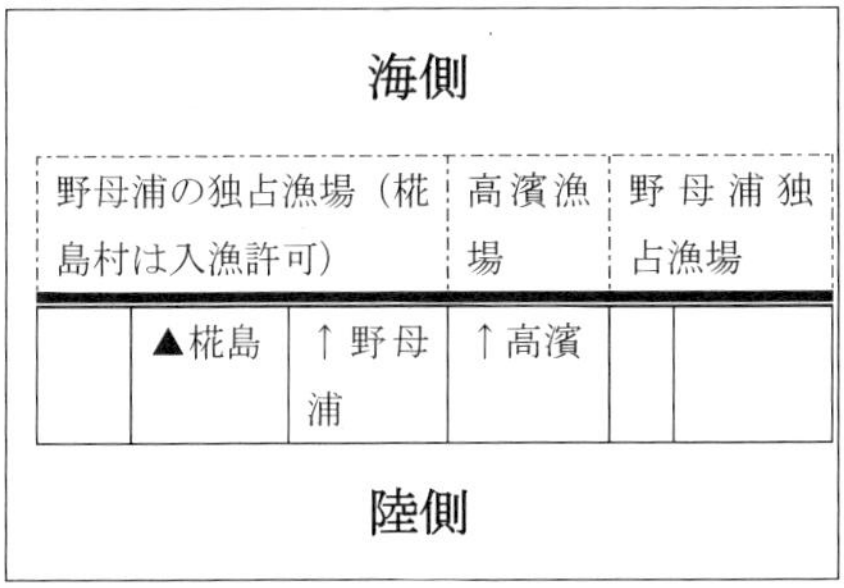

②19 世紀以降の野母浦と周辺臨海村の海面領有

図 5 - 3　17世紀から19世紀の野母浦と周辺臨海村の海面占有

（説明）×　海面領有、入漁権を持たない村。
▲　椛島村　野母浦漁場への入漁権を持つ。
↑　排他的な海面領有権を持つ村。
――――　村境線（陸側の境界線）
- - - - - - -　漁方運上を支払うことで海面領有権を得た村の海面の境界線。

関わりがあった。

争論は、明和五(一七六八)年～七(一七七〇)年頃において肥前野母崎沿岸に出漁していた天草漁民が、肥前の野母村と鰯網漁の篝火の数をめぐり、寄留先である肥前椛島村を代理にして起こった。八田網は、移動しながら行われる網漁業で、ここでは集魚用の篝火の数をめぐって争論が生じた。史料5-3や明和七(一七七〇)年四月の椛島村から代官高木への訴状によれば、二つの篝火で八田網を行っていた天草漁師を受け入れている椛島村は、野母の要求を容れて、篝火を一つに変更した。しかし、それにより、天草漁船などの他領出漁船の出漁が少なくなり、椛島村の問屋街へ影響が出たため、椛島村は三年間に限って篝火二個の使用を認めるよう願い出た。その対価に椛島村は、野母村の漁方運上銀の半分を負担することを求め、その仲介に当たった長崎郷宿の者に毎年樽代銀として銀一〇枚を払うと主張し、それが認められた。このように、椛島村には他領漁民、特に天草漁民の網宿がおかれ、村はその収益に依存していたことが窺われる。特に天草漁師と椛島村との密接な関わりが分かる。この天草漁師が、第三章で取り上げた富岡である。

天保五(一八三四)年になると椛島村が他領船の流入の減少で、漁業収益を得られなくなり、窮状に陥ったため、野母浦の運上銀負担免除を求めた嘆願書(史料5-4)が出された。

また、椛島村は不漁により、これまで滞納した銀の借財を棄捐することを求めた(史料5-5)。この点は、八田網が対象とするイワシなどの回游魚の豊漁・不漁の著しさによる漁獲の不安定さを窺わせる内容である。また、そのことは、運上銀を納めることで得ていた出漁権すらも維持できなくなることを示していて、八田網のような沖合漁業の操業を維持することの難しさがうかがわれる。

(四) 明治期から昭和期にかけての八田網漁の変化

八田網は、明治期から大正期になると、船の動力化が進み、縫切網、揚操網、片手巾着網へと名称を替えて展開するようになった。対象とした魚種はマイワシ、アジ、サバ、ムロアジなどであった。明治十四年の熊本県の根拠地は天草郡牛深町久玉村、御所浦村字嵐口、大江村、富津村崎津で、船は五〇艘から三〇艘存在した（『熊本県水産誌』）。

大正七年『熊本縣乃水産』によると、天草郡では明治二十四、五年に八田網が縫切網へ変化した。さらに富岡では明治三十五年中頃に揚繰網へ改良された。天草下島の魚貫崎を境にして北側は富岡町、高濱村、大江村の揚繰網、南側では牛深町の縫切網が行われていたという。

昭和二十年代になると、片手巾着網の区域（規則第九条）と漁業時期の制限が存在し、大羽いわしの操業期間は十一～十二月であった。網の操業区域は、海域の線と最大高潮時海岸線とによって囲まれた範囲に設定されていた（熊本県　一九五四）。

漁期と漁場との関係は次のようになる。

旧暦十一月～三月。大羽いわし（一八センチ以上）とあじ、さば。遠く沖合十～十五浬。水深一〇〇～一五〇メートル。椛島から甑島に至る海区（時には五島方面で豊漁の場合も）。

旧暦四月～五月。小羽《こば》いわし（一〇～一二センチ以下）。漁場は非常に陸に接近し天草の一～五浬沖合から不知火海に面する鹿児島県長島から御所浦方面に亘る。

旧暦六月～十月頃　中羽《ちゅうば》いわし（一五センチ前後）。漁場は時期とともに次第に沖合に移動し、八月～九月になると距岸十浬内外の海域となってくる。この頃になると、御所浦嵐口港の片手巾着網、または比較的大型の動力付双手巾着網は根拠地を天草郡牛深町、同郡大江村軍ヶ浦または富津村崎津港などに移して操業するようになる。漁獲物はまいわし、うるめいわし、かたくちいわし（タレ）、あじ、さば、むろあじであった。冬季は鮮魚として使い、脂肪の少ない時期は煮干等の製品として県外へ出していた。

これをみると、イワシの成長にあわせて漁場が沖合へ拡大していくことがわかる。近世期の富岡では春に沿岸での地曳網、秋に沖合の八田網が行われていたことを第三章で確認した。これは春の小羽イワシ、秋の大羽イワシの回游経路と密接に関わっていたといえよう。富岡漁場が広域に及ぶ理由はイワシの動きと関係する可能性がある。このように、近世期の十八世紀後半の八田網は漁を行う場所、空間が画定されない形で行われた。しかし、県の許可漁業となり、広域的な範囲が区画されるようになったことが分かる。この背景には、明治四十年代以降の漁船動力化などの要因があると推測できる。

本節をまとめると次のようになる。八田網は、回游魚の鰯の魚群を篝火で集めて巻き網で捕獲する漁業であった。八田網の漁場は、陸から離れた沖合の海域に位置していたが、漁場は固定されていなかった。魚群の動きを追って船が集魚の篝火を用いて、移動しながら巻き網で捕獲した。漁場も漁業も固定される性質のものではなかった。また、大正期以降になると巻き網の漁場の範囲が線で画定される。

つまり、八田網にみられる移動漁業は場所、空間が画定されない段階から、動力化が進んで、面的な漁場設定へと至った。八田網は、漁獲対象物である沖合を回游するイワシを追って、漁場が線的な性質の形態から、囲い込みが進み面へと再編された。

第三節　他領から天草郡沿岸部への手繰網入漁とその対応

手繰網は、現在の小型底曳網漁法に近い漁法とされ、底魚資源を根こそぎ獲ることを特徴としている（図5-4）。本節では天草郡の手繰網漁業についてまず上田家文書の文政期の争論史料を用いて、天草郡崎津浦が肥前国網場《あばみよう》名の漁民の手繰網入漁に伴って受けた影響とその対応について検討する。次に明治二十三年の『熊本県漁業誌』から手繰網漁業が及ぼす海洋資源への影響、例えば海洋資源の破壊、他の漁業への影響について把握していく。あわせて、自然と人との関わり方を考える上で有益な記述を抽出する。こうした事実関係を押さえながら、地元漁民と手繰網でやってくる他国漁民との関係性や、漁業や海面利用をめぐる秩序について、取り上げていく。

(一) 争論に見る近世期の手繰網漁業

手繰網漁法の争論は近世期に多く確認される。ここでは文政二(一八一九)年三月に、肥前国日見村網場名《あばみょう》(図5-2)の手繰網(小型底曳網)漁が天草下島の西海岸へ出漁し、天草高濱村地先で天草郡崎津浦と争論になった事例を検討する。この事例は明治期の『熊本県漁業誌』の記述とも重なる地域であるため、その近代と近世の比較が可能である。

取り上げる史料は、天草郡高濱村の庄屋を務めた『上田家文書』に入る文政二年「網場手操網一件 崎津村より差出候控写」「網場名手繰網一件 歎願書」(「上田家文書」[熊本県天草郡天草町] 5―5)(史料5-6)である。この史料には、文政二年の肥前長崎近郊の網場名の手繰網漁の集団が、天草高濱村地先で崎津浦と争論になり、手繰網が地先の網へ与える被害の様子や他領の手繰網への対応について記されている。

この文政二年「網場手操網一件 崎津村より差出候控写」「網場名手繰網一件 歎願書」(「上田家文書」5―5)は、崎津村漁師惣代 善太郎(他八名)から富岡御役所)は、天草側の崎津村漁師惣代から代官のいる富岡役所に出された書状である。手繰網が他の漁業に与える被害を詳細に記している。網場名は肥前の天領、天草郡は肥後国の天領であった。

以下、史料5-6にしたがって、争論の経過を紹介し、要点を示していく。網場名の手繰網がやって来たのは、文政二年が初めてで、数十艘の船団が、手繰網を引廻して、地先に存在する多くの漁具を破壊する行為に出ていた。そのため、崎津浦の漁師たちは当面の稼方に困ることになった。手繰網は、諸漁に害を与えるので、昔から当地では堅く禁止され、他所から来る場合は当浦に限らずどの浦々でも見つけ次第、差止められていた。これは、手繰網入漁による被害を示している。

図5－4　手繰網（合採網）の図（明治23年『熊本県漁業誌』より）

網場名からの船数は次第に増えて、五〇艘程となった。そこで、崎津浦は、小船三艘で漁業の差し止めに行った。しかし、網場名側は、海面は「公儀之海」であるので、勝手次第に稼いでいると主張し、その正当性を主張し続けた。

また、史料には、天草郡の漁場管理に関する記述もある。それは、①浦々が漁場を決めて、郡内の漁師仲間であっても浦の漁場境を守り他浦の漁場へ入ってはいけなかった、②一本釣手網、鰯漁八田網は例外的に入会漁業が許されていたが、それ以外の漁業は、どの国でも御運上高にしたがって浦々の網代場境が決まっていたので他国漁場へは入れなかった、である。

手繰網の漁場位置に関しては、崎津浦側が「岡近キ網代場」で争論が生じていることを主張したように、地先で行われていたことが窺われる。なお、出漁者の網場名は、沖での漁業であることを主張していた。

手繰網の他漁へ及ぼす影響をみていこう。まず、手繰網の影響で、その他の魚は恐れて網代場へ近寄ることができにくくなった。例えば、沖合漁業で鰹《カツオ》万引《シイラ》を釣るために、生き餌用の鯵鰯などの雑魚の小魚を地先で日々採取していた。しかし、一度、手繰網に入られると、雑魚の類は二〇日から三〇日の間、網代場を去ってしまうので、生き餌を得ることができず、沖合漁業も行うことができず、大損害を被るとの記述がある。

このように、害を与える手繰網操業ではあるが、天草側の漁村もその操業を求めていた。その理由としては、手繰網は資本がなくても容易に開始できる点が挙げられている。しかし、他の漁業への支障も出るので行われてこなかったとされる。

手繰網の他国出漁に関しては、次のような手続きが必要であった。つまり、天草郡から、肥前椛島、薩摩甑島周辺へ出漁する際には、先方の許可を得ていれば、海上の「網場」の上での漁稼等なので、何度も交渉を進めることで可能だったという。しかし、天草側は、肥前・網場名の漁業者が天草の許可を得るために話し合いをする努力も行っていないことを理由にあげて、今後、もし、事前に網場名の漁民が手繰網出漁の許可を求める相談に来ても、決して入漁の許可を出さないと主張している。

さらに、この上、無許可で入って来れば、天草郡の「舸子役之浦々」（＝水主浦）が申合わせて大勢で網船共を追い返す処置に出るとも記されている。この記述は、手繰網の被害に対して、崎津浦のみの対処に限界があるため、郡の浦方が一丸となって対応していたことを意味している。この他領の手繰網流入を契機に生じた争論は、崎津浦のみの問題ではなく、郡全体の「浦方連合」レベルの問題になっていた。つまり、魚類という動く回游性資源の維持をめぐる問題が、一浦の占有する海面レベルでは解決できないことを示している。

(二) 近世期の手繰網運上銀について

では、こうした手繰網は、近世期にどのようなプロセスで形成され、その権利のあり方はどうなっていたのか検討する。前節の八田網で取り上げた肥前野母村の史料5－7に、その記載がある。

これは、寛政十二（一八〇〇）年二月に野母村から長崎代官高木作右衛門に出された手繰網冥加銀の史料である。これによると、野母村の久平次外一二名に寛政六（一七九四）年が銀を代官所から拝借して手繰網を仕立てて、翌寛政七（一七九五）年から寛政十一（一七九九）年までの五年の年季で、一年に銀六〇匁を納めてきたが、この寛政十二年は年季明けなので、増銀して、今後は年に六四匁を納めるので継続させて欲しい、との願いが出されている。また、漁獲が見込みよりも少ないことを述べたうえで、一〇ヵ年季への変更を求めている。このように、手繰網運上は、村に課された漁方運上とは別のもので、村ではなく漁師集団に課されていたこと、代官所の前貸し銀で操業が可能になったこと、不漁が続いていること、年季が五年から一〇年に変化していることが分かる。

網場名の出漁先であった天草郡の村明細帳をみると、水主浦に指定されていた村に手繰網運上が課されていたことを確認できる。天草諸島の上島（有明海、不知火海に面している）にある栖本組内の大浦村（正徳期の新規水主浦）の元禄四（一六九一）年の明細帳に、手繰網の記載がある。この海域は、東シナ海（外海）に面した崎津浦とは漁場環境が異なる「内海」である（史料5－8）。

大浦村では、この元禄四（一六九一）年には、すでに湯船原浦から漁業権利と漁場が分割されていて、漁業運上銀を納めるシステムができていたのである。また、この時期の栖本組の各水主浦における漁業年貢の負担は、寛延三（一七五〇）年の明細帳（第三章の史料3－7）によると、大浦だけでなく各村に、村（水主浦）に課された漁方運上とは別に、手繰網運上が存在していた。このことは、十八世紀中葉段階で、既存の漁業とは異なる新規の漁業として手繰網が普及したことを示している。当時は、「不漁之節ハ御断申上御運上銀御減シ被下候ニ付年々不定と書上申候」とあるように不漁が続いていたため、漁業年貢の負担が困難を極めていたことが窺われる。そうした旧来からの漁方運上を補完するような収益を、手繰網があげていた可能性が高い。

この周辺の漁法は、湯船原浦や大嶋子浦の運上銀に鰯網を仕立てるとあるように、海面や浜の決まった場所に固定された「網代場」での地引網や定置網漁業を中心としていた。こうした種類の漁業の漁場利用の方法は、正徳三（一七一三）年に天草上島の赤崎村が隣接の上津浦村と網代場をめぐって争論になった際に、当時の天草支配の戸田家の家老衆が「網境の儀ハ村境切リ」と認定したように（中村　一九六四、七五）、村境の延長を海境とし、その範囲内で行う傾向があったとようである。手繰網は、こうした網代場の範囲を超えて展開していた可能性がある。つまり、浦全体の漁業に課された漁方運上は、地先の網代場に課された運上であるのに対し、手繰網はその範囲に収まらない漁業だったため、手繰網運上が別に設定されたと想定される。なお、当該海域は有明海や不知火海の内海に位置している。この手繰網は、現在でも帆掛け船の漁業で知られ、伝統漁撈として不知火海に残る「うたせ網」と同種の可能性が高い。

以上から、次の点を指摘できる。肥前の野母浦の手繰網の展開は、十九世紀になってからで、野母と同じ長崎代官の支配を受けていた肥前網場名（文政期に手繰網出漁で天草郡と争論を起こした）でも同時期に開始された可能性が高い。それに対し、有明海の「内海」漁業を行っていた天草の大浦では十七世紀末の元禄期に手繰網が行われていた。このことは、手繰網が近世初期の段階から「内海」漁業として行われていたこと、十八世紀後半ないし十九世紀前半に「外海」漁業として試験的に展開が始まっていたことを窺わせる内容である。文政年間に、天草の「外海」に面する崎津浦周辺で肥前網場名の手繰網と「外海」の漁業の間で激しい争論が生じたのは、天草の手繰網がこの段階で「外海」の漁業として定着していなかったことを示しているといえよう。

（三）　明治期の手繰網漁

明治二十三年『熊本県漁業誌』にある手繰網の記載（史料5－9）によると（熊本県　一九九〇、四五―四六）、手繰網には、「大手繰」「沖手繰」「藻手繰」「潟手繰」「小手繰」「蔓手繰」があって、周年操業が可能であった。一艘の漁船には四人から五人、多い船には十人以上が乗っている。潮時に合わせて「払暁」から薄暮まで、夕陽から翌朝まで行う。漁場は、遠方は四～五里で、近いところだと数十丁沖合である。網入れは、海底泥沙の場所を選んで行われた。潮流にしたがって網を沈めて船は錨を投下して引綱で漸々網を操り揚げ、魚類を海底網の通路に陥入させた。この網も「合採網」と同じように「卵鮇ヲ減殺シ稚魚ヲ濫獲」するので、他の漁事に対して妨害を与えると唱える者も多かったという。しかし、この漁は地先漁が多く、他地方から来る客漁は少なかった。

次に、明治期の手繰網漁業が与える水産資源への影響について、『熊本県漁業誌』から把握していく。手繰網が葛網（鯛網）の不漁の原因として取り上げられている部分を検討する。

史料5-10によると、手繰網は、タイの餌となる小エビやイイダコを根こそぎとるので、タイ網に影響を与えているとある。そして、こうしたことは、資源維持の習慣が厳しく守られていた旧藩時代にはなかったと記している。また、史料5-11、史料5-12にも関連記事がある。

史料5-13によると、五島列島の浜ノ浦では手繰網操業禁止区域（禁漁区域）の設定による漁場の囲い込みなどの処置が行われていたことが分かる。手繰網をめぐる資源利用には、十九世紀前半の肥前網場名の手繰網漁業に対する出漁先の天草漁民の拒否の姿勢と争論に始まり、明治期以降に、他の漁業に影響を与える漁業とみなされ、さらに禁漁区域が設定されていくというような変化の流れをとらえることができる(3)。

第四節　小結

本章では天草富岡浦から肥前野母（幕府領長崎代官支配地）へ出漁した八田網、天草近海で十九世紀前半に肥前日見村の網場名（明和五年より幕府領長崎代官支配地）から天草郡崎津浦沿岸へ出漁して争論を起こした手繰網（移動底引網）を取り上げた。

長崎の野母周辺で行われた篝火で集魚して巻網で捕獲する八田網は、十八世紀後半（明和）の火数の争論を経て、野母浦の占有する海面の運上銀を天草側が一部負担することで、野母浦が八田網を容認していたことを示している。

一方、明和五年より幕府領長崎代官支配地である肥前日見村の網場名の手繰網船団は、底棲の鯛や鰈《カレイ》、さらに鱶《フカ》を対象に、崎津浦付近の沖合から地先の海域で底魚資源まで根こそぎ漁獲したため、同じ魚種を狙う地先の建網漁などとの間で争論が生じ、天草側の漁業に深刻な影響を与えた。そのため、崎津浦のみならず天草郡の浦方（水主浦）全体が一つになって、手繰網の入漁を阻止する動きに出た。他領漁業者の入漁への対応策として、一浦でなく郡全体の浦方が対応している点は、動く漁業資源がターゲットになっている漁業の特徴を示している。動く漁業者を相手とする漁場争論に際しては、それを受ける側が一浦でなく広い範囲の「浦方連合体」で対処していたのである。漁業のテリトリーが広域の漁場に及ぶ点は、動く魚の性質を示し海のテリトリーの特質とみなせる。なお、天草郡崎津浦の漁業者は、明和期にムロアジ網漁で五島藩の福江島三井楽沖に出漁し、技術を伝える立場であった点は注目される（羽原文庫　西村家関係文書）。移動漁業は、漁業種類やそれを受け入れる社会の違いに応じてさまざまであって、今後検討する必要がある。

最後に動く漁業の海面利用と権利の特徴をまとめておこう。まず、争論を通じて、手繰網の禁漁区が設定され、漁場が画定されていった点に注目したい。これは、移動しながら行われる漁業の手繰網が、その動く範囲を囲い込まれることによって、漁場が面として画定されていくことを示している。それに対し、八田網は、漁撈で使う火の数で調整したため、漁場が面として画定される動きがみえてこない。

また、手繰網や八田網は、回游魚を追って沖だけでなく、地先漁場にも侵入していた。つまり、漁業、漁法を指標にすると、地先と沖の明確な境界は定まりにくい。これまでの近世漁場研究における基礎概念となっていた「地先―沖」の枠組については、漁業、とりわけ漁法からみると再検討の余地があるといえよう。

つまり「地先―沖」という枠組でなく、漁撈行為そのものを指標に、自然と人間との関わりの枠組を考えると、「ヤマ―オカ―イソ」「地先―沖」の枠組は、陸の村落領域、土地所有の延長、つまり「陸の視点」から形成され

の陸、は場の動活撈漁や法漁なうよるあに業漁るれわ行らがなし動移るゆわいの章本。るなにとこういと論議た
延長線の範囲を越えて行われる、「海の視点」からの漁業のテリトリーなのである。

※本章で取り上げた史料は第五章注4として文末注に列挙してある。(4)

第Ⅲ部　薩摩藩における漁業政策と漁場利用

南九州（薩摩藩領）の地域概観と史料

第Ⅲ部では、西国の大藩薩摩藩の漁業政策と漁場利用について検討する。

薩摩藩の漁業史研究は、漁村である浦が藩の勝手方家老の支配下にある船手（御船奉行）の管轄に属していたこともあって（鹿児島県編　一九四〇）、浦どうしの漁場争論（羽原　一九五二）、浦方集落や水主負担の基礎的分析（山本　一九五三）（原口　一九六八）（黒田　一九七二）、天保期の鰹漁業の展開（伊豆川　一九五八）等の視点から究明されてきた。しかし、南九州にある薩摩藩領の地理的位置と海洋との密接な関わりに比して、研究は極めて少ない。しかし、近年、尾口の研究によって、幕末期の薩摩藩三州域（薩摩、大隅、日向）では浦浜百姓身分の人口が全人口の一割近くにのぼり、薩摩藩が藩内に相当数の浦浜百姓の人口を抱える封建社会であったことが解明された（尾口　二〇〇〇）。また橋村が一藩領国の沿海全ての漁場を記した絵図、祭魚洞文庫「旧薩藩沿海漁場図」の原本を、島津斉彬時代の御手網方の手で作成されたことを証明した（橋村　二〇〇〇ａ）。このように着実に、薩摩藩における漁業の再評価を行う材料が揃いつつある。

薩摩藩は、全国の諸藩の傾向とは異なり、浦（漁村）支配のために独自の機構として船手（御船奉行）を設け、漁村支配に力を入れていたことが窺われる。地方は郷単位で区分・支配し、その郷の内部集落は地頭所を置いた麓を中心に、それぞれが農村の在や野町、浦町、浦として位置付けられていた（原口　一九六八）。このうち村は郡方の、浦は船手の支配下にあった。

こうした制度の枠を超えて諸政策が進められたのが十九世紀前半の調所広郷による藩政改革で、多額の藩借財返済のために行われた。この時期（天保期）に推進された鰹漁業は、これまで必ずしも漁業に専念していたとはいえなかった、浦の人びとを釣子に動員して行われた。[1]またその際、「骨粕支配方の類御手網方御計らいに相成候」（天保二（一八三一）年十二月）と、御手網方が鮪鰹骨粕一手商売支配を行った。[2]さらに、天保十五（一八四四）年には藩主直営の漁場が内之浦漁民一統の共同経営に解放された（川上　一九六八）。こうした調所広郷の藩政改革は、幕末期の藩主島津斉彬による蒸気船の導入や反射炉の製造、藩の水軍創設などの諸政策を遂行する財源となったが、その斉彬時代にも経済振興策の一環として、鰯漁・鰹漁・捕鯨などの漁業の開発と、魚油の精製による燃料の確保、昆布・白魚・真珠貝の養殖などの漁業振興が進められてきた（鹿児島県編　一九四一）（池田　一九五四）（鮫島　一九八五）。

薩摩藩の近世漁業史料が非常に少ないため、当該地域の近世漁業史研究は従来から停滞してきた。そこで第III部では、「旧薩藩沿海漁場図」をもとに、当該時期の藩政史料や一部の浦方史料を検討することで、幕末期の薩摩藩漁業史を究明する。なお、漁業絵図や海境争論絵図など、いわゆる海絵図、海岸絵図を直接対象とする研究はこれまで等閑視される傾向が強く、本書では意識的に海岸絵図を史料として利用している。

第六章　薩摩藩における漁業政策

第一節　はじめに

前章までの肥後国天草郡で頻出した浦方（漁村）の占有する海面に引き続いて、この第Ⅲ部では、薩摩藩における郡と村の中間の地域支配単位であるところの郷の占有する海面と漁業用益の場との関わりについて検討する。郡と村との中間に位置する地域単位としては、天領に多い大庄屋組、組合村、加賀藩の十村、熊本藩の手永、薩摩藩、佐賀藩の郷などが知られている。天草郡には、大庄屋組の下に村が存在していた。本章では、薩摩藩の郷を取り上げる。対象地域と史料概観で記した諸問題は、薩摩藩の漁業の再評価を行う材料となっている。課題としては、漁業史の詳細な分析、藩の漁業振興策を行った機関と従来の漁政機関との違いなどがあげられる。しかし、当該地域の漁村には関係史料がほとんど残っておらず、藩政史料にも漁業関係の記述は少ない。そこで、第Ⅲ部では、絵図史料と文献史料を組み合わせながら検討を進める。

本章で取り上げるのは、幕末期における薩摩藩の漁業政策である。近年、幕府や各藩、明治新政府の漁業政策を論じた成果が出されている（表6－1）。高橋美貴は元禄期における盛岡藩漁政の変化と漁業構造の関係を究明した（高橋　一九九二）。宮津藩の漁業政策を考察した東幸代は藩が十九世紀初頭の若狭湾内における鰮の豊漁という事態を受けて生鰯・干鰯の生産・販売統制を藩の政策として打ち出す過程を示した（東　二〇〇二）。各藩の漁業政策に関する研究は今後も蓄積される必要がある。この節では幕末期薩摩藩の藩政改革で設けられた「御手網方」漁業と既存の漁業との関わりについて究明する。

薩摩藩の漁業史研究は、南九州の地理的位置と海洋との密接な関わりに比して極めて少なく、浦方集落（原口　一九六八）や水主負担の基礎的分析（黒田　一九七一）などにとどまっていた。しかし、近年、近世中期から幕末までの薩摩藩三州（薩摩、大隅、日向）において、漁村（浦浜）における百姓身分人口が全人口の一割近くにのぼり、薩摩藩が相当数の浦浜人口を抱える封建社会であったことが指摘されている（尾口　二〇〇〇）。こうした背景を視野に入れながら島津斉彬治世期の漁業政策について検討していきたい。第二十八代薩摩藩主島津斉彬（文化六（一八〇九）―安政五（一八五八）。藩主在任：嘉永四（一八五一）年一月―安政五（一八五八）年七月）は幕末期に蒸気船の導入や反射炉の製造、藩の水軍の創設など開明的な諸政策を行ったことで知られるが、その施策の前提となる薩摩藩領国内での経済振興策も天保期の調所広郷による藩政改革以来の流れから強く推し進められていた（芳　一九八〇）。既往の研究では、その振興策の一つとして漁業が触れられる程度で、その具体的内容については未解明のままとなっているが、島津重豪、斉宣、斉興の三代の薩摩藩主の時代から漁業振興も進められていた。一例として、享保の唐物崩れ以降にカツオ漁業が発展し始めた時期は、重豪治

表6－1　各藩における漁政機関

藩	支配機構	藩	支配機構
南部	AF 藩勘定所	土佐	F 浦奉行 A 郡奉行
仙台	AF 郡奉行	長州	F 当職所（漁政機関） AF 代官所
加賀	A　郡奉行 F　浦役所	福江	F 約10の代官所 F（鮪奉行）
紀州	AF 郡奉行配下代官 F　船奉行(船支配)	薩摩	F 船手役所
高松	AF 郡奉行 F 船手役所船手奉行	平戸	F 浦奉行
阿波	AF 郡奉行		

※1　幕藩当局の設定した浦方漁村の支配機構は、地方農村の場合と大きな変化はない。浦方漁村支配のための全く独自の機構を設けていたのは、土佐、平戸、薩摩。多くの藩では、その機構を特設することなく、代官所や郡奉行に任せ、地方農村とともに一括支配していた。一般に、幕藩漁政は農漁政未分離のままであった。

※2　表中の記号、Aは地方村支配、Fは浦方漁村支配を行ったことを示す。

※3　表中の下線部は、浦方支配機構や浦方漁村独自の役職名を示す。

※4　上記の表6－1は、荒居英次『近世の漁村』（1970）を参考に作成。

世下と重なってくる。このような治世の流れの中で、斉彬の政策が行われたことになる。

薩摩藩の漁場利用の特徴は、祭魚洞文庫「旧薩藩沿海漁場図」を主として用いて第七章で検討する。これまで史料批判や分析の行われていないこの絵図は薩摩藩領国の沿海部を全て網羅している。本章では薩摩藩の漁村と漁業政策を把握しながら、この絵図の史料批判も行う。

史料として用いるのは、「斉彬公史料」(鹿児島県維新史料編さん所編　一九八〇、一九八三)、「山田爲正日記類」の「島津斉彬下潟巡見御供日記」「島津斉彬向潟巡見御供日記」(黎明館編　一九八四)、「竪山利武公用控」(黎明館編　一九八四)等である。

第二節　幕末期における島津斉彬の漁業政策

(一)　御手網方・鰯網方

藩内の漁場争論の調停は藩の船手(御船奉行)が行っていた。明治二十八年『旧藩時漁業裁許例』には、貞享期、文政期、嘉永期の川内川河口と長島郷出水郷の漁場争論史料が掲載され、それによると御船手が裁許していたことがわかる(農商務省　一八九五)。

それでは幕末期における漁業政策史料にみられる斉彬の漁業政策をみていこう。史料6-1は、『斉彬公史料』所収の山田壮右衛門による回顧談で、島津斉彬時代の漁業政策を示している。


(史料6-1)

鰯網並魚油製造開カレシ事実

薩隅日ハ日本第一ノ海国ナルニ、他国ニ比スレハ漁業ノ法甚ダ拙ク、適々網漁スト雖トモ、旧法ニ固泥シ、網漁ノ発明改良ニ注目セス、中ニモ鰯漁又ハ魚油ノ製造開ケス、肥培用ノ干糟モ他国輸入ヲ仰ケルカ故、鰯網等房総九十九里浜漁法ノ製網、或ハ佐藤信淵カ説ニ基カレ、沿海ノ各郷毎ニ会所ヲ設ケラレ勧奨セラレタリ、其費用及ヒ掛リノ役員等御手許ノ計ヒニテ御誡アリシニ、遂年国益モ稍顕レタルニ、御逝去後廃停セリ、元来経済ノ大旨ヲ得ラレ、熊澤蕃山又ハ佐藤信淵等ノ説御意ニ叶ヒ、其論旨ニ則ラレ、施行セラレシコト多カリシト云フ　山田壮右衛門譚

（「斉彬公史料　安政五年」［鹿児島県維新史料編さん所編　一九八二、一三七］）

これによると、斉彬は、薩摩藩の漁業の後進性を感じて、網漁の改良、鰯漁や魚油の開発、佐藤信淵の説に従って沿海の各郷に会所を設けるなどの政策を「其費用及ヒ掛リノ役員等御手許ノ計ヒニテ」とあるように腹心の家臣を使って行わせていた。しかし、その成果が出始めた頃に斉彬が急死し、それに伴い、政策も停止されたとある。また後述する史料で示すように嘉永期から安政期にかけての薩摩藩の漁業政策は、安政期には御手網方や新設された鰯網方などにより鰯網や肥料生産、鰹漁業の振興が行われていた（「竪山利武公用控　安政元年―安政四年」［黎明館　一九八四、二五二―八二七］）。史料6-1に記されたように、斉彬の直接の命を受けた家臣等により御手網方や鰯網方などが運営されていたのである。これらは、島津斉彬の漁業振興を目指した政策を示している。

御手網方、鰯網方について検討する。用いる史料は、安政期の「竪山利武公用控」である[1]。この史料は、斉彬側役で江戸留守居役の竪山利武が記録した安政元年（一八五四）四月から同四（一八五七）年三月に至る公用日記控である（以下の史料に括弧で示した年月は、「公用控」の年月である）。

まず、鰯網方・御手網方の存在を確認していきたい。

（史料6-2）

（安政二年三月）

一名越彦太夫より、鰯網掛河俣新助江被仰付候旨申越置候処、申渡相済候返答壱通

（黎明館編　一九八四、三八五）

鰯網掛の記述があり、鰯網方の存在を示している。

（史料6－3）

（安政三年正月廿五日）

一　　名越彦太夫

右は御手網方御趣法計ニては御金等埒明兼候付、右へ掛り被仰付候旨承知仕候

（黎明館編　一九八四、五八三）

ここでは、御手網方の御趣法、つまり御手網方の会計係の役に名越彦太夫が就いていたことがわかる。

（史料6－4）

（安政三年正月廿七日）

一名越彦太夫へ鰯網掛被仰付候間、福崎助八申談御用取扱候様ニとの書面入御覧候

（黎明館編　一九八四、五八五）

二十五日の内容をふまえて、名越彦太夫が鰯網掛に任命された。

（史料6－5）

（安政三年三月二十七日）

一　　名越彦太夫

鰯網方掛被仰付置候間、何篇福崎助八申談、御趣意行立候様先便申越候処、御請申来候、先便より名越彦太夫江　御書被下相廻し候候処、難有頂戴仕候、御請申越候、御手船弐拾間（以下略）

（黎明館編　一九八四、五八五）

名越彦太夫が鰯網方掛を引き受けたことを記している。

（史料6－6）

（安政三年八月廿八日）
一御手網方御徒目付、定式より繰廻し候ては手広相成申候付、此度一向被掛之御徒目付此（ママ）新納次郎四郎、上井五郎左衛門・川上萬之助被仰付度、於名越彦太夫抔致吟味差越候間、被仰付何様御座候哉奉伺候処、伺通被仰付との御事ニ付、伊東正兵衛江事書之　仰出為認御家老座書役江為渡候

（黎明館編　一九八四、七五五）

この史料は、御手網方御徒目付の人事に関する記述である。

（史料6－7）
（安政三年八月廿八日）
一今朝不罷出内玄甫御取次を以、此度飛脚便より相届候御家老衆方問合、并御趣法御用人より之問合等差上置候処、都て御下ヶ被下、尤右内々御書取も被入置候間、拝見いたし候様　御沙汰被為　在候由承知仕候、又無程愛之助御取次を以甑島御手網一条ニ付、丹生彌兵衛、久保八郎より早川務迄申出候吟味書壱通御下ヶ被下、得と見候様との御沙汰被為在候由承知仕候、就ては其後御目見仕候節、右書面は持罷出候て至極尤成吟味御座候間、申出候通何様可被為在哉と申上候処、申出候通被仰付候旨、武兵衛より右書面相添申越候様ニとの　御沙汰ニ付、左候ハヽ、右之趣彦太夫江問合候様伊東正兵衛へ相達、御徒目付より差出候吟味相渡候

（黎明館編　一九八四、七五五－七五六）

この史料に登場する丹生彌兵衛・久保八郎は、後述する史料6－16に出てくる。すなわち、「旧薩藩沿海漁場図」作成に関係したとされている「当時御手網方主任者」の「徒歩目付之内　丹生弥兵衛（郡長丹生孝正之実父）、上井甚五衛門（死亡）、久保八郎（松方伯ノ実兄現存）」のうち、丹生と久保に該当する。彼らは御手網に関係していたといえよう。また、甑島に御手網があったことが分かる。甑島については次のような史料がある。

（史料6－8）
（安政元年七月二十日）
一甑島之義、天草肥前并肥後之者共より金子借入候ニ付、年々取得候魚も返金之方へ差出候ニ付ては、年々借金致増長、往々浦立候期無之候ニ付、御発駕前三原藤五郎江糺方被仰付置候処、右委細ニ帳面取立差上候処、是迄御失念被遊候処、藤五郎より催促申上候由、御沙汰ニて弐千両程も取替被仰付候ハヽ、追々浦立可申哉、表江も吟味為致候様　御沙汰ニ付、右之趣を以豊後殿江申出、右書付御渡申置候事

（黎明館編　一九八四、二八九）

（安政元年七月二十九日）
一甑嶋浦々、肥前并天草其外より金子借入候ニ付、漁方之利潤は都て右之方被取、当分通ニては往々禿候外無之候処より、手を付候様三原藤五郎江被仰付候付、同人より委細之調へ書差上置候ニ付、猶又表江見せ致吟味候様ニとの（以下略）

（黎明館編　一九八四、二九九）

甑島では、天草、肥前、肥後の者等からの借金が年々増え、漁業利益があっても返金に追われ、漁業が立ち行かなくなっているという。甑島の御手網は、こうした背景があって設けられたものと想定される。

（史料6－9）
（安政三年十月二日）
一当年は干粕別て沢山出来ニ付、掛り御徒目付江骨折被成下度趣、早川務より山田壮右衛門迄申越候由、就ては務申談見合を以骨折為載候様、名越彦太夫江可申越旨被仰付候付、今日便より間合いたし候、仁左衛門首尾也、

（黎明館編　一九八四、七七八）

当年の干粕（干鰯）の大量生産に伴い、その業務を御徒目付に行わせるため、早川から山田までにそれを伝えるとともに、名越へもその旨を伝えるよう命じている。

（史料6－10）

（安政三年十月廿三日）

一名越彦太夫より申越候御手網方致出精候ニ付、品能被仰付被下度早川務より申出候由ニて、河俣新六・久保八郎此両人名前之問合之義ニ付ては、余り年数も無之、又御手網方迚も近比之義御座候ニ付、何分品能被仰付候義は宜有御座間敷奉存候間、此節骨折被下方之義を被仰付候事故、夫にて宜は有御座間敷哉と申上候処、其通ニて宜との　御沙汰被為在候、

（黎明館編　一九八四、七八九）

この史料にも御手網方の記述が散見される。その関係者として久保八郎が出てくる。次に、御手網方の財源について記した史料をみていきたい。

（史料6－11）

（安政二年十一月晦日）

一御手許計御手網方之義、金子之申出も候ハヽ、沖永良部嶋御積金之内より相下ヶ候様、三原へ可申越旨被仰付候間、去ル朔日式日便より申越候事、

（黎明館編　一九八四、五二八）

御手網方の財源として、沖永良部島での利潤があてられていることが窺われる。芳即正によると、沖永良部島では嘉永六（一八五三）年から他の大島三島と同じように砂糖買入制が実施され、安政三（一八五六）年一月の名越彦太夫あての斉彬書簡によると、沖永良部島総買入後の一昨年分の利益金は七千両で、昨年もおよそ六、七千両の利益になったという（芳　一九九三、九五―九六）。

（史料6－12）

（安政三年二月十日）

一御手網方御払用之金は沖之永良部嶋御積金も可有之候間、右之内より相下候様先便より申越置候処委細致承知、就ては三嶋方掛へ時々相下候様申渡置候旨返答壱通

（黎明館編　一九八四、五九三）

安政二年十一月の史料に引き続き、「御手網方御払用之金」は、「沖永良部嶋御積金」も用いるようにという内容で、その旨を三嶋方掛へ命令していた。なお「旧薩藩沿海漁場図」でも、御手網の記述が、頴娃、吹上浜で確認できる。

（史料6－13）

（安政元年五月二十一日）

一魚油三千盃

右爰元御買入ニて、久吉丸帰帆便より積入可差下旨、三原藤五郎江申遣置候処、承知いたし候旨返答、右同日相届候、

（黎明館編　一九八四、二七二）

（安政元年七月十六日）

一魚油弐拾樽差下し候義相違候ニ付、御国元へ可申越との返答参候、

（黎明館編　一九八四、二八七）

魚油について、この史料に、記述がみられる。三原は、薩摩藩の勝手向きに関する出納をつかさどっていた趣法方の主任を調所広郷時代につとめ、財政に非常に明るく（芳　一九八七、一五二）、調所の失脚後も財政を担当していた。

（二）　幕末期の御船奉行

薩摩藩の浦（漁村）は、御船奉行（御船手）の支配下にあるとされてきた。幕末期の御船奉行の記録は、次のように僅かではあるが散見される。

（史料６－14）

（安政二年十二月六日）

一加世田辺ニて鯨取候儀余り不致候との事ニ付、早川務より承候由之処、運上有之事之由、夫故取方不致事之哉ニ付、十ヶ年程運上御免被仰付、勝手取方被仰付候、浦々延立可宜候間、不被差支廉も無之候ハヽ、右之通運上御免被仰付、取方勝手被仰付候様申越候様ニとの御沙汰奉伺候、

（黎明館編　一九八四、五三一）

（安政三年二月廿八日）

一諸浦鯨取運上銀差支有無御船奉行江調置候付、追て可申上旨福崎より返答申越候事

（黎明館編　一九八四、六一六）

（安政三年三月二十七日）

一先便より諸浦鯨取得方ニ付上納銀有之候ニ付、不差支候ハヽ、拾ヶ年程為御試上納方被成御免候様申越置候、何も差支之廉も（本ノマヽ）、尤是迄は三部一丈代金上納被仰付来候由候得共、為差極御規定も無之候ニ付、直ニ御免候方申渡相済候との義、福崎より返答申越候、

（黎明館編　一九八四、六四一）

これらは、薩摩藩の漁業や浦支配を行っていた機関とされてきた御船奉行と、浦の年貢に関する記事である。鯨漁業は運上納入の義務があるため、各浦でもとらない状況になったので、勝手取りを許可して運上銀を免除す

る方向になったことが記されている。「諸浦鯨取運上銀」の上納がなくても差し支えがないかどうか、御船奉行に尋ねている。そして、奉行所の方では、問題はなく、十年間の運上銀免除を許可したとある。漁業年貢である運上銀が、浦方漁民の鯨取りを停滞させる要因になっていることが示されている。これは、浦が鯨漁業のように費用が莫大にかかる漁業を行い、運上銀までとられると赤字になるということ、さらに漁業以外の廻船交易への比重が多くなっていたこと、海防関連事業の増加など、浦をとりまく当時の情勢の変化が背景にあるようである。(2)

以上の史料群をみると、安政期には、御手網方や新設された鰯網方などにより鰯網や肥料生産、鰹漁業の振興が行われ、斉彬の命を受けて御手網方や鰯網方などが運営されていた。藩全体のなかでの漁業の比重は不明であるが、漁業振興を目指していた島津斉彬の政策は確認できたといえよう。

最後に、島津斉彬時代の漁業振興策の特徴をまとめる。薩摩藩では、元来、御船奉行（御船手）が既存のシステムを維持し、漁業年貢を各浦から徴収しながら、漁民を支配していた。しかし、斉彬時代に多くみられるようになった御手網方、鰯網掛は、九十九里の干鰯生産などの先進地域の漁業を目標に、干粕（干鰯）や新規の網の開発、実験を進めた。また、御手網は、甑島で示したように、疲弊対策の意味合いもあった。これらは、島津重豪時代から薩摩藩との関わりのあった佐藤信淵等の影響を受け、当時成功をおさめていた漁業を模倣し、取り入れたものといえよう。次節で述べるように「旧薩藩沿海漁場図」の原本の作成などもこの動きから進められていた。こうした漁業の実態を把握しようとした動きであることが、藩主の領内巡見にも確認される。こうした漁業振興策の経過は、僅か七年間ではあったが、嘉永期の準備段階から、安政期の形成、展開期、そして、斉彬の急逝に伴う事業の頓挫として見出せる。

すなわち、島津斉彬時代には、旧来の漁業政策とは異なる形で、当該時期の漁業に即した開発、実験が進められたといえよう。これは、漁撈活動を行う漁民の立場を重視した施策ととらえられるが、これらは、斉彬の死去に伴い停止されたように、結果としては失敗に終わっている。この理由としては、斉彬の漁業への関心に支えられた漁業先進地域を目標にした模倣で、極めて実験的な漁業振興策にとどまり、沖永良部島からの収益を利用したように経済的な支出を必要としたことが想定される。斉彬の事業は、周到な計画性の下で進められた工業関係に比べ、生物関係は生物の種類じたいの性質を詳しく研究しないまま手当たり次第に導入、栽培、飼育されたとされる（筑波 一九八九、一五八―一六〇）。しかし、本稿で扱った漁業振興が頓挫したのは、島津斉彬の諸政策が、僅か七年間と限られていたこととも関わると思われる。このように、漁業振興策の背景には、従来からの御船奉行（船手）の漁政と幕末期の鰹漁や干粕生産などの新規事業との葛藤、近代化を進めるために増大する経済的支出、これまでの幕末薩摩藩の海軍や造船事業の研究に象徴される海洋への関心などが見え隠れする。

第三節 「旧薩藩沿海漁場図」の作成と島津斉彬の藩内巡検

（一）「旧薩藩沿海漁場図」とは

国立史料館祭魚洞文庫旧蔵水産史料には、明治十九（一八八六）年の写しとされる薩摩藩領国の全沿岸域（離島を除く）を網羅した沿岸絵図（全八四枚、一枚はほぼ縦 27.5 cm×横 39 cm）が所蔵されている[3]。日本列島の沿岸部が描写されている近世絵図は、海防図、航路図、国絵図（縁絵図を含む）、浦絵図、漁場相論図などが存在するが、重要であるにもかかわらず、いまだ個々の絵図に対する史料批判を試みた例は少なく、体系化に至っているとはいえない。管見の限り、一つの藩単位でその領国の全岸域漁場情報を記した近世期の絵図は土佐藩と薩摩藩の事例を除いて確認されていない。本章で取り上げる薩摩藩の沿岸が描かれた絵図（以下では文庫目録にある「旧薩藩沿海漁場図」の名称を用いていく）は、近世期の薩摩藩に特有な郡と村の中間の歴史的領域である郷（山澄 一九八二）を単位として描かれ、豊かな記載内容を持つ。しかし、写しという性格と作成年代、作成主体が不明なため、『笠沙町郷土誌』に掲載された加世田郷の「旧薩藩沿海漁場図」（図6-1）以外は、これまで取り

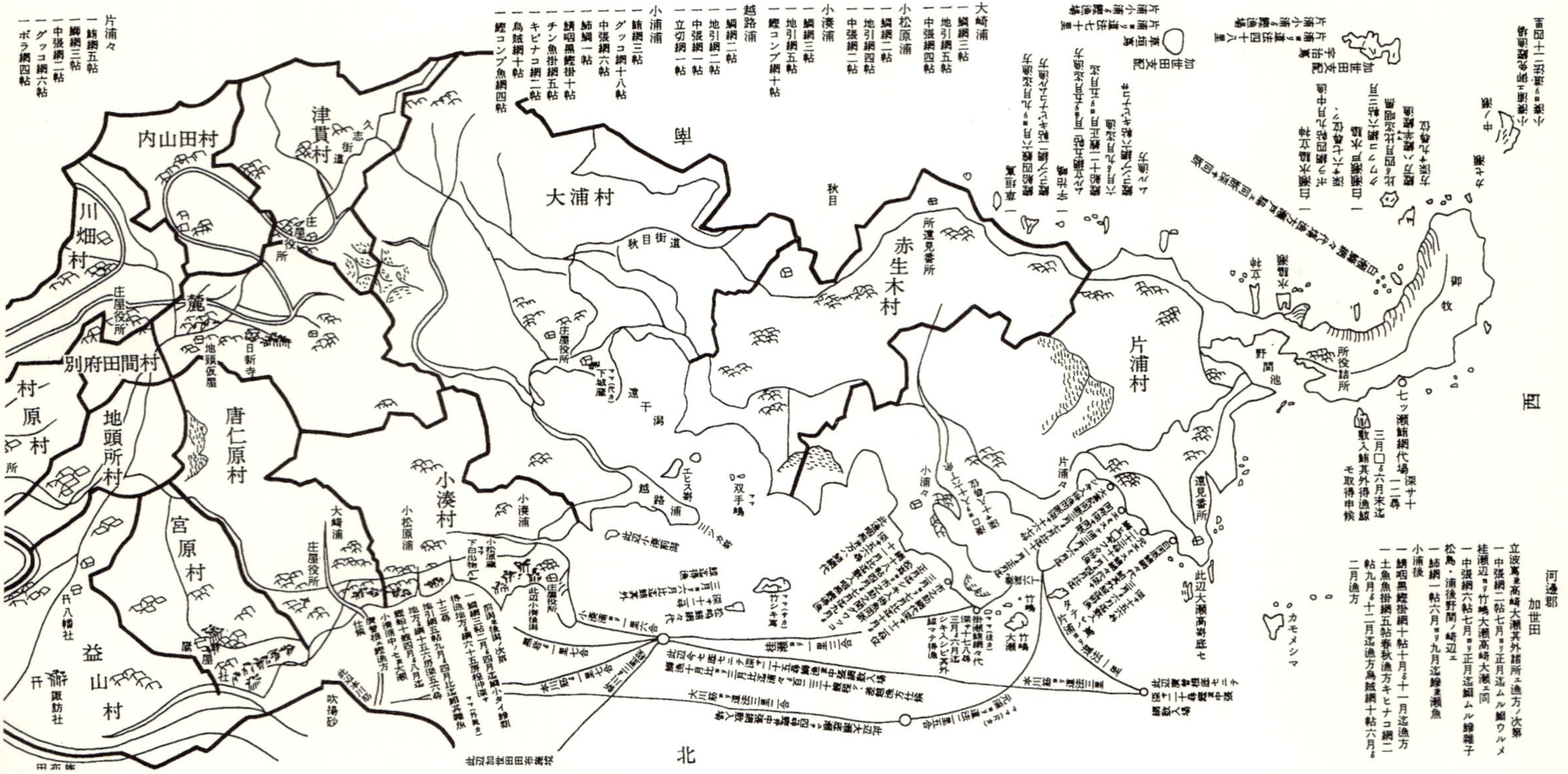

図6-1　祭魚洞文庫「旧薩藩沿海漁場図」加世田郷（部分）（全体は27.5×80センチ）
（『笠沙町郷土誌』前床重治氏トレース図）

上げられてこなかった。そこで本節では「旧薩藩沿海漁場図」の作成背景、作成年代、作成主体について検討していく。

「旧薩藩沿海漁場図」には、写しの際に記された二通の文書が次のように添付されている。

（史料6－15）

此旧薩藩沿海漁場図者嘗本縣出身山形縣令折田平内帰縣之際得於骨董舗者、明治十九年春三等官丹生希正随行於長官渡邊千秋上京中、所謄寫者也

明治十九年六月十九日記之　印

鹿児島縣

農商務課

（史料6－16）

此図之原本ハ栃木縣知事折田平内氏ノ所蔵ニ係ル。同氏曾テ鹿児島市中ニテ購求セシト云。此図ノ出所等ヲ明ニセザレドモ舊藩之調査ニ係リシモノナルヤ疑ヒナシ。蓋シ順聖公時代漁撈拡張之挙アリ御手網方鰯網方等ノ主管ヲ設ケラレシ時ノ編集ニ為ルナキカ、然ルニハ嘉永ノ末安政ノ初ナラン、当時御手網方主任者ハ左ノ人ノ由

徒歩目付之内

丹生弥兵衛　郡長丹生希正之実父

上井甚五衛門　死亡

久保八郎　松方伯ノ実兄現存

明治二十四年一月

吉田参事官記　印

史料6－15によると、折田平内が鹿児島の骨董舗で得た「旧薩藩沿海漁場図」の原本を、明治十九年春に丹生希正が写したものとされている。なお、絵図の原本の存在は、現在確認されていない。史料6－16によると、この図の原本は、順聖公時代、つまり島津斉彬治世時代（藩主在任は嘉永四（一八五一）年一月―安政五（一八五八）年七月）の漁撈拡張政策に際して嘉永の末から安政の初めにかけて設けられた御手網方、鰯網方が作成に関与したのではないかと考証している。

史料6－15にある「旧薩藩沿海漁場図」の名称は、『史料館所蔵史料目録第八集　祭魚洞文庫旧蔵水産史料目録』で踏襲され、本図の名称として用いられている。しかし、添付文書で考証されたこの絵図の作成目的、作成年代などは未確定のままであり、この点を解明して史料としての位置づけを明確にすることが、今後この絵図の研究利用上不可欠であろう。そこで、この薩摩藩の沿岸絵図に「旧薩藩沿海漁場図」の名称が与えられていることの妥当性を絵図記載内容の分析から検証し、その絵図の原本の作成背景、作成主体、作成年代を明らかにすることが、本章と第七章での研究課題となる。その際、絵図の特徴を明確にするために、幕末期に作成された「沿岸浅深絵図」(4)と薩摩藩「郷絵図」(5)も取り上げていく。

（二）　島津斉彬の藩内巡検

ここでは、島津斉彬の藩内沿岸部の巡検記録を用いながら、「旧薩藩沿海漁場図」原本の作成年代について検討する。

史料6－17は、嘉永四年五月に斉彬が、薩摩国新田宮を参詣後、久見崎にまわり、鯛網曳きを見学した模様を記している。

（史料6－17）

久見崎船囲場ニ至リ玉ヒ、同所ニ於テ網引ノ興御覧、此時鯛魚数十尾網ニ入ル、公笑テ宜ク、以後如此歎妄ノコトヲナサシムル勿レト、此事ニ預リタル吏員等咸ナ恐縮セリト云フ、其実網曳ノ興ヲ催スニハ、数日前ヨリ各所ニ獲タル魚ヲ飼養シ、其辺ニ放テ網ニ罹ラシムルモノナリシト、公ハ能ク其コトヲ察知セラレ、斯クハ訓誡セラレシト云フ、

（「斉彬公史料」一七三号文書〔鹿児島県維新史料編さん所　一九八〇、二四六〕）

網に鯛が数十尾入ったが、斉彬はこれをあやしみ、担当の吏員等を戒めたことが書かれている。このことは、斉彬の合理的な性格とともに、漁業に対する高い関心、魚の習性と漁法や海域との関わりをふまえた豊富な知識が窺われる。つまり、斉彬はこれ以前から薩摩藩領内の漁業の内容や漁場についての相当な知識を得ていたことが想定される。

嘉永六年十一月二十三日の島津斉彬の大隅方面への巡見に随行した家臣の日記には、次のような記述がある。

（史料6－18）

四ッ半過高山着（中略）一　旅宿（中略）且又同人（郷士ニて先年ハ年寄相勤居候伊東才蔵と云）申候ニは今日収納上見等之体　御見分ニ相成処、尚又種々子細御座候付申上置度と承候付、細々書付追てかこしま江申越候様ニと申聞候事、其外ニ高山領・串良領漁猟網引場一条細々承る、是また絵図書付一同差廻候様ニと返答致し置候、いつれも奉達　御内聴置候事

（「嘉永四年島津斉彬下潟巡見御供日記」〔「山田為正日記類」〕〔黎明館　一九八四、九〇六〕）

島津斉彬の巡見に随行した山田為正は、高山の宿で高山領と串良領の網引場を高山の郷士伊東から一つ一つ聞き、それを絵図として書き付けて、巡見に随行している一同に差廻すように申し付けている。この「山田日記」によると、斉彬の巡見は沿岸部が多く、浦では「引網」や釣の見学を積極的に行い、また「取魚」「干肴」が宿

泊先に連日、献上されるなど、漁業や魚への高い関心を持っていたことが窺われる。(6) 表6-2、表6-3をみると、斉彬の巡検に際して、各滞在先にて近隣の各郷から干肴などが贈られていた。坊ノ津役目よりの九万引（シイラ）三枚、指宿での珍魚「ひしや」や今和泉からの鰹三尾など各地域の特産物の存在がうかがわれる。史料6-18は、このような地方巡見の際に漁業の関連情報や漁場絵図が集積されていたことを示している。

以上のように、斉彬の漁業政策のなかで、「旧薩藩沿海漁場図」の原本がまとめられたと考えることはあながち誤りともいえないであろう。史料6-18は嘉永六年の記述であり、史料6-16の明治期文書の嘉永末期から安政初期に「旧薩藩沿海漁場図」原本の作成を想定する記述は信用するに足るといえよう。

次に、作成主体を考察するため、史料6-16の「当時御手網方主任者」としての徒歩目付之内　丹生彌兵衛、上井甚五衛門、久保八郎について検討する。御手網方の徒目付である丹生、久保は、次の安政三年八月二十八日の史料6-6から確認される。

（史料6-19）

又無程愛之助御取次を以甑島御手網一条ニ付、丹生彌兵衛・久保八郎より早川務迄申出候吟味書壱通御下ヶ被下、得と見候様との御沙汰被為在候由承知仕候（以下略）

（「竪山利武公用控」［黎明館　一九八四、七五五―七五六］）

甑島御手網に関する「丹生彌兵衛・久保八郎より早川務迄申出候吟味書」とあるように、久保八郎と丹生彌兵衛が御手網と関係していたことが確認されるが、この史料の安政三年の段階では、その任になかったようである。

（史料6-20）

安政三年十月廿三日

一名越彦太夫より申越候御手網方致出精候ニ付、品能被仰付被下度早川務より申出候由ニて、河俣新六・久保八郎此両人名前之問合之義ニ付ては、余り年数も無之、又御手網方迚も近比之義御座候ニ付、何分品能被

表6－2　嘉永4年の島津斉彬の下潟方面巡見と魚関係

年月日	場　所	内　容
嘉永4		「島津斉彬下潟巡見御供日記」
10.23	加世田	「干魚一篭ツヽ加世田并坊津郷士年寄・組頭より到来、」
10.27	鹿篭	「浜辺より乗船ニて、湊外江乗出、双児石岩窟之自然石観音等見物、」「干肴一篭ツヽ当所役人并頴娃郷士役目より到来、」
10.28	鹿篭	「一干肴　一篭頴娃役目より到来、九万引三枚坊ノ津役目より到来」「一からすみ一服ツヽ代銭四百文つゝ取入、甕府薬丸氏・伊木氏江幸便有之、差贈候事、」「一からすみ一服被下候との事ニて、今彦殿江廻る、」「一御肴弐尾昨夜御猟之由ニて頂戴、」
10.29	頴娃	「取肴四種」「一干肴一篭ツヽ当所役目并山川役目之者より到来、」「玉子一篭（鹿篭）」
11．1	頴娃～山川	開聞嶽登山、花瀬廻、山川で「酒　一樽・菓子一折・鰹節十当所分限之郷士佐々木善右衛門・河野覺兵衛より」
11．2	山川→指宿湊：濱崎太平次所	「諸所台場御見分」「一表通御肴鯛三枚居一折・御樽一荷、御内証より鈍子五本・御菓子三重物一折太平次より進上」「一干肴一折ツヽ当所并山川且谷山郷士年寄・組頭等より到来、一酒赤貝当所役目之者より到来、」
11．3	指宿	「一肴ぼら一尾拙者御長屋之受込、摺ヶ濱之漁人より到来、」「一鯛弐尾七ッ過取得候由ニて、太平次より進上、」「一ひしやと云黒き平免成肴二尾・酒一樽太平次より贈り来る由ニて差出ス、珍ら敷魚なればいかゞして給る物歟と問へは、下人之金次郎例のさし出て云様、是ハ焼こしらへニして給るがいつちよふござると答ふ、さらハ其通りにてさし身ニせよと申付置、入湯して帰りたれは、頓て食事ニ右のひしやのさし身添て出す、酢味噌にて給る、おもひの外よろし、」「一当所受持之者よりとて、毎朝小鯛之様成魚弐尾位ツヽ必す贈り来る、あまり過分ゆへニ二日置位ニ持参せよと、平太郎を以申聞る、」「一到来之ぼら御納戸書役町田善八殿江、同酒一樽ハ御草り取・御小人等江遣ス、」
11.10	指宿	「一赤飯取肴弐種其外酒肴ひしや所役目之者より、酒一樽・ひしや弐尾太平次より到来、」「一鹿肉味噌漬・鯛之切身・御酒御茶屋より頂戴、」
11.11	指宿	からすみ干肴
11.13	指宿	「鰻之池。岩ヶ嶽」「一鰹　三尾・餅一篭今和泉役人等より到来」
11.14	指宿	長崎の濱へ貝拾い。
11.17	指宿	「太平次取計ニて引網申付　御覧、風波立候故か不猟ニて、よふよふうるめいわし六七匹入る、八ッ過比太平次所江　御入」
11.19	指宿	「一鰹節十、喜入役人持参到来す、」
11.20	指宿	「一干鯛一箱谷山郷士役目より到来、」
11.21	指宿	「酒一樽・小鯛十黒岩政右衛門殿より、」「うるめ干物一篭喜入役人より到来、」
11.22	指宿	「一干小鯛十・白もち一篭・鈍子一本太平次より、御滞在中　御入無滞相済、内々進上もの等彼是之礼として到来、此方よりも毎度到来物之礼旁、縞縮緬一反同人江贈候事、」
11.23	指宿	「一赤貝塩辛二升一壺受負人與兵衛より、鯛二枚・酒一樽佐々木善右衛門・河野喜兵衛より到来、」
11.25	鹿児島	

（「嘉永四年島津斉彬下潟巡見御供日記」（「山田爲正日記類」）『鹿児島県史料』より作成。）

表6－3　島津斉彬嘉永六年大隅方面巡見日記記事

嘉永6	日付　場所	「島津斉彬向潟巡見御供日記」漁業関連記事
	11.13　鹿児島→垂水	
	11.19　佐多→大泊　佐多岬	「引網」「釣」「大泊之岬へ漕ぎ出」
	11.20　大泊→伊座敷	「引網」「佐多薬園」
	11.23　高山	「高山領・串良領漁猟網引場一条細々承る、是また絵図書付一同差廻候様ニと返答致し置候、いつれも奉達御内聴置候事、」
	11.25　内之浦	「御着前引網ニて名におふ白くづな、大き成ハ三尺位もあり、大かたは弐尺内外、其外雑魚数多取得、　御仮屋庭ニ三四尺方成半切桶三ツニ入置　御覧ニ備ふ。御得物之獣魚御供中江被下候」
	11.26　内之浦	「九ツ過ぎ　浜手番所江御入、網引御覧、御帰り掛台場御覧、今日も御猟之魚・焼酎なと一統へ被下候事、」
	11.27	内之浦→串良等　「串良浜辺ニて網引　御覧」
	11.28　12.25　志布志　都城　野尻　小林　栗野　霧島　国分　蒲生を経て鹿児島帰着	

（「嘉永四年島津斉彬下潟巡見御供日記」（「山田爲正日記類」）『鹿児島県史料』より作成。）

仰付候義は宜有御座間敷奉存候間、此節骨折被下方之義を被仰付候事故、夫にて宜は有御座間敷哉と申上候処、其通ニて宜との　御沙汰被為在候、

（「竪山利武公用控」〔黎明館　一九八四、七八九〕）

史料6－20は、御手網方の役にある早川務の要請による、御手網方に以前関係した河俣新六・久保八郎の両名の調査を、速やかにするようにという内容である。ここにも久保八郎がみられ、この時期には御手網方を退いていたことが窺われる。つまり、これ以前の嘉永期から安政元～二年の間にその任にあったようである。[7]したがって、御手網方が「旧薩藩沿海漁場図」原本の作成に関わったと考えるのが妥当であろう。[8]

以上、添付文書や斉彬時代の一次史料から、「旧薩藩沿海漁場図」原本の作成は、島津斉彬治世期の御手網方徒目付と密接な関わりを持ち、また斉彬が藩内巡見を行った際の情報収集に基づいていたと考えることができよう。

本章では、薩摩藩の幕末期の漁業政策を概観し、「旧薩藩沿海漁場図」の名称と明治期に添付された文書の妥当性について、関連史料の収集から進めてきた。そして、

島津斉彬の治世期の嘉永末期から安政期に漁業振興の関わりのなかで「旧薩藩沿海漁場図」の原本が作成され、その作成主体は薩摩藩御手網方であると考察した。そのため、絵図の名称と添付の文書の記載は妥当性を持つことが判明し、本図の史料的な位置づけがなされたことになる。

また薩摩藩の漁業政策は、船手（御船奉行）により行われ、争論などに対処していた。しかし、幕末期に藩主直属の鰯網方、御手網方が作られ、佐藤信季、信淵の「漁村維持法」の思想の下で漁業改革が進められたのである。

次章では「旧薩藩沿海漁場図」の豊富な漁業・漁場情報、郷単位での描写、水深表記の文字注記を検討し、南九州における漁場利用の特徴を考えていく。

第七章　薩摩藩における漁場利用

第一節　はじめに

この章では、薩摩藩関係の漁場争論史料、薩藩沿海漁場図や沖合漁場争論史料を用いて薩摩藩の漁場利用の特徴をみていく。そして、郷の地先海面と、郷の中の漁村（浦・浜）が漁業を行う漁場との関わりを検討する。「旧薩藩沿海漁場図」全八四枚は、四六の郷を郷単位で描いていて、一郷が数枚で構成されているものがほとんどで、それら数枚をつなぐと一郷分の絵図として完成する。しかし、写される以前の原本絵図は一枚一郷だった可能性もある。一枚をほぼ縦 27.5 cm×横 39 cm で統一したため、一つの郷が複数枚になったものと推測される。

表7－1に示すように、四六郷のうち郷域全体を網羅して描いた絵図は七郷にとどまる。残る郷は、沿岸海域の部分のみを描いた絵図である。すなわち、本絵図群は郷域全体図と沿海部分図から構成されている。郷域全体を描いた図は、内之浦、佐多、牛根、久志秋目、加世田、櫻島、長島である。その多くはリアス式海岸を含む郷域で、沿岸部は三方が海に囲まれた岬や崎である場合が多い[(1)]。一方、沿岸部のみを描いた絵図は、郷域全体を描いていないが、海の情報のみの記述でもなく、海面の漁場、漁業情報に加えて沿岸の村名、郷の中心である麓、道（朱線）が記載されている。

描かれた範囲は、「沿岸浅深絵図」では、そのほとんどが沿岸の縁部分を一藩の領国単位である（川村　一九九九）。それに対し、本図では郷を単位として描いている。このことは、本図と「沿岸浅深絵図」との顕著な違いを示しているといえよう。また、「旧薩藩沿海漁場図」に沿岸部分図の多いことは、郷全域の描写を原則としている「郷絵図」とは絵図の性格が異なることを示している[2]。

第二節　漁場図に見る漁場利用

この節では、各郷の漁場図と関係絵図をみながら漁場利用の特徴を考えていく。表7－1に示した漁法、水深、朱線、沿岸距離等の「旧薩藩沿海漁場図」の主な各記載について、具体的にその内容を取り上げ、その都度、「沿岸浅深絵図」との比較についても触れていきたい。主として対象とする漁場図は、岩礁海岸の漁場利用や遠望の島のヤマアテが分かる頴娃郷地先である（図7－1）。また、沖合漁場利用のわかる加世田郷、リアス式海岸の漁場利用のわかる久志秋目郷などの各漁場図も用いる。

①漁法　本図のなかの絵画表現や文字記載に、漁場を意味する網代や、漁場の領有・用益主体、魚種、漁法、漁期が詳細に記されている。

②水深

本図の水深表現は文字で記載され、網代の深さを示すものが殆どである。その表現方法は、次のように概ね二つの傾向に分けられる。

ｉ「鮪網敷入場　深サ十三尋　十尋程之所敷入」（久志秋目）

これは一つの漁場の深さを示す方法で、本図の殆どの郷で用いられている。

ⅱ「川尻濵ヨリ沖三十間目深サ二尋一丈一町目三間二尺十町目七十九尋三十町目百四十尋」「石垣ヨリ大川浦沖迄浅深右体同クシテ一町目深サ一尋四尺五町目七尋二尺位十町目十尋四尺三十町目四十五尋」（頴娃郷）

表7－1　「旧薩藩沿海漁場図」の記載事項

郷名	絵図の描かれた範囲		絵図中の図像表現、文字記載											
			①漁業		②水深表記		③海の朱線表記		④図の余白箇条		遠景	海防	陸道朱線
	沿海部分	郷域全体	漁場漁法	漁期	i 漁場	ii 陸～沖	i 距離	ii 漁場範囲	漁業	人口	対岸描写	●遠見番所 ○その他	
志布志	●		●	●	●				●			●	●
大崎	●		●	●	●				●	●		●	●
串良	●		●				●						
高山	●		●				●			●			
内之浦		●	●	●	●				●			●	●
佐多		●	●	●	●				●			●	●
小根占	●		●	●	●				●				●
大根占	●		●	●	●	●							
大姶良	●		●										●
鹿屋高須	●		●	●	●								●
花岡	●		●		●	●			●				
新城	●		●						●				●
垂水	●		●	●	●								●
牛根		●	●	●	●				●				●
福山	●		●					●					●
敷根	●		●	●		●			●				
国分	●		●	●	●				●				●
加治木	●		●				●		●	●			●
帖佐	●		●	●	●	●			●				
重富	●		●		●				●				●
谷山	●		●	●	●				●				●
喜入	●		●										●
今和泉	●		●			●			●				
指宿	●		●										●
山川	●		●		●								
頴娃	●		●	●	●	●	●	●	●	●	●	○	●
知覧	●		●	●	●				●				●
鹿篭	●		●		●		●		●			○	●
坊泊	●		●	●	●				●				
久志秋目		●	●	●	●		●	●	●			○	●
加世田		●	●	●	●		●	●	●			●	●
田布施	●		●	●	●				●				
伊作	●		●	●	●				●				
永吉	●		●	●	●				●				
吉利	●		●	●	●				●				
日置	●		●	●	●				●				
伊集院	●		●	●	●				●				
市来	●		●	●	●	●			●		●		
串木野	●		●	●	●		●	●	●				
高江	●		●	●	●		●						
水引	●		●	●	●				●			●	
高城	●		●	●	●				●				
阿久根	●		●	●	●		●						●
出水	●												
櫻島		●	●	●	●		●						●
長島		●					●						●

これらは、陸側から概ね三十間目、一町目、五町目、十町目、三十町目の海側の各地点における深さを表したものである。これらは、図7-1頴娃郷の水深記載であるが、安政五年「頴娃・山川・指宿三ヶ郷人員調」(「斉彬公史料」[鹿児島県維新史料編さん所編　一九八三])の「一頴娃海岸浅深」には、「石垣御台場下海岸ヨリ沖午ノ方硫黄島宛　一三拾間目　壱尋弐尺　一壱町目　壱尋四尺　一五町目　七尋弐尺　一拾町目　拾尋四尺　一三拾町目　四拾五尋」など本図の水深データと一致し、その関係が窺われる。

水深表記については、「沿岸浅深絵図」での記載の特徴として、沿岸から沖へむけての概ね六ヶ所の水深表記、一枚に藩領国全体の沿岸部を描く点などがあげられている(川村　一九九九)。つまり、この表現は、「沿岸浅深絵図」の水深を表記する方法に類似している。この方法をとる郷の図については、次のような共通の傾向を見出すことができる。これは、陸の道が描写されないこと(大根占、花岡、敷根、今和泉、市来)、対岸の島々の描写(頴娃、市来)である。つまり、本図群には、海防にも利用可能な図が一部だが、存在している。本図の水深表現が、このii型の浅深記載で統一されていれば、幕命による「沿岸浅深絵図」の要素を併せ持つといえよう。しかし、それは一部にすぎず、総体的には海防を主題とした図群としてはとらえられない。本図に多く盛り込まれている漁場、漁場の水深、漁業情報は、「沿海浅深絵図」にはみられず、本図群が漁業を主題とした絵図であることは自明である。

③朱線記載

i「此朱引境縄之印川口縄本ヨリ内之浦境迄磯灘三千九百六十間里ニシテ一里三十町」(高山郷)「頴娃ヨリ竹嶌マデ十八里」(頴娃郷)

これらの隣接郷までの沿岸距離、対岸の島々までの距離のほか、湾内(浦内)の距離なども含まれる。

ii「福山ノ内タギリ網代　浦町ヨリ五合位」(福山郷)「此朱引今浦マデ水成川浦ノ網場ナリ」(頴娃郷)

漁場(網代)のテリトリーや、陸から漁場への位置と方向を示すものである。本図中の朱線記載は、概ね以上

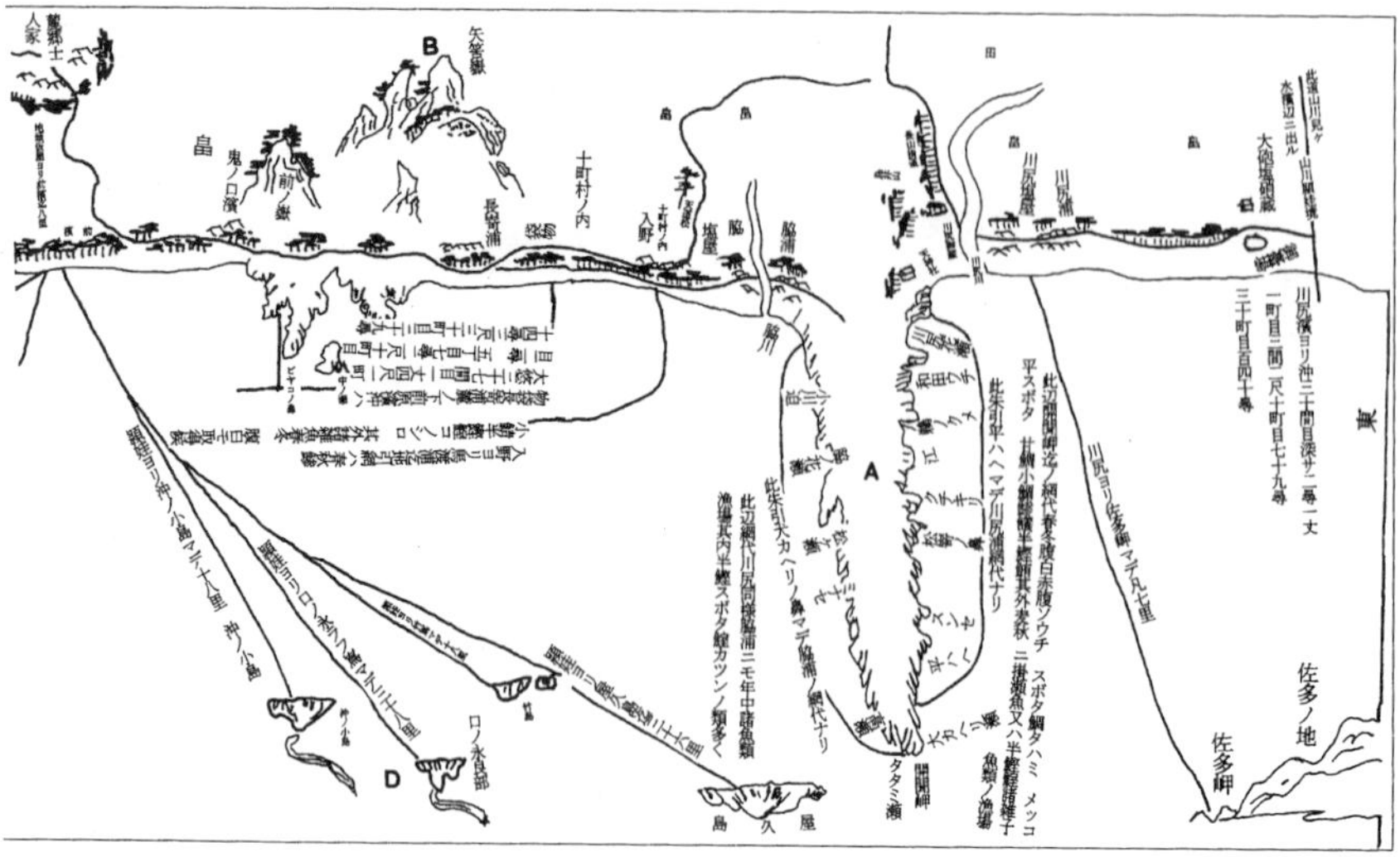

図7－1 （その右つづき）祭魚洞文庫「旧薩藩沿海漁場図」頴娃郷（東側）

（注） 図中記号説明。A、開聞岳。B、矢筈嶽。D、ロノ永良部島、沖ノ小島。

のような二つの傾向に区分される。

④絵図余白の文字注記

図6－1の加世田郷の「旧薩藩沿海漁場図」は加世田郷域全体を描写範囲とし、図像中の海や陸の地名、漁期、漁法、魚種、漁場を詳細に記している。そして、図の余白には、箇条書きで漁場の魚種漁法、漁期、漁場の位置を示す水深（例えば、「本川筋沖」は、「地方ヨリ網六十五房程深さ沖深さ十三尋」）情報や、加世田郷内部における六つの浦の魚種・漁法ごとの網数、図に入らない沖合の宇治草垣群島の漁場情報等が記されている。つまり、漁場の情報を詳細に記した主題図といえよう。

この余白の文字記載は、「旧薩藩沿海漁場図」の特徴のひとつである。表7－1に示したようにこの余白の文字注記は多くの郷でみられ、その内容は漁業記事の他、村の戸数や人口など多岐にわたる。余白に文字記載が多く見られる理由は、郷域を単位とした図の構図自体に起因しているのではないかと思われる。換言すれば、これは、郷単位で漁場を図像として表現することの困難さを示している。[3] 郷単位の区分は、陸地の領域区分で、海の情報を図中に示す際、様々な不都合が生じることになる。

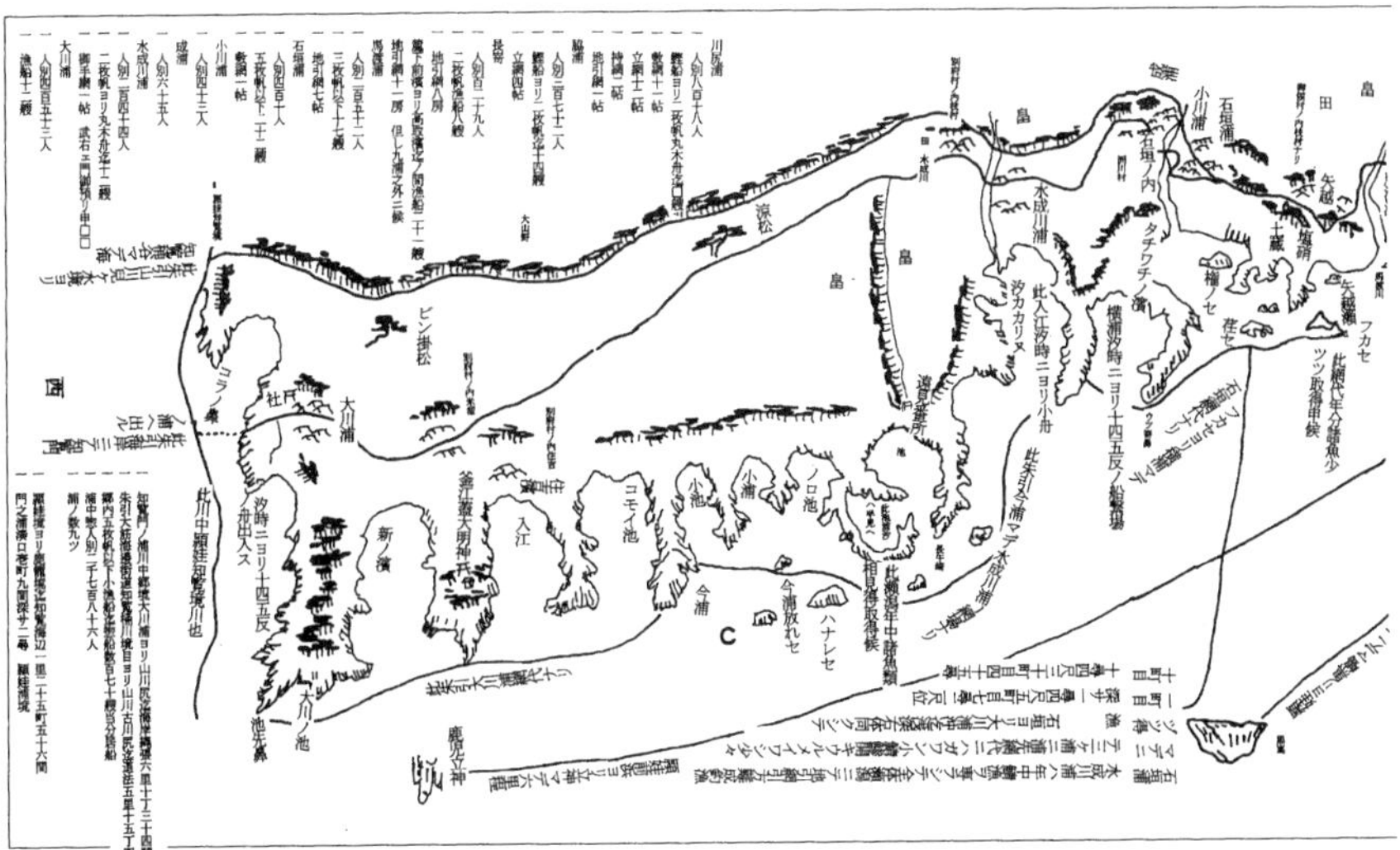

図7－1　祭魚洞文庫「旧薩藩沿海漁場図」頴娃郷（西側）

（注）　図中記号説明。C、石垣浦～大川浦の間の入江。

そのため、これらの余白の文字注記は、郷単位の領域の枠にはめこみながら海の要素、特に漁業を描くことの難しさを示していると考えられる。

⑤山容描写の有無

頴娃郷の「旧薩藩沿海漁場図」は、図7－1に示したように東西に長いことが特徴で、図面を四枚用いている。描かれた範囲は、沿海部分に限られている。特徴的な景観である開聞岳の表現を取上げてみる。本図では、開聞岳の山容は描かれず、周囲の海岸侵食のような海岸線を細かく描くのみである。開聞岳の周囲には瀬の名称が多く見られる。しかし、開聞岳周囲の地形は、複雑な海岸地形とはいえない。つまり、磯の形状を細かく描くために誇張した表現ともいえよう。

ちなみに、図7－2の「頴娃郷絵図」では開聞岳の山容が描かれている。この場合、山容の反対側の海岸情報は隠蔽されることになる。つまり山容を描いた場合、開聞岳周囲の全ての磯情報が網羅されないことになる。それでは問題なため、「旧薩藩沿海漁場図」では、周囲の磯場を網羅した山容のない描写になったと考えられる(4)。これは、三方を海に囲まれた開聞岳の地形条件とも関わ

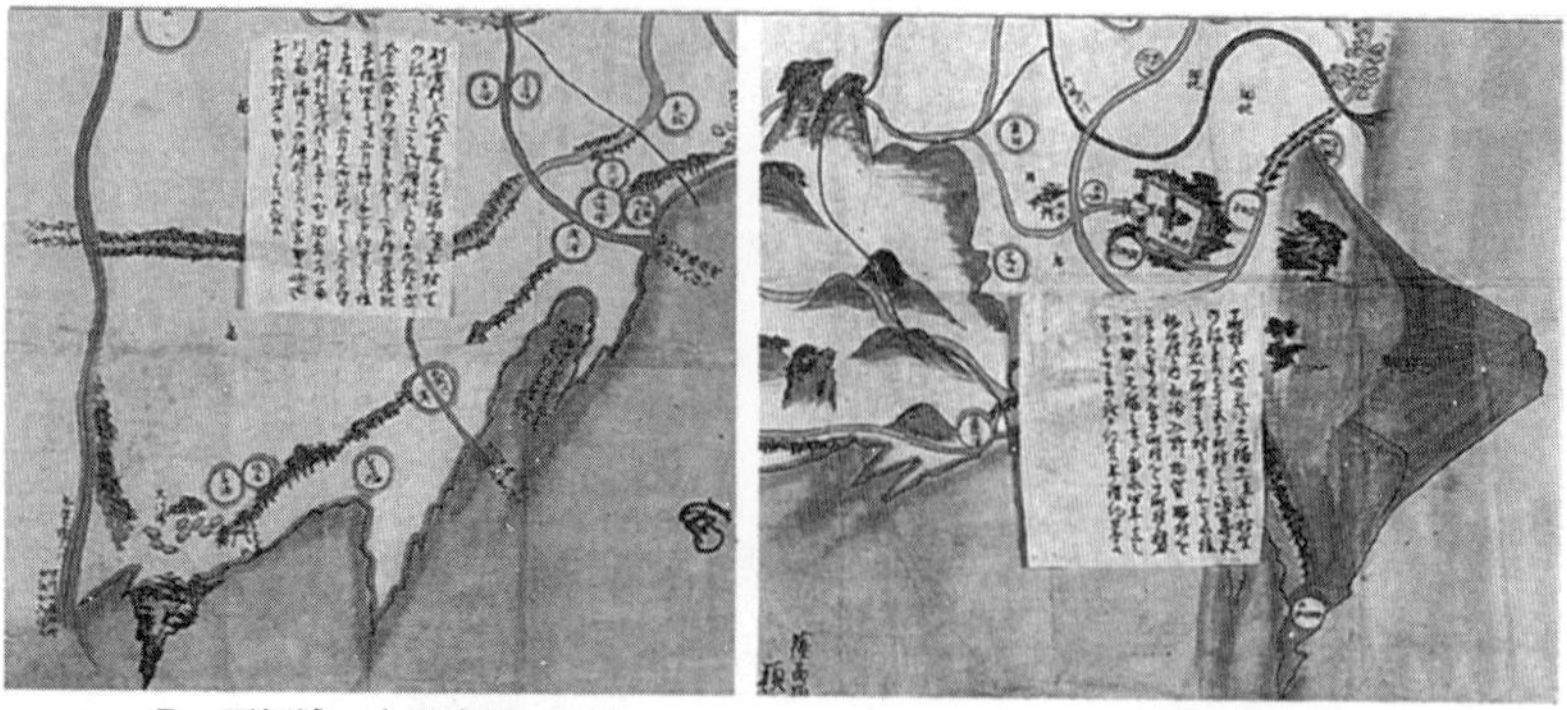

B、石垣浦～大川浦間の入江　　A、開聞岳

図7-2　頴娃郷「郷絵図」（部分図）（全体は106×157㎝）

る問題になる。例えば、図7-1で山容が描かれている矢筈岳は、南側のみ海に面していて、山容を描いても海岸線が隠れることはないのである。

⑥入江の記載

図7-1の頴娃郷漁場図では、頴娃郷絵図では簡略的に扱われている小さな入江に過ぎない海岸線（石垣浦から大川浦の間）を、複雑かつ誇張して描いている。この付近の入江には、現在、小漁港が立地するが、近世期には大川浦、石垣浦には商人も多く、重要な港となっていた（小川　一九九七）。こうした近世の経済的背景が、小入江の誇張表現として描写されたものと考えられる。本図が、海からの視点で記されたことを示している。

⑦離島の記載

図7-1の頴娃郷漁場図には、屋久島、竹島、黒島、枕崎立神などの東シナ海の島嶼群が描かれている。これは、南の島々との関わりを示すとともに、これらの島々との間の海域を漁民が漁場ととらえていたことを窺わす。実際にこの海域は漁場として機能し、島々は風待ちや鰹節加工場としての機能を持っていた（枕崎市　一九六九）。また、頴娃郷の一ヶ所から朱線が放射状に引かれ、「頴娃ヨリロノ永良部嶌マデ三十八里」などの文字が施され、距離を示している。放射的な朱線は、航路を示すとは考えにくいが、離島との交易を読み取ることもできる。

以上のように、「旧薩藩沿海漁場図」は、海からの視点で描かれ、当該地域の漁民の情報に基づいた絵図ととらえられよう。つまり、本図原本の作成の背景には、地域の実状を踏まえた藩の漁業政策との関わりが想定される。

この節で取りあげた頴娃郷の漁場図に関しては、玉里文庫に構図、描写範囲、内容の非常によく似た図面が存在する。この図面は、島津久光（忠教）が藩の海防掛を務めた際に作成させたものと推測される。海岸線の距離や水深などの描写が頴娃郷漁場図と共通している。頴娃郷漁場図の記載内容は、他の郷の漁場図と異なる点がいくつかみられる。そのため、久光が海防掛の在任期間の後に「(旧)薩藩沿海漁場図」が作成されたことから、この玉里文庫の頴娃を描いた絵図が漁場図のベースマップになったのではないかと推測される。今後、玉里文庫に残る沿岸を描いた絵図について検討を深める必要がある。

第三節　漁場争論史料にみる郷の地先海面と網代との関わり

薩摩藩の藩政史料で漁場争論を記したものは見当たらない。『旧藩時漁業裁許例』の鹿児島県の項目（明治二十八年　農商務省）には、川内川河口と長島郷出水郷の境界海域の二地域の史料が紹介されている。これらは、薩摩藩の御船手が裁許していることを特徴としている。

（史料7－1）

京泊濵久見崎濵猟場網引の義に付右両所より口上書を以て此節訴訟申出候、依之双方書物御物座へ差出奉伺候処に双方網数の義は如此申不相替両所之海隔番に引様に向後可申渡旨御證文を以て被仰渡候條互に網引番日相定め置き不致混乱様に網引の者共へ堅固に可被申渡、尤双方網代網引日限互に入替隔番に被仰付上は引番逃（ママ）の日其所より縦令雖為小網猟差て仕間敷候、若し無沙汰候條此旨堅可被申渡候勿論水引座衆

方へも右の趣申渡置候以上

貞享三年丙寅　九月二十二日

久見崎
御船手

高江　御衆中

（史料7-2）

一　京泊久見崎濱猟場之儀に付御差図之上先年申渡置候趣き有之候処此節袴そね猟場之儀に付申出趣有之猟場に付ては相替る儀無之候間右場所之儀も先年申渡置候双方隔番に可致猟方尤番日迦雖為小網猟可致儀は尚又堅固に可相守候此旨申渡候、

但他浦より致猟方候儀有之候節は先年の通り其番に當り候所へ部一等相究候

寛政五年丑七月廿三日

御船手

水引京泊詰　郷士年寄中

浦役中

高江　郷士年寄中

浦役中

川内川河口に位置する久見崎と京泊の間での漁場争論である。貞享三（一六八六）年と寛政五（一九七三）年に京泊濱と久見崎濱が関係する網漁をめぐる争論が生じた。藩の船手は両濱が隔番に操縦すべしと裁許した。つまり、海面分割にはいたらなかった。その後、嘉永二年にも京泊濱と久見崎濱とが関係する船間島地曳網の漁業争論がおきた。その際、藩の船手は、日数三十日の内、京泊船間島は二十日間、久見崎は十日間、網を曳くようにとの裁許を出した。ここでは、「「浦濱―高江浦役中―水引郷士年寄中」↑↓船手↑↓各郷」の関係がみいだせる。

文政八年には長島郷と出水郷とのあいだでの網代をめぐる争論が起きた。『旧藩時漁業裁許例』には「長島と黒浜に係る鹽見沖並ニイタブ崎沖網代争論ヲ生シ文政八年中隔日ニ網入スヘシト裁許アリ」とあるように長島郷、出水郷黒濱との間で塩見沖とイタブ崎沖網代をめぐって争論が起き、文政八年に船手から隔日網入裁許が出された。

久見崎と京泊争論、長島郷と出水郷のあいだでの網代場をめぐる争論の裁許内容は、輪番利用、隔日利用で調整を図るというものだった。そもそも薩摩藩の各郷はその地先海面を占有していた。しかし、地引網場、網代などの好漁場には郷の範囲をこえて入漁、出漁することができたことがわかる。そうした入漁慣行が激化して争論がおきたと推察できる。つまり、網代のようないい漁場への入漁は、郷の地先を超えて当然のごとく行われていた。

争論が勃発すると、各郷から船手に訴状が出され、船手が吟味の上、当事者の各郷に裁許を下す形で解決が図られていた。五島列島のように網代の権利を特定の村や個人に排他的に権利を認めることはなく、郷どうしで入会利用することが取り決められていた。

この絵図に描かれた内容から、薩摩藩の郷（漁村＝浦・浜）が占有する海面と、実際の漁撈活動の場（用益場）との関わりについて検討する。薩摩藩は、農村漁村を郷（外城）という行政単位で支配していた。郷の内部に、麓、在（農村）、浦町、浦浜（漁村）などが存在していた。海に面する郷の場合、郷の前海は、郷の地先となっていた。本稿で取り上げた「沿海漁場図」をみると、海面には数多くの網が存在し、その網の所有主体は、郷の中の浦（漁村）となっていた。しかし、一部には、他の郷の前海に網を持つ浦も存在した。「沿海漁場図」

では、こうした説明を絵図の余白に文字で記載している場合が多い。先にも記したように、郷を単位としている絵図であるため、絵画表現では郷域の前海に存在しない網場を明確に描けないのである。加世田郷の漁場絵図をみると、沖合の宇治島や草垣島、その他の瀬が、不自然な形ではあるが描かれていて、さらに、余白に解説が付されている。そもそも郷単位の区分は、陸地の領域の区分であって、海の情報を図中に示す際、様々な不都合が生じることになる。そのためこれらの余白の文字注記は、郷単位の領域の枠にはめこみながら海の要素、特に漁業を描くことの難しさを示していると考えられる。

郷の海面占有（地先）と用益の関係について、加世田郷と、隣接する田布施郷を事例に検討していく。加世田郷の弘化四（一八四七）年『加世田漁場取調帳』を用いる。「弘化四年未十二月　加世田漁場取調帳」は、笠沙町役場所蔵で、当時の薩摩藩加世田郷の漁場名とそこに課される運上銀が記されている。

（史料7－3）

小湊浦

一　前之潟網代。
一　祝子ヶ脇網代
地挽網網代ニ而漁事仕来候場所ニ而御座候、小湊浦之儀者浅海ニ而、鮪網・鰤網等敷入仕網代無御座候外網主共より御礼銀又者浦中江合力銀等差出申儀無御座候
一　祝子ヶ脇網代山　壱ヶ所
一　御礼銀五貫文
一　右之増銀壱貫弐百四拾八文
一　浦中江合力銀無御座候
右網代山之儀、浦中申談奉訴趣御座候処天保七年未九月二日、上野善兵衛殿御取次御証文を以、願通御

免被仰付候ニ付、右御礼銀并増銀之儀、年々山奉行所江相付金蔵江上納仕候

一　中之瀬　　小湊浦より酉方海上弐拾五里程

一　御礼銀□枚

一　浦中江合力銀無御座候

右小湊浦之儀、鰹漁場之瀬方無御座候、浦中依願右之通御礼銀上納ニ而、鰹漁場文政十二年丑十二月廿六日、北條織部殿御取次御証文を以御免被仰付、御礼銀之儀年々御船手江相付金蔵江上納仕候

（『加世田漁場取調帳』）

小湊浦の網代とし、「前之潟網代」「祝子ヶ脇網代」、瀬として「中之瀬」が記されている。網代と瀬が区別して出てくる。網代については、「右地挽網網代ニ而漁事仕来候場所ニ而御座候、左候而小湊浦之儀者浅海ニ而、鮪網・鰤網等敷入仕網代無御座候外網主共より御礼銀又者浦中江合力銀等差出申儀無御座候」とある。陸の近くでの地引網が網代であることを記している。

瀬の「中之瀬」については「小湊浦より酉方海上弐拾五里程　一　御礼銀□枚　一　浦中江合力銀無御座候」と説明があって、沖合に存在していたことが分かる。加世田漁場の中に網代と瀬が存在し、御礼銀（運上銀）の賦課対象となっていた。

（史料7－4）

小松原浦

大崎浦

右両浦之儀、海辺より引上り人居有之浦方□□地挽網□□網代場所無之候ニ付、先年奉訴趣御座候処、文政十三年庚寅八月、田畑武右衛門殿取次御証文を以、左之通御免被仰付候

田布施浦之内

一　新川口網代　より西之方網代　　大崎浦
右同
一　本川口「より東之方」網代　　小松原浦
一　右御礼銀無御座候
一　右浦中江合力銀無御座候

一　今瀬　但底瀬深サ弐拾五尋程
一　大瀬　但底瀬深サ四尋程
一　広曽根　但底瀬深サ弐拾尋程
右三ヶ所御礼銀無御座候
右□　浦中江合力銀無御座候

（『加世田漁場取調帳』）

これには、加世田郷の東隣の田布施郷の「浦之内」に加世田郷の大崎浦の「新川口網代より西之方網代」と小松原浦の「本川口より東之方網代」の存在を記している。この網代は、「右御礼銀無御座候」「右浦中江合力銀無御座候」とあるように運上銀の負担はない。しかし、郷の地先の海を超えて、隣郷の海域に網代を持つ浦が存在していたことを示している。

この点は、薩摩藩の郷における浦の地先領有のあり方を考える上で重要である。つまり、これらの浦が運上銀を負担するために出漁する網代や瀬は、その浦の属する郷の地先海面に存在するタイプがほとんどであった。しかし、一部には他の郷の地先海面に存在する場合もあった。こうした陸の延長に存在しない網場の権利を持つことは、海の権利のユニークさを示していると考えられる。

このように加世田郷では地先とさらに沖合に網代が存在していた。ここで注目されるのは、「前之潟網代」「祝子ヶ脇網代」「中之瀬」とあるように網代と瀬が区別して出てくることである。網代は沿岸近くの、瀬は二五里離れているとあるように沖合の、それぞれ定点漁場ということになる。

薩摩藩の網代権と郷の地先海面占有の権利との関係については、結論の章で五島、天草の網代権との比較からその特徴をとらえていく。

第四節　南九州における沖合漁業の展開

カツオ一本釣漁業は、外洋性の大型回游魚で、沿岸から離れた沖合漁場において曽根や瀬と呼ばれる浅瀬につくカツオをターゲットにして行われている。当該漁業に関しては、伊豆川浅吉による各県別の調査研究が存在している（伊豆川　一九五八）が、曽根や瀬などのカツオ漁場の開発と争論などの問題について究明の余地を残している。そこで本節では南九州におけるカツオ一本釣漁業と漁場利用の展開について近世期を中心に取り上げ、各段階における特徴を考察するものである。

（一）　カツオ一本釣

南九州のカツオ一本釣漁は、沖合の瀬に付くカツオの群れを釣る漁業である。また、漁民はオオミズナギドリの一種であるカツオドリの群れを海面で見つけることでカツオの魚群の存在を知り得て、船を移動させて釣りを行うのである。

一本釣には、イワシやキビナゴなどの生き餌が不可欠であった（三宅　一九七〇）。つまり、沿岸部の餌とり場と、沖合のカツオ釣り漁場の二箇所での漁業を行う必要があり、地先の餌場を持つ郷（漁村）でなければ沖合カ

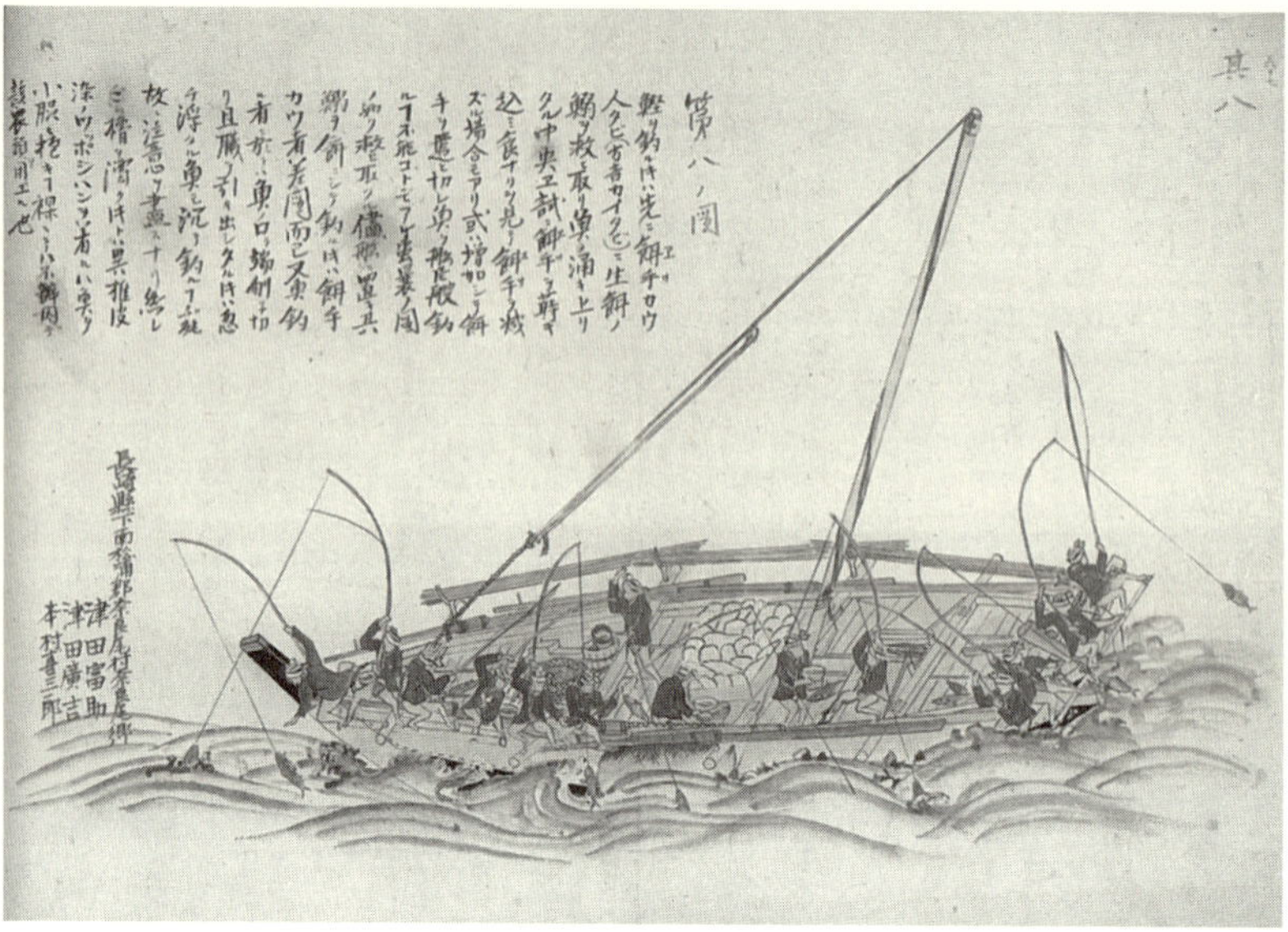

図7-3　カツオ一本釣の図（『五島列島漁業図解』［立平　1992］）

ツオ一本釣ができなかったのである。ここでは、カツオ釣り場の権利について、その由緒を示した史料を紹介し、沖合の海面の権利のあり方の変遷について検討する。

　南九州の中世後期から、カツオ漁業の存在はトカラ列島などで確認される。近世に入って十七世紀の正保明暦の頃までは、坊泊郷が宇治島、草垣島をカツオ漁のために支配していたことが、薩摩坊泊郷の役人が連署して藩当局に出した慶応期の陳情書で分かる。十九世紀になると、坊泊郷と加世田郷との間で沖合の鰹一本釣漁場である宇治草垣島をめぐる争論が頻発する。十八世紀以降の宇治群島をめぐる加世田郷と坊泊郷の争論をみていきたい。

　宇治群島は、薩摩半島の西端、野間半島の南西約七〇キロに位置し、向島と家島などからなる（図7-4）。行政上は現・南さつま市に属する。近世期の加世田郷の片浦から海上四八里の距離で、宇治向島は周囲一里半ほど、高さ一二〇間ほど、家島は周囲一里ほど、高さ一五間ほどである。同島からさらに南に約三〇キロの草垣島とともに、正保～明暦年間（一六四四～五八）頃まで坊泊郷衆中の早水吉左衛門が支配していた（鹿児島県　一九四〇）。

文政十三（一八三〇）年からは加世田郷地頭の支配下となったとされるが、寛政六（一七九四）年の加世田郷郷士の報告では、宇治島は草垣島とともに加世田郷方限のうちで、無人島ではあるが片浦・小浦・秋目浦の漁民が御礼銀を上納して漁場とし、しだいに仮住まいの小屋が建てられ、諸道具や薪・油・野菜なども運び込まれていたとされる。御礼銀として銭百九十三貫五百文が一年に二度、網主に割り当てられていた。「旧薩藩沿海漁場図」には「宇治島　ムル立網五帖二月より五月まで漁方、鰹船十二艘正月より五月迄、六月より九月迄漁、鰹コンブ網六帖キビナゴ並ムル漁方。」と記されている。ムルはムロアジで、キビナゴとともにカツオの餌である。カツオ漁は網で行われていた。

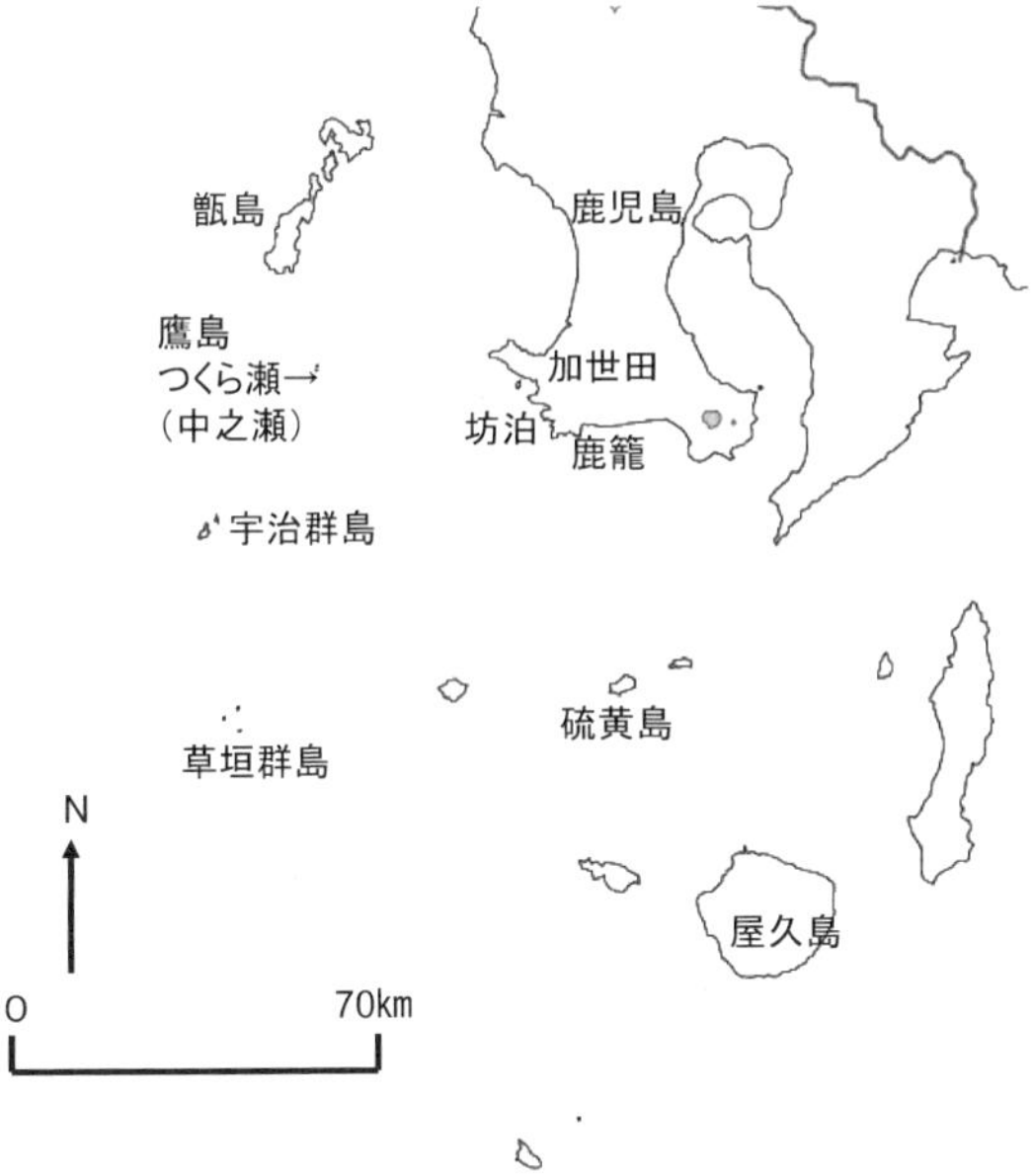

図７－４　宇治群島草垣群島の位置図

次に加世田郷が宇治群島を開発した過程が書かれている史料をみていきたい。

（史料７－５）

（前略）洋中に両島あり、その島に於て鰹漁を見当り、餌魚を漁し釣（糸）を垂れ候処、僥幸として右の鰹魚を得漁し、その後追々渡海すと雖、荒波の海にて風少し起こり来れば、船繋留る能はず。故に漁撈充分ならず。ついで若干の金銭を費やし岩石を破毀し、船引揚場及小屋掛場を開き、それより漸次鰹漁開け立候処、宝永年間に旧藩主船手方より漁検者両人・付役一人渡海相成、正徳二辰年より得漁の価格定り、代銀十匁につき一匁ツヽの上納被申来、同五未年より向こう五か年十分二の上納にて、漁場免を受け、漁業仕来たり候処、元文元辰年より漁方検者渡海廃止相成り、然共漁業の儀は従前の通り相励み候様被申付、尚一層漁業勉励、然処豈計すも延享二年丑十二月福建漳州府の人水溜船に乗り組み宇治島へ漂流し、片浦の鰹漁船之を助け片浦へ護送し、旧藩船手方へ形行届出に及び候処、右船手方より長崎まで護送相成、その後又安永七年戌四月朝鮮船壱艘七人乗組にて漂流、その他難船等漂流少なからず。従来右漁船助け来候処旧藩時代より以来その漁場主となり、（中略）そもそも片浦・小浦両浦の内三百二戸の漁師を雇い、旧暦正月末或は二月初旬方より同九月十日頃まで毎年渡海致し居り漁業仕候、年に依っては冬の間も漁事に渡海致すも有之について、右漁夫の儀、年分僅か三ヶ月位在邑の事に候処、漁方渡海中は右漁師の家内婦女子のみ残り居り、活計の途も無之者共故、その漁夫三百有余の跡家内は金穀を付し活計を助け居る事御座候に付、今般右島開拓相成り候而は漁業の障害少なからず、（以下略）

（「宇治群島由緒書」［笠沙町郷土誌編さん委員会編　一九九一、四八七—四八八］）

この史料は、明治十一年「宇治島並向島開墾出願人有之、障害之有無御質シニ付御届」で、林勘左衛門・林嘉太郎・林増太郎・林徳左衛門・中尾賢之助・宮内庄右衛門の六名連名で出され、島の開墾が漁業への影響が出るので反対であることを嘆願した内容である。明治初期で、島の権益を複数の個人が共有する形になっていた。この史料は、カツオ一本釣漁業と島の開発が関係することを示している。

次に坊泊郷が宇治島と草垣島の権利を主張した史料をみていく。

（史料7－6）

宇治並草垣嶋の儀正保明暦の比迄は爰許衆中早水吉左衛門と申もの支配仕居候由申伝御座候、如何様当浦の儀古来より魚漁稼一篇の浦柄にて右年鑑の比嶋々漁方相開支配被仰付置、其以後漁方及中絶に自然と支配不行届儀共にては有御座間敷や、近来加世田片浦辺より奉願趣有之御礼銀上納被仰付渡海漁方仕、当分加世田浦より支配仕申候、いつ比何様の訳にて右の通被仰付哉其訳相知れ不申候得共、片浦小浦同様振合を以一往坊泊浦へ借地御免被仰付被下度、左様御座候は精々漁方出精為仕浦並の御奉公は勿論不時の御奉公等相勤家内介抱為仕申度、尤大島白糖方御続品屯妥許へ御造立有之追々御米積船等多艘入津仕荷卸水揚等に付ても過分の夫仕賃銭等被成下儀にて相応の御払にも相及申事御座候殊に坊津浦……

（慶応元年「坊泊口上手控書」）

坊泊は、宇治島と草垣島が近世初期からの坊泊衆中の早水吉左衛門が支配していたことを根拠に、近世後期に支配が加世田郷に変化した宇治島に借地を得て漁業を行いたいと訴えている。

『坊津町郷土誌　上巻』（坊津町郷土誌編纂委員会編　一九六九）によると、坊泊は享保の唐物崩れ以降、交易から鰹漁業への依存が高まったとされる。明和年間には四組の鰹組があり、船は四間船で帆は藺筵のござ帆であった。当時の漁場は、宝暦九（一七五九）年の「坊津海境目之事」に、カツオ漁場として「一、泊境　亀瀬　一、鹿篭境　一つ瀬　一、鹿篭張網背海にて張候時は十部取申事」が出てくるように、カツオ漁が陸に近い地先海面で行われていたことが分かる。享和、文化期（一八〇一〜一八一七）に坊村郷士伊瀬知善平、商人森吉兵衛などの鰹節業者が興り、漁況も振興したとされる。文政六（一八二三）年には坊津に鰹節製造家十名、鰹漁船十一艘、泊津に製造家四名、鰹漁船六艘があった。文政十二（一八二九）年には、坊津の鰹船八艘、泊津六艘となったが、鰹は一年平均九万三千八百献釣れ、鰹節収益は一七二七〇貫にのぼった。天保十（一八三九）年には、船の帆が藺筵帆から綿帆に改められた。天保から安政にかけての坊村では製造家一六名、鰹船二三艘と増加し、鰹節製造額は年々合わせて一〇〇万本以上にのぼり、下関、大阪方面へと直送する森吉兵衛らの業者が三〜四名も存在した。

このような坊津の鰹釣の進展と鰹節製造の高まりにともなって、宇治島草垣島への進出が進んだものと思われる。また、鰹釣の餌（キビナゴ、アジ、サバ）の採取場をめぐる争論も地先海面で多発していた。文政六（一八二三）年には、東隣の鹿篭郷（現・枕崎）との間で餌漁場をめぐる争論が発生している。地先で餌を採取し沖合で鰹を獲るという海面利用のあり方が窺われる。鹿篭との争論は、鹿篭側が自領の地先海面だけでは餌の採取が足りなくなったため、坊泊へ出漁した動きである。餌採取場も自郷の地先だけでは不足していることを示している。この地先の海域は、十八世紀中葉の宝暦期には鰹漁場であった。地先漁場の機能が、鰹漁場から鰹餌獲り漁場へと変化したことが窺われる。

さらに、鹿篭の漁民が、弘化年間（一八四四～一八四八）に、硫黄島へカツオ釣り用の餌の採取に出漁している記事がある。この史料には「一、硫黄嶋辺へ差越餌雑魚取得猟方仕申儀御座候処、遠海之儀にて難船破船等多々有之、其上去已年（弘化二年）拾六艘程破船仕候段願書に相見へ申候共右様遠海を餌雑魚取得方として差趣為申儀にては無御座候、去已二月□取として差趣破船仕候を餌雑魚取と申立る筋と相見へ申候其時分迄は鰹猟仕時節にて無御座候、右嶋には雑魚取りに差趣候帰村にては無御座候、」と記されている（枕崎市　一九六九）。餌採取のために、危険を冒して沖合の硫黄島まで出漁していること、餌用のムロアジ獲りの出漁と鰹獲りの出漁が厳しく区分されていたにも拘らず、その違いが不分明なことが窺われる。餌獲りで硫黄島に向かった船が、実は鰹採取を行い、採取後に海上で仲買人に売った可能性も推測できる。また、出漁するたびに運上銀を支払う必要があったことも分かる。

（二）　沖合の権利と明治以降の沖漁場

加世田郷の小湊浦の漁場として史料7－3で紹介した中之瀬がある（「弘化四年未十二月　加世田漁場取調帳」［笠沙町役場所蔵］）。この史料では、小湊浦の地先近くの網代と沖合の瀬が区別されていた。瀬の「中之瀬」については小湊浦より西の方角に二五里ほど沖に位置し、出漁のために御礼銀（運上銀）の納入が課されていた。瀬と網代との違いをみていこう。その違いは、網代がより沿岸に近い海域に位置し、瀬が沿岸から離れたところ、つまり沖に位置するところにある。網代は網場、瀬は地形の名称であった。瀬や網代は近世後期になると、権利のあり方を示した名称に変化している。権利の面からみると、瀬と網代は類似している部分があるといえよう。

甑島列島の下甑島の南方沖にある鷹島は、元禄国絵図によると下甑島から海上七里とある。さらにその南側に津倉瀬（つくら瀬）があった（図7－4）。鷹島周辺は、下甑島漁民の重要な漁場とされた。宝暦十三（一七六三）年には、下甑島浜方が同地での漁の訴えを起こした。それによると、「つくら瀬鷹島並下甑島」近辺での鮪大魚漁が禁じられたほか、鰹漁などに来た坊泊郷や加世田郷などの各地の船は、下甑島の浜方と熟談のうえ諸漁の障害にならないように漁をすることになった（下甑村 一九七七）。なお、この鷹島と津倉瀬は、加世田郷小湊浦が出漁した中の瀬にあたっていて、同一の瀬にもかかわらず、各郷が異なる名称を用いてその権利を主張していたことになる。

以上を踏まえ、十七世紀から確認される薩摩のカツオ一本釣漁業を時系列的にみていきたい。本事例の南九州の瀬付きのカツオ一本釣は、回游している鰹群を釣るのではなく瀬付のカツオを釣ることに特徴があった。十七～十八世紀に沖合の瀬の開発が進み、出漁が行われると共に出漁運上が発生し、十九世紀前半に瀬をめぐる争論が起こり、その過程で、瀬の権利が定まっていった。この事例は、沖合での入会漁業が排他漁業へ変化する流れを示している。

つまり、中之瀬は、入会海であったが、沖合漁業の展開で、加世田、坊津、甑島による争論の場に展開している。そして、加世田郷による排他独占へと変質した。つまり、沖は入会というイメージがあるが、沖合の瀬においては排他的な網代的な漁業権が確立されていたのである。

最後に、その後（明治期）の沖合漁場について簡単に言及しておこう。旧笠沙町役場所蔵の明治二十年代の漁業資料の中に、笠沙沖での捕鯨やサンゴ、鱶網漁業を行うための申請書と沖合の漁場を線で区画した絵図が数十点残されている。すなわち、この時期の沖合漁場は、線で区画される形に変化していたことになる。沖合漁場の形成と展開について、この時期まで視野に入れた変化をおさえていく必要がある。

第五節　小結

薩摩藩の漁業利用についてまとめておこう。薩摩藩では、郷の浦が運上銀を負担するために出漁する網代や瀬が、その浦の郷の地先海面に存在する事例がほとんどである。しかしながら、一部には他の郷の地先海面に存在する場合もあった。こうした陸の延長に存在しない網場の権利を持つことは、当地の海の権利のユニークさを示していると思われる。この海の権利の特徴については、網代、沖合漁業の問題と関わらせながら結論で展望する。

十七〜十九世紀の南薩摩川辺郡における一本釣漁などにみられる沖合への展開は、十六世紀のトカラ列島臥蛇島のカツオ漁→十七世紀の展開→十八世紀中葉の唐物崩れによるカツオ釣りの進展という変化と関わる可能性がある。十八世紀後半〜十九世紀の展開は、沖の漁場（瀬）をめぐる争論と排他的権利の形成であった。薩摩における沖合のカツオ一本釣漁業の漁場の権利を時系列的にまとめると、十八世紀に沖合の瀬の開発が進み、出漁が行われると共に、出漁行為に藩への礼銀（運上銀）が課された出漁運上が発生した。十九世紀前半には、その瀬をめぐる争論が起き、瀬の排他的な権利が確定していった。この南九州の瀬付きのカツオ一本釣は、回游している鰹群を釣るのではなく瀬付のカツオを釣ったので、海面の権利は沖合での入会漁業が瀬をめぐる排他漁業へ変化する傾向があった。この点は、近世期の沖合漁業でも海面の権利が確定されない八田網（第五章）と異なる点であるといえよう。

今後は、薩摩藩において、沖合進出の浦の郷、定置網の浦の郷、地曳網の浦の郷、地先区画線の入る浦の郷などのように、漁業技術や地形条件の違いで郷の漁業と漁場利用のあり方に違いがあったのか、また、浦（郷）どうしの地域間の階層性や、浦と郷域との関わりの違いもあったのか、検討する必要がある。

終　章　まとめと考察

本書では、近世におけるさまざまな漁場利用形態にみる漁民・漁村の漁場利用の歴史的な変化について、漁場と生態、漁場をめぐる社会関係の二つの点に注目しながら検討してきた。ここでは、各章で明らかになった点を踏まえ、そこから導き出される考察を行う。

第一節　各章のまとめ

序章では、海面の占有と漁場利用の歴史的な展開に関する先行研究を検討し課題を提示した。本書の課題は、湾の陸に接する沿岸（村の地先漁場など）の漁場利用、点的なポイントに集まる魚をとる網代漁業の漁場利用、「外海」、例えば東シナ海などに出て移動する回游魚をとる沖合漁業の漁場利用を取り上げ、その歴史的な変遷と地域的な違いを解明することにある。対象時代と地域は、十三世紀から十九世紀における東シナ海に面する九州西部・南部の肥前国南松浦郡の五島列島、肥後国天草郡、薩摩藩領である。

第Ⅰ部第一章では、中世五島列島を事例に、魚の集まるポイントでの漁業である網代の権利が十四世紀に成立すること、この権利と漁業形態が十七世紀以降の五島藩支配においても浦方（漁村）に付与された海面とは関係なく網ごとに「加徳」として継続されたことを明らかにした。また、争論の際に海面分割が行われたことの分かる十四世紀後半の「うきうお」「こあみ」漁業を取り上げ、網代とは異なる漁業形態として論じた。第一章第二節では、十七世紀後半の上五島有川湾をめぐる五島藩魚目浦と富江領有川村の争論を検討した。争論は魚目浦が富江陣屋、有川村が五島藩というようにそれぞれが異なる藩の支配下にあったため、幕府の裁許にまでいたった。この事例からは、魚目の網代漁業、浦方の海面占有、有川の一村地先海面占有等の三つの権利のあり方が浮かび上がった。五島ではそのうちの網代漁業が中世以来継続され、強固な権利になっていたという見通しを得た。

第二章では、十八世紀における越前から五島列島への他領漁業者の定着と漁業権獲得を取り上げた。他領漁業者は、五島藩へ献銀を行い身分の獲得を経て定着した。そして、既存の漁業権「加徳」の網の、操業を請負う権利を獲得した。彼らは、十八世紀後半に新しい定置網である、大敷網を導入する際に、マグロの回游経路沿いの既存の加徳網の操業を請け負う権利の買い占めを進めた。これは中世以来の地元漁業者による、さまざまな網の錯綜する点的な網代の漁場利用から、他領出身の漁業者等の下でのマグロ網（大敷網）漁業による漁場利用への再編であった。

第II部第三章では、近世期の天草郡の浦方漁場の様々な形態を論じ、I　特権をベースに村の前海以外に他の臨海村の前海を含んだ広域漁場を維持する型、II　十七〜十八世紀前半にI型が一村地先漁場へ再編する型等をとらえ、漁場占有をめぐる漁村間の階層性を論じた。また、I型の漁村が、沖合漁業を容易に進めることのできた要因として、各臨海村の地先海面を包括して広域に占有していたことが、地先海面の外側の海への出漁を容易にした可能性について推測した。

第四章では、近世期の天草郡の浦方漁場と漁撈活動の場の関係、漁場利用と自然生態との関わりについて絵図資料や史料を用いて検討した。そして、浦方の占有する漁場と漁撈活動の場が乖離していることをとらえた。乖離には、近世期の経過の中で生じたものと、浦方漁場の成立期から存在するものがあった。その背景としては、前者に地先海面から沖合漁業への変化の動き、後者に漁業以外の政治的な要因を見通した。

第五章では、天草富岡浦から肥前野母（幕府領長崎代官支配地）へ出漁した天草の八田網、十九世紀前半に肥前日見村の網場名（明和五年より幕府領長崎代官支配地）から天草郡崎津浦沿岸へ出漁して争論を起こした手繰網（移動底引網）を取り上げた。八田網は、集魚用の火の数が、手繰網は海底の水産資源を根こそぎとる漁業行為が、漁場争いの争点になっていた。

第六章では、薩摩藩の幕末期における島津斉彬による漁業政策を検討した。従来の御船手とは別組織の御手網方、鰯網方の設置とその役割をとらえた。

第七章では、幕末期の島津斉彬の漁業政策で作成された「旧薩藩沿海漁場図」などを用いて、十九世紀前半における薩摩藩の漁場利用を検討した。そして、郷の地先海面へ他郷に属する浦が入漁して網を設定している事例をとらえた。郷の地先海面に、その郷の浦が持つ地引網や網代などの一部が存在しないことは、郷の地先漁場と漁撈活動との乖離を示している。また、薩摩で十七世紀に行われていた一本釣漁業を取り上げ、十八世紀に沖合の瀬の開発、十九世紀前半に瀬をめぐる争論の変遷をとらえた。この研究では、沖合漁場において入会利用から排他的な利用へ変化したことを解明した。また、明治期になって、沖合漁場が線で区画される様子を論じた。

第二節　漁業の生業領域（テリトリー）の特徴

本書は、九州西海岸地域を事例に漁場利用史について検討を行ってきた。漁場の種類については、先に紹介したように原暉三が「一浦一村地先漁場」、「一浦複数村地先漁場」を示し（原　一九四八）、二野瓶徳夫が、①位置固定・排他的占有利用の必要性が高い漁場、②位置固定・排他的占有利用の必要性の低い漁場、③位置不定・排他的占有利用の必要性が高い漁場、④位置不定・排他的占有利用の必要性が低い漁場というように経済的な価値が高いか低いかという次元で分類している（二野瓶　一九六二）。近年、この捉え方に批判が出されてはいるもの

表終－１　本書で取り上げた漁業と権利

漁業	場所	権利※	資源の性質	魚を待つ、追う	権利の構成要素
網代	網代	①	回遊	待つ	ポイント（輪番（隔日）利用）＋網
大敷網	網代	①―①②	回遊　上中	待つ	ポイント＋固定網＋回遊経路（排他権）
ぼら網	網代	②	回遊　上	待つ	ポイント⇒ポイント＋回遊経路＋網
鯛網	網代	②	限定　底	待つ	ポイント＋網（⇔ワカメ採取と争論）
建網	網代	②	底（タイ）	待つ	ポイント＋固定網
建切網	地先	②	回遊　上	待つ	固定網＋湾内海面全体（浦内領域）
地引網	地先	②	回遊　上	待つ	陸（濱）＋網
ワカメ採取	地先	②農村	固着　底	待つ	ポイント（季節－干満差（時間））
シイラ漬漁	沖合	①⇒②	回遊　上	待つ	ポイント（漬木）＋海面
うきうおこあみ	地先	①	回遊　上	追う	小網
八田網１	沖合	③	回遊　上	追う	巻き網（集魚火数）
一本釣り	沖合	③	回遊　上	追う	釣り＋ポイント（瀬）
手繰網	沖合	②⇒③	固着　底	追う	底引網　（後に禁漁区設定）
追込イルカ、鯨漁	沖合→地先	③	回遊　上	追う	陸＋網＋湾内権利（浦内）
かぶせ網鯨突	沖合	③	回遊　上	追う	網
ムロアジ刺網	網代	②③	回遊　中	待つ	ポイント＋網　刺網
潜水漁業	網代	③	底	追う	ポイント－潜水行為

（注）　※①～③の番号は権利の主体を示す。①個人②村③―村に帰属しない入会

の、位置固定なのか不定なのか、排他的な占有の有無の視点は、本書の問題意識のうえでは重要な指摘である。

そこで本書では、漁業技術の違いと権利のあり方の違いに着目して漁業テリトリーの特徴について、次の①～③の枠組に基づきながら論じる。①漁場の権利から区分すると、個人持ちの網代（ポイント）、漁村（浦）や村が領主への徴税負担のために沿岸を分割して占有する村（浦）持ちの地先漁場、そして一村に帰属しない複数の村や漁業者による入会漁場の三つに区分できる。②漁業技術では、移動しながら魚を「追う」、魚の回游を「待つ」の二つの大きな区分があってその間に存在する漁業や「追う」「待つ」を組み合わせた漁業も存在する。さらに③漁場の形態の特徴として、網代の場合は点、海面分割を要する漁業は面、一本釣や沖合の網漁などの移動する漁業は線と考えることができる。①と②、さらに③の三種類の区分を織り交ぜながら漁場利用の特徴とその変化を論じる必要がある（表終－1）。これをふまえながら本節では、魚の集まるポイントでの網代漁場、漁村が占有する沿岸の区画された地先漁場、移動しながら魚を追う沖合漁場に分けてそれぞれの特徴をとらえる。網代漁場は固定漁業、待つ漁業、沖合漁場では回游魚を追う漁法の八田網、手繰網、そして一本釣漁業などが行われていた。五島列島や野母崎、天草西海岸などでは、陸の近く（地先）まで回游魚が入ってきてこうした漁法で捕採していた。野母の八田網（現在の小型まき網）と薩摩のカツオ一本釣の回游魚漁、長崎から天草南部に出漁した手繰網（現在の小型底曳網）などは、「地先―沖」の枠組みをこえて展開することを特徴としていた。つまり、漁業、漁法を指標にすると、地先と沖の明確な境界は定めにくい。この捉え方は、近世漁場の「磯―地先―沖」の枠組とは異なるのである。

（一）　網代漁場

網代は、魚の集まるポイント（天然魚礁）（柳田・倉田　一九三八）を示す史料用語であり、現代でも五島列島など一部の地域の漁民の間では魚の集まる天然漁礁とされている。ここに入漁するためには権利が必要で、網を

①○ ↓	①14 世紀　　　網
②● ↓	②14 世紀中葉　網代
③[● ●]	③18 世紀後半　網代の囲い込み

図終－1　網代漁場テリトリーの再編モデル図
五島列島の網代漁業
○は網　●は網代

入れて行う漁業や、漁具を固定した漁業が行われていた。固定漁具の漁業としては定置網、大敷網などがある。本書で検討した史料に出てくる網代は、定点に集まる魚を獲る漁撈活動の存在を意味している。五島列島では、村をベースにした地先漁場の権利よりも個人主体の網代の漁業権が多かった。その形成は、中世の十四世紀中葉の史料から確認でき、それ以前から存在していた網の権利とは異なる定点の権利であった。その網代は近世初期には加徳網として存在していた。その網代の権利は、十八世紀後半の五島列島福江島において他領出身漁業者が大敷網をもたらし、網代の独占的な買い占めを進め、面的な漁場占有へと変化していった（図終－1）。

一方、天草に「近世漁村」（浦方）が排他的に占有する海面の内部には、浦方が所有する網代が存在していた。また薩摩藩でも郷の漁場の中や境界部分に網代、瀬が存在し、御礼銀（運上銀）の賦課対象となっていた。さらに争論がおきた場合には網代に近い郷が先着優先権を持ち、離れた郷は二番目に入漁するように裁許されていた。天草と薩摩の場合は、これらの網代の運上銀を負担する主体が、その網代や瀬を包括した海面を持つ村（浦方、浜方百姓村）になっていた。それに対し、五島での網代の主体は、村単位でなく郷士層や商人層、村の有力層、または他村の有力漁民などのように個人であった。彼らは藩主から知行を許されていた。天草と五島の違いは、網代の権利と地先海面の権利の強弱が地域によって異なることを示している。

網代漁場の特徴を、沿岸の網代とカツオ漁での沖合の瀬、曽根（薩摩）との比較からみていきたい。網代漁業は魚のいるポイントでおこなわれ、季節や漁法をめぐる利用の取り決めが作られた。また、網代は、個人または網組が持つ権利になりやすく、村全体の所有物になりにくかった。この権利は、中世に成立したものが多く、中世的な支配の仕組みが近世に残る地域などでは継続され、十八世紀後半になると権利の保持者が実際の操業を別な者に請け負わせる場合もあった。一方、カツオ一本釣の漁場である瀬は、沖合の岩礁などの浅瀬で曽根とも呼ばれ、権利が発生している。そこにはカツオをはじめとした回游魚が集まりやすく、カツオ一本釣漁民が釣りを行っていた。漁民は瀬を発見しその場を山当て等で見定め、自らの漁場として捉える。つまり、瀬という自然地形に集まる回游魚を一本釣で漁獲するのである。このように、瀬は定点的な権利で網代と共通する面がある。沖と地先の場所の違いがあっても、漁法の技術には共通性がみられる。

（二）　沿岸を分割してできた漁場（地先漁場）

この形態の漁場に該当するのは、主として「近世漁村」（＝浦方、濱方〔漁村〕）が占有した地先漁場である。この漁場には、一つの漁村が複数の村の前海まで漁場として占有するタイプと、一つの漁村がその村の前海のみを漁場として占有するタイプがあった。これは、現在の日本国内における漁業協同組合（漁協）に対して国から共同漁業権（明治漁業法では専用漁業権）として貸与された区画海面とも共通する部分がある。この海面は陸の市町村境界線や大字境界線の延長上の線を区画する形で設定されている例が多い。

漁村が海面を分割して占有する動きは、その多くが近世を始まりとしているが、中世史料にもその端緒が見られた。本書第一章では、応永三（一三九六）年十二月に網代と別の漁業として「うきうお」「こあみ」と出てくる『青方文書』の「うきうおの御ろん候あいた、しよせんさかいおさし申候、あおかたとのの御方ハ、こきてさきのうちおうきうおを御ひき候へく候」に注目した。そして、「うきうお」をめぐる争論が生じた際には海面分割という調整を行って解決していた可能性を見通した。これは、海面の分割を要するような漁場利用の端緒と見なせるのではないだろうか。では、こうした事例が、近世漁村の占有する陸地に付属する海面の権利とどう関わるのか。そもそもなぜ海面を分割する必要があったのか考えてみたい。江戸初期の漁村の海面の境界線は村境線の延長が原則とされ、この場合政治的な意味を持っていたことは否めない事実である。しかしながら、その境界画定の手法には、天草の富岡浦の占有した漁場のように、他村の村前にまで及び、境界が村境線の延長でなく海のランドマーク（岩礁や瀬）、山の稜線、岬などとなっていた事例もあったように、海からの視点、つまり漁業を意識して海面が区画されたものもあった。つまり、漁業と政治の二つの意味を併せ持ちながら、村持ちの漁場が設定されていたと考えられる。

五島では、当時から漁業が盛んで、漁村による海面の占有が行われても網代の権利が強いため村の漁場と網代の漁場利用が併存していた。五島列島の浦方の一つであった上五島魚目は、鮪網、シイラ網、イルカ網の権利に基づいて有川湾全体の排他漁場を占有していた。この事例は、各漁法を包括するために浦方の占有する広域的な排他的な漁場の権利が存在していたことを示している。この浦方漁場の形成年代は十七世紀中葉以前と想定され、近世初期の網捕りイルカ漁、マグロ建網、シイラ浮網などの漁法がその形成に関わっていたと推測される。これらの漁業は海面分割を要する漁業であった。

天草では、漁村による漁場の占有が近世初期から政治的に行われ、その内部に網代漁場が存在し、村の漁場が優越していた。天草郡富岡浦では、近世を通じて発展した漁法や周辺村の動向の中で漁場争論が十八世紀中葉以降生じて、その際に元禄期の段階で富岡が占有していた海面が、浦方の漁業権の正当性の根拠として主張された。十八世紀中葉以前の漁場争論記事は、確認できない。富岡浦の場合は、島原の乱後に編成された水主浦で、水主役や藩主親族救助の恩賞などの政治的な意味で漁場が形成された可能性もある。このように地域的な違いがある。

この違いの生まれる要因を検討してみよう。近世初期に広域的な海面を付与されていた肥後国天草諸島の富岡や牛深の浦方漁民は、十七世紀後半に魚の回游する外海（沖合）へ出るために沖合漁業（八田網、一本釣）を活発化させた。十八世紀中葉の「磯は地付き、沖は入会」の幕府法令が出されるまでの間に、浦方は、占有する地先漁場での漁業のみならず、沖合への志向を持ち、他所への出漁を進めた可能性が高い。それに伴って、漁業権を持っていなかった臨海農村が、入漁料を払って肥料用漁業、網漁業、地引網を開始し、その後、浦の株を得て一村地先海面を得た。つまり、天草郡では新たな浦の誕生と既存の浦方（漁村）の沖合進出とが関係していた可能性がある（図終－2）。既存の浦方は、漁業収益を上げるために魚の回遊する沖合に出ていた。近世には地先海面の獲得をめぐる争論が多発している。しかし、牛深の事例は、地先海面を得たところで、漁業収益に限界のあることを示している。すなわち、近世期の地先海面は、積極的な漁業活動を行える海面でなかった可能性を指摘できる。推測の域を出ないが、近世初期から漁業が盛んだった地域では浦方の海面の設定が、漁撈活動を反映する形で進められた可能性もある。他方で盛んでなかった地域では、近世初期の漁場区画の設定が、陸の境界線の延長で行われていた。しかし、この地域ではその後の漁業進展に伴って、村切線の漁場が漁撈活動に即した意味を持つようになったことが推測できる。

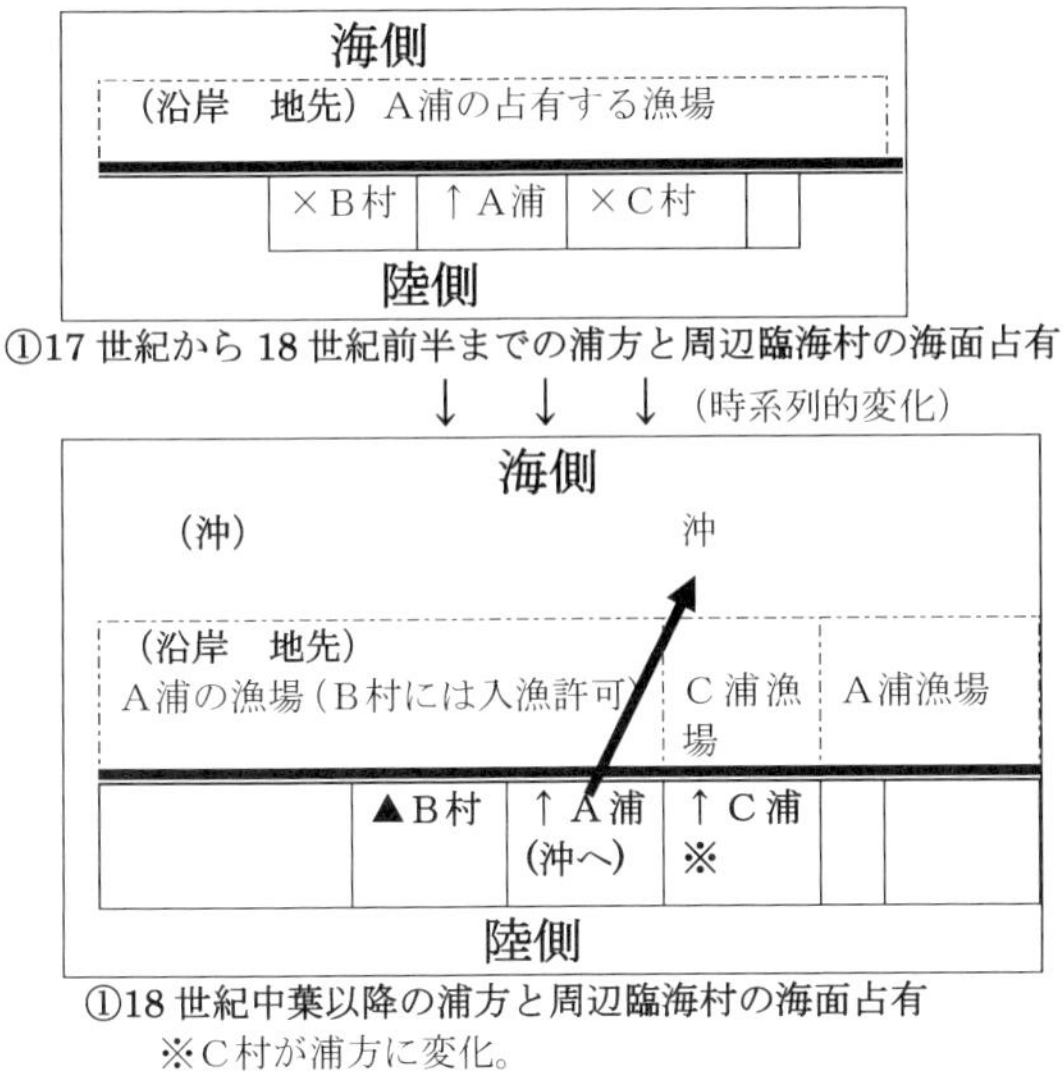

図終－2　17～19世紀における天草郡の浦方（漁村）の占有する海面テリトリーの再編

図中記号説明：×　海面領有、入漁権を持たない村
▲　B村　A浦漁場への入漁権を持つ
↑　排他的な海面占有権を持つ村（浦）
――――　村境線（陸側の境界線）
-・-・-・-　漁方運上を納めることで海面占有権を得た村の海面の境界線

　沿岸海域を分割してできた漁場は、「近世的な漁村」の漁場の典型で、その成立には政治性を帯びていた。この点は、この漁場が漁業用益の場ではない面も併せ持つことを示している。この漁場は、近世後期になると漁業技術の展開や漁場争論の多発に伴って漁業用益の場として

の機能を持ち始めているように、その特質が変化したのである。(1)

（三）　沖合漁場

沖合漁場は、回游魚を追う八田網や手繰網、一本釣等の漁業の行われる場所で、複数の漁村が入漁する海域であった。本書では、群れで回游するイワシをターゲットにして、外海、沿岸から離れた沖で行われる肥前野母や天草富岡の八田網、外洋性の大型回游魚であるカツオを捕採する薩摩加世田坊津（坊泊）や天草牛深のカツオ一本釣漁業を取り上げその権利の形成と資源利用について考察した。これらの漁業の行われる場所は、一村に帰属せず複数村によって利用が行われていることに特徴があった。八田網は集魚用の火の数に制限を設けて漁場利用の調整を行っていた。カツオ漁業の場合は、当初、一つの村が沖合の瀬や曽根、島の権利を得ていたが、入漁する村が多くなるにつれて、先着者優先の形で入漁の順番が決められ、関係する村どうしの入会漁場となっていった。なお明治以降は、八田網、鱶網、鯨網などの漁種別で各村が面的に囲いこんだ漁場がみられた（図終-3）。

①　□ ↓	①17〜18 世紀　　瀬　→先着者優先による一村の権利
②　□□ ↓	②18 世紀後半　　瀬　→村どうしの争論を経て一村に帰属しない入会へ
③　[□　]	③明治期　　　　沖合漁場を面として囲い込む。一村の漁種別排他漁場

図終-3　沖合漁業の権利とテリトリーの再編モデル図
—薩摩藩のカツオ釣等

こうしてみると、「沖は入会」というように誰でも自由に利用できるとされていた沖合の定義（近藤　一九五三、三五〇）とは異なり、一村に帰属せず、複数の村の共同利用が一般的であることがうかがわれる。つまり、入会関係にある特定の村や特定の漁業者どうしで沖合漁場を排他的に占有していたのである。沖合漁業に関するこれまでの研究では、「磯は地付次第、沖は入会」という枠組で、沖は入会という前提で議論される傾向が強かった。本書で取り上げた薩摩の事例では、①特定の村の漁業者が沖の漁場開発を行い、漁業が軌道に乗ると運上銀を支払うことで支配権力から出漁の公認を受けていたこと、②その公認を受けた村（漁業者）どうしが、近世中期以降に沖の漁場で争論を起こすことで、操業場所（島、瀬）や操業期間（季節）の細かい権利が生まれた。つまり、沖漁場に漁場や操業季節をめぐる細かい権利（一部に排他性あり）が設定されていた。

最後に本書での網代、沿岸区画漁場、入会漁場の議論を、片岡（片岡　一九九二）、春田（春田　一九九三）が進めている近年の中近世漁場構造の研究と対比してみよう。まず、中世若狭において陸地付の海が網場の成立で占有形態が変化するという春田の議論と比較する。「陸地付きの海」は本書でいう用益権の発生しない地先海面、浦内領域は用益権の網代などが内部にある浦方の海面、網場は網代にあたるといえよう。片岡は、近世広島藩に、①定住者鰯網特権、②家船漂泊民の鰯網、③近世中期以降の村地先海面が並存することを論じた。五島天草の「外海」域では、①の鰯網特権が網代、②の家船、漂泊民が沖合、③の村地先海面が浦方海面（広域地先）と一村地先にあたると思われる。これに関連して、③の近世中期以降との指摘は天草の水主浦が一浦一地先、つまり一村地先に同時期になっていった動きとも重なる。また、五島、天草の沖合漁業の存在、浦方の広域漁場は、広島藩の瀬戸内海域のモデルと異なっている。これは、東シナ海という「外海」に面する研究対象地域の特性といえるかもしれない。

第三節　漁場利用の社会的背景と地域的な違い

五島では、近世以降も近世村支配よりも中世以来の領主制支配が続き、中世以来の網代の権利が残存していた。これには五島の離島としての島嶼の特性などの問題もあると思われる。それに対し、天草では島原の乱を境にして、村をベースとした封建社会が展開していた。漁場の占有、利用慣行、漁業技術にみられる五島、天草、薩摩の地域的な違いについてその社会的背景を踏まえながら考察していく。

(一) 五島列島

五島列島の中世史料に確認される「網」「網代」「うきうお小網」は、沿岸海域や湾内において展開された小規模な網漁業であったが、十七世紀以降、次第に漁業は大型化し、沖合に回游する魚群そのものを資源として、新たな技術と資本を集約的に導入する「大敷網」、「八田網」「手繰網」「一本釣」などの漁法が開発され、漁業生産の中心となった。これらの漁法は、中世以来の国人の流れを汲む者や、他国からの出漁民、大坂などの商人資本傘下の漁民など、必ずしも浦方(漁村)主体の経営ばかりではなかった。こうした点には五島列島の社会背景が関係していた。五島は、倭寇の末裔で外へ出て行く傾向が強く、外から来る者に寛容である。漁業権は、おかず漁業から派生し年貢を賦課された村の規制の強い漁業もあったが、圧倒的に強いのは中世以来の網代場における個人漁業であった。そのため近世漁村の組織よりも同族的な結合が強く、それが網代権＝加徳として継続していた。この点は、瀬野精一郎のいう中世の倭寇以来の「党的集団」「海賊」的な集団が五島列島において生き続けていたこととも関連しているといえよう(瀬野 一九五八)。五島では、国人が占有していた網代権が中世に生まれ、近世になると近世漁村の占有する区画漁場が成立するものの、武士層や有力町人層の持つ網代権も強く継続していた。つまり、制度よりも漁場用益の場の権利に重きがおかれていた。

(二) 天草諸島と薩摩

五島に対して肥後天草は、島原の乱後の影響もあって、近世社会の封建制度(村方、浦方)が徹底された地域で、浦方以外の漁業行為は強く規制されていた。天草では、十七世紀前半の島原の乱以降の地域編成で、浦方(漁村)が作られ、その占有する区画海面が画定された。その後、その海面は、維持、また分割されるなど、浦方によって展開に違いがあった。その背景には、個別の漁業展開や海防などの政治的要素、長崎流通圏などの経済的要素が絡みあっていたことが推測される。天草の場合、個人持ちの網代の権利が弱く、浦方の漁場に包括される傾向があった。これは、網代から近世には加徳網として展開した五島の事例のみならず、中世期的な網の権利が郷士網として近世にも展開する熊本藩領の事例などと比べても特殊である。

天草郡における網代的な要素として注目されるのは、各浦方（漁村）に課された、魚名・魚種の名前のつく運上（鰯網運上、鮑運上、鶏冠草《トサカノリ》運上）の漁業である。これらの多くは、浦方の成立期から存在していたようで、富岡浦では元禄期の村明細帳に記載されている。天草下島と島原半島の間の有明海の入口に面し、あま漁民を持つ二江村（浦）には、鶏冠草運上が課され、元禄期には採取と買上に区分して設定されていた。十八世紀になると、長崎商人とつながる仲買請負人が村庄屋の親族を買収し、採取・買上運上を請負うようになる。文化期に運上銀請負権が借財の担保として長崎商人へ渡るが、村や漁民衆の反対に遭う。また、肥前網場名の手繰網が天草の崎津浦に流入して生じた争論では、崎津浦のみならず天草郡全体の浦の連合が一つになって対処していた。こうした事例は、ひとつの村（浦方）が漁業を統率することの難しさを示している。この背景には商人資本や他領漁民の流入で生業の場が侵されやすい漁業の特徴があったと推測される。

天草では幕府支配による「近世村」が形成され、強固な水主浦制度が敷かれた。ただし、浦方漁場の設定に際しては、自然すなわち魚の動きも考慮し、自然地形を境にして海面を区画した漁場が設けられる場合もあった。しかし、多くの浦方は一村（村境）漁場へ再編されていく。海面の内部には漁業用益場である網代があったが、これは個人有ではなく村有の場合が多かった。近世的な漁業権とは村が海面を占有することにあるといえるのではないだろうか。これは漁業用益のみの問題ではなく、海防、廻船、など海事全般の問題につながる。

薩摩は、郷士層による漁民支配が行われた。漁場は郷単位で設定されていた。郷域の地先海面では、その郷の複数の浦によって入会漁業が行われていた。また郷域をこえて、沖合漁場へ出ることもできた。一村海面占有ではないが、郷の海面占有であった。ある程度、漁業、魚の動きに即した漁業が可能である各浦濱は舸子役負担、貢租が課されていたものの、天草のように厳密ではなかった。網代漁業は、その網代の存在する郷に属する浦の権利があったため、他の郷との網代をめぐる争論に際しては、他の郷が二番目に入漁できる取り決めが多かった。薩摩の加世田、坊泊では沖合漁業が盛んで、網組、釣組の発展があった。沖合漁場は入会でなく、排他的な権利（曽根　網代）があった。

地域別に特徴をとらえてきたここまでの分析を踏まえ、五島と天草の比較を中心に検討していこう。天草郡は、漁場利用について、村どうしでの規制が強いことを特徴としていた。天草は島原の乱で浦方、すなわち「近世漁村」が新たに成立し、大庄屋組や村役人の支配による強固な村の規制が敷かれた。浦方の漁場の中には網代も存在していたが、漁場を占有する浦方のものであった。天草では、カツオ組のあった牛深などを除いて、村（浦）をベースにした漁業が行われていた。しかし、他領から来た手繰網集団には、郡全体の浦がひとつになって対応した。一つの村をベースにした漁場利用では、移動しながら行われる沖合漁業に対応できなかったのである。薩摩の場合も郷の規制の下での漁業が行われていた。沖合のカツオ釣りなどは、加世田郷、坊泊郷など一部の地域に限られていた。このように村ベースの漁場利用と、郡、郷単位で行われる漁業の存在を読み取ることができる。

一方で、五島では中世に国人領主の持つ網代が形成され、中世末期から近世初頭にかけての捕鯨組、大敷網漁業などのような規模の大きな漁業が展開した。この漁業の主は、網代や加徳にあるように郷士や村の有力者、商人などであり、天草にみられるような村ベースの漁業は小規模に行われていた。ここは村による規制が弱く、漁業権は網代や加徳にみられるように個人主体であった。それは、中世以来の網代権が加徳として継続していたことと関係するのである。漁場の権利は時系列的な展開の中で変動が著しく、漁業の様々な面、すなわち「村共同体的漁場」や「党的集団（松浦党）や移動漁業者の漁場」などの複雑な要素が絡むことを特徴としている。また五島の好漁場という自然地理的な特性もあった。

これまでの二野瓶徳夫による経済性の強弱をベースに漁場をとらえた漁村研究では、消費地に近い関東地域や関西、瀬戸内、北陸地域の村落が占有（総有）する海面を舞台にした漁業で先進的、中間的とされた。「磯は地付き次第、沖は入会」の法令にあるように、沖には権利が発生しなかったとみなされ、沖合漁業の展開を動力化の進んだ明治四十年代に求めたことで近世における沖漁業の展開そのものが弱かったとされてきた。そのため、沖漁業は研究対象として十分に扱われてこなかった。また、中世的漁業の残る地域や辺境地域の漁業は後進的ととらえていた。本稿で扱った五島列島は中世的漁業の残る地域で市場からも遠く辺境地域とされるが、視点をかえると漁業の先進地域であったのである。

五島と天草は、同じ海域で隣接していながら漁場利用、漁業権のあり方に相当な違いがあった。その背景には、封建制の強弱などの政治・経済の要素のみならず、漁法の展開、漁場用益の慣行（資源管理）、魚の回游する環境の違いもあったと想定される。

第四節　漁場利用と自然生態との関わり

この節では、海面占有の形成と重層的な漁場利用を取り上げる。人間の側が設定した区画された漁場の範囲が潮流や地形などの自然条件や魚類や海藻類の生態条件とどのように関わるのか検討する。沖、地先、磯などの漁場認識の形成、ある一つの海面に対する複数集団による重層的な利用と生態との関わり等についても取り上げる。漁場の占有・利用の主体は、占有主体が村、利用主体が村内部もしくは村に属さない漁業集団というように乖離のみられる傾向があり、その違いにも留意する。

ここでは、漁法を介した人と自然との関わりの歴史を取り上げる。ここでの自然生態とは、沿岸の潮流や海流などの自然地理学的要素、回游魚や底棲魚などといった魚の生態、藻類の生態などをさす。換言すれば、広い意味での、漁民にとっての自然環境となる。第二部で取り上げた天草郡富岡浦の漁場を事例に取り上げる。

（一）　漁場利用にみる「自然の領有」

肥後国天草郡においても近世期には数多くの漁場争論が生じていた。水主浦の富岡浦の漁場をめぐる争論は、享保、寛保、寛延、明和、寛政、文化、文政、嘉元、文久の各時期に生じている。富岡浦は、漁場争論の際に、自らの正当性の根拠として、万治期の検地の際に保証された艀子役負担、寛文期の戸田氏支配の際に保証された運上銀納入と漁場支配の三点を主張していた。その漁場の範囲は、史料3－1（元禄明細帳）に示したように「当町前海、東ハのふ瀬を境、北ハ御城山ヨリ三里半、此間五里半、東北之間沖三里富岡二江浦立会」（元禄十四（一七〇一）年『富岡町明細帳』［天草古文書会　一九八八］）というように定められている。ところで、苓北町役場と苓北町郷土資料館には、各一枚の富岡漁場図があり、富岡漁協の印が押されている。このうちの一枚の絵図が「富岡浦専漁場図」である。この図の記載は、『富岡漁業史』所載の明治四年「網代場調」と重なる部分が多いため、明治四年前後の作成と推測される。絵図中には、網場の地名、漁網名、線で表記された漁場範囲などが細かく記されている。史料3－1の地先漁場の範囲は、この「富岡浦専漁場図」に描かれた範囲と一致している。この富岡浦漁場で注目したいのは、東西南北のいわゆる四至で海が漁場として区画されている点である。これは、海という自然を、漁業集団が自らの生業領域（テリトリー）として初めて占有したことを示している。このテリトリーをどう評価すべきか議論の分かれるところである。すなわちモーリス・ゴドリエの言う「自然の領有」の議論のうち、「抽象的領有」なのか、それとも「具体的所有」なのかという点である（ゴドリエ［山内訳］一九八六）。第三章で取り上げた水主浦漁場のうち一村地先漁場のタイプは、海の視点から設定されたテリトリーから陸の境界線の延長で作られたテリトリーに変質した事例といえる。これは、ゴドリエの言う抽象的領有から具体的領有へと変化した捉え方ではなかなか説明しにくい問題である。ゴドリエの説だと、政治的、あるいは宗教的に決められたテリトリーが抽象的領有で、それが漁場争論や漁業技術の変化にともなって具体的な漁撈活動に即したテリトリーに変質したとする。

海の領有についての日本中世史の側からの議論は、網野の「無主性と天皇の海」、春田による漁業の盛んな地域で権利が生まれ漁場秩序が形成されたとする説などがある。網野、保立はゴドリエの言った抽象的領有、春田は具体的領有というふうにとらえることができる。近世の場合、水主浦漁場は政治的な判断で区画されている場合が多い。その場合、抽象的領有になるといえよう。ただし、その中には、海の地形（岬や岩礁を境界）に即した形で領域を設定した事例も三章の天草郡の富岡浦、二江浦などのように存在する。その領域は、後に変質する際に、陸の境界線の延長上に海の線がひかれることになる。その場合、抽象的領有から具体的領有への変化として評価できるかもしれない。陸の境界線に即した形での変化は、海の特徴からすると具体的な領有とはいえないと思われる。つまり、具体的領有から陸の特徴を踏まえたテリトリー、つまり抽象的領有へ再編されていくとも見なせる。本書で取り上げた近世の海のテリトリーの把握には、陸の論理と海の論理のとらえ方の違いという発想、そして政治的な海面区画と生業から生まれた海面という発想、固着性資源の漁業（固定漁業）と回游性資源の漁業（動く漁業）の違いという発想などいくつもの条件が加味されてくるのである。

つまり、富岡浦漁場の再編は、海の側からすれば、具体的領有から抽象的領有への変化、陸の側からすると抽象的領有から具体的領有への変化ということになるのではないだろうか。

なお、実際の漁撈活動の漁場と、近世初期の封建制度下でできた漁場テリトリーとの間には、その成立背景からして違いがあるので、その空間利用には乖離があったといえる。しかし、漁撈活動の展開にともなって十九世紀前半になると、海面を持つ富岡浦の漁師側が、史料3－1の東西南北の区画された海面の占有権を持ち出してきて、海面を魚の回游経路であるから漁場としての意味が生じると訴えている。つまり、近世期を通じて抽象的領有であった海面が、漁撈活動の実態の意味を帯びた漁場になったこともうかがわれる。幕末期にこの富岡浦漁場の四至表示の内容を描いた絵図が作成されたことは、具体的漁場になったことを示しているといえよう。

（二）漁場利用の枠組と重層的所有観

ここでは、漁場の占有・利用と、生態の関わりについてのいくつかの傾向をとらえていく。

本書では「磯―地先―沖」と異なる漁場利用の枠組として、「追う」「待つ」の漁業技術、点、面、移動の漁業形態、そして、個人、浦・村（郷）、入会（複数村以上）の漁場の権利を組み合わせた枠組みを示しておきたい。点には、地先の網代、沖の柴漬、カゴ漁、壺漁などが、面には一本釣、八田網、手繰網などの動く漁が含まれる。また、点と面の枠組みは、網代から大敷への変化、捕鯨にみられる「面から点への変化」などの動態をとらえる上で有効である。ただし、沖合に出て行く意味も考えねばならない。すなわち、点、線、面といった漁法の区分、磯、地先、沖合といった漁場（空間）の区分を組合せることで漁場利用の特性を見出すことができるものと思われる。こうした区分を踏まえながら漁場利用と生態との関わりを考察するものである。

まず、沖合漁業と海底地形との関りである。手繰網である底曳網は、操業するための海底地形の条件として砂地であること、水深がそれほど深くないことが求められた。一本釣は、水深に関係なく操業できたが、回游魚の集まる沖合の瀬を必要としていた。八田網は、岸に近い磯や浅瀬を除いて、魚の回游する海面だったらどこでも操業が可能だった。これらの沖合漁業は十八世紀中葉に開発され、十八世紀後半から十九世紀初頭に権利として確立した。定置漁業をみると、建網（鯛網）は、岩礁と砂地が重なるような空間に網を立てる必要があった。藻採取をするためには、浅い岩場、磯の地形が必要であった。このように、海底地形には様々な漁業を行う上での様々な制約が存在していた。近世を通じて、海の様々な空間で漁業が可能になった理由としては、海底の地形条件を把握した上で進められた漁業技術の開発を挙げることができる。

次に、区画の設定された漁場と魚の回游経路との関わりを取り上げる。貞享元禄期の上五島の魚目は、富江陣屋分知以前から運上銀を支払う形で維持していた既存の鮪網やシイラ網、江豚《イルカ》追い込み網を行うために有川湾全体の海面の占有を主張した。さらに元禄期に有川の訴えを容れて「磯は地付次第、沖は入会」の幕府裁許が出され、有川湾に海の境界線が引かれたが、漁業用益に関して魚目と有川の漁師どうしでその線に縛られない形で漁業を行う取り決めがなされた。十八世後半の福江島の西村氏は、大敷網に入るマグロを捕獲するために、その回游経路上にある網の権利（加徳）の獲得と二つの掛（有川掛、魚目掛）の地先に及んでいる海面の排他的占有を進めるなどして、経路上から他の網を除くようにした。天草の富岡浦は、富岡から一〇数キロ南側に離れた富岡浦の占有する海面を前海に持つ高浜村が海面の占有権の獲得を目ざしたのに対し、その海面は富岡の網への魚の回游経路上に位置するので漁場として必要であることを主張した。このように、旧来からの広い漁場を守ろうとする村は、自らの正当性の根拠として、漁場が回游魚の回游経路「魚道」にあたることを主張する傾向にあった。一方で、新規参入の村に幕府裁許で付与された海面は現実の漁業にそぐわない面もあった。

つまり、富岡漁場などの事例は、陸側の村切線の延長の地先漁場の範囲に左右されない形で、潮流に応じた広い漁場の設定の行われたことを示している。つまり、魚の生態をふまえたうえで、区画された排他的な漁場の設定もある程度なされていたといえるのではないか。こうした際に設けられた線は、現在も海の境界線、排他漁場として生きている場合が多い。なお、生態人類学では線で区画された排他的な海面占有と、漁師個人の持つ海への知識を対置しながら考える意見も出されている（竹川　二〇〇三）。しかし、その境界線が設定されるまでに、個人や村と生態との関わりをめぐるいくつもの段階があったことに留意すると、歴史的観点からはその線を漁師個人の自然認識と背反するものとみなせるのか、さらに検討の余地を残している。つまり、過去の段階においては、政治経済的要因に加えて、自然との関わりの要因が絡み合って境界線が生まれるのである。

また、排他的に占有された区画漁場にも、重層的な海面利用が存在していた。農民のワカメ採取と浦方漁民の鯛網との間での争論がその事例である。これは、干潮になると農民が入り、満潮になると漁民が網を入れる。海中にある石をめぐり、農民は海藻の繁茂に石が必要、漁民は網の敷設に邪魔であると主張した。また、海藻の採取をめぐり、農民は肥料用に採取を求めたのに対し、漁民は魚の産卵や集魚に海藻は必要だと主張した。生業や漁法の違いで自然認識に差が見受けられるのである。

その権利の重層性について、さらに検討を加えてみよう。近世の海面の占有主体は、基本的に村である。しかし、十八世紀後半の福江島岐宿の西村氏の大敷網の例で示したように、海面占有とは異なる論理の網場の権利「加徳」を受け継ぐ形で、マグロを獲ることを目的とした個人資本に海面（マグロの回游経路を含んだ海面）を付与する動きも生じた。これは、網代権の延長であった。中世以来の網代の権利をみると、重層的な漁業権の設定がなされ、複合的な漁業経営が行われていた。そのことは、網の名称からも窺われる。漁業運上は、百姓網、先祖網、村網、漁方運上のような村に課される複合的な漁業年貢に、新規年貢として鮪網、いるか網、かつお網、イワシ運上、シイラ運上、鮪運上が加わる傾向にあった。この点は、複合漁業から単一の漁業、大規模漁業への流れを示している。つまり、一つの海面を様々な漁業が利用した形態から、マグロなどの特定の魚種の捕獲を目指した漁業による海面利用の形態への再編を示している。これは近年の民俗学の複合生業論と重なる部分がある（安室　二〇〇五）。浦方に指定された漁村は、その沿岸漁場でさまざまな漁業を重層的に行っていたが、十七世紀後半から十八世紀になると沖合へ出て、カツオやイワシの沖合漁業を進めたように、そうした特定の魚の捕獲を目指した漁業を展開した。これは複合的な生業から特定業種をターゲットにした漁業への展開とも見做すことができる。このような海面の重層的な利用は漁業の特徴を生かしたものである。一方で、その範囲を超えてターゲットとする魚を求めて動いていくことも漁業者の求めるところかもしれない。(2) 本書で取り上げた牛深漁民、さらに沖縄の糸満漁民もそうした事例といえようか。すなわち、漁業の場、漁場利用の特徴としては、漁場の水深の違いのタテ軸と面的なヨコ軸の空間的拡がりがあり、この組合せが重層的な所有観を生み出していたのである。

第五節　展望と課題

本書では、漁場利用の権利や漁法の変遷の特徴として、種類の異なる漁業が同一海面で重層的に操業されたように、様々な権利が錯綜する中で単線的に変化しないことをとらえた。網代漁業の権利は十九世紀まで続いたものの、十七世紀以降の浦方海面や地先海面の形成と関わった。また十七世紀の浦方の沖、「外海」への進出は、浦方の占有する広域の海面から一村地先海面化の動きと関係していた。

本書では近世漁業の様々な権利の形成とその時系列的展開という課題について次の見通しを得た。すなわち東シナ海（外海）に面する九州西部・南部地域において、近世前期に主要漁業の舞台は地先海面から回游魚のいる沖合海面に移動し十八世紀中葉以降には権利となったのである。これは、十七世紀から十八世紀に沖合出漁が進み、十八世紀後半から十九世紀には沖合をめぐる争論が生じ、権利が確立されたことを意味している。十九世紀の特に文化期になると、「不漁」の記事が散見されるようになる。浦方の村でも、沖で展開していた八田網や手繰網中心の漁業から、「不漁」によって地先海面の漁業に回帰して、すでに十八世紀に出漁を開始していた「海付き地方」との間で争論が生じた。これは、瀬戸内海等の「内海」域とは異なる当該海域（「外海」）の利用と権利の一つのモデルになり得ると思われる。

天草郡の富岡では、臨海村に出漁権のみ与え、浦株水主株の譲渡や海面の分割、漁業運上負担の分与まではさせなかった。浦方漁場は成立期のままの範囲を維持していた。他方で、天草の牛深では、「海付き地方」（臨海農村）に対し入漁を認め、さらに浦株や浦方運上銀の譲渡まで行っている。これは、浦方の封建社会を崩壊させる動きである。この背景には、沖合漁業への依存の高さを示す。また、地先海面にかかる運上銀負担の軽減を目指した動きともみなせる。富岡と異なるのは、元来の権利を維持せず、地先の権利にこだわらない動きで、この背景には地先海面で展開しないカツオ一本釣などの別な漁業に主力が割かれたことがあった。富岡と異なり権利の譲渡も容易に行なっている。この権利の移り変わりや衰退の速さも、漁業の特徴といえるかもしれない。このことは、漁業者が、浦方制度などの封建社会の枠をこえて海で生きたことを示している。このように漁民は魚のような移動する資源を対象として、生業行為や開発を進めていた。これは農民や山民による土地での「一地一作人」の原則による生業の営みとは大きく異なる。

しかし、一度獲得した権利、特に網代の権利、加徳権は、操業自体がなくなっても残しておく場合が多く、他の村や漁業者が入漁を望む場合は、入漁料を納めさせて漁業を行わせる（請負）ことも多い。これは、不漁の際に沖から地先漁場へ回帰できることを想定した設定、他の漁業者に入られるのを防ぐ意味合いなどのような理由があったと思われる。こうした点は海の利用と農地や山野の利用との違いともみなすことができよう。

なお、日本列島の海に関わる人々は江戸時代頃から水産資源を有限なものとみなしていた可能性がある。人々がそう思い始めた段階で漁業権がより明確に認識されたのかもしれない。それは中世後期から若狭や五島で顕著に、しかもいろいろな形でみられ始めた。五島では国人領主が主体となってポイントの権利としての網代がみられ、その後に海面分割を要する「うきうお」漁業がみられ、面的な権利が芽生えた。天草での権利は中世末期の天草二十二浦もあるが、水主（舸子）浦として特定の海付き村に漁業権と海面が付与されたのは十七世紀の正保期である。これらは、水産資源の有限性を意識しての設定ともいうことができるかもしれない。日本的な村のコミュニティをベースにした漁業権は、網代などの様々な漁業権の形成を経たなかで、政治的な意味合いと、水産資源を維持する思想、考え方の落し所というところで到達した賜物だと推測される。

今後とも、こうした海の権利と用益慣行の特殊性について、日本列島の他地域での分析事例と比較するとともに、本書で対象とした地域と東シナ海をはさんで対岸にあたる中国沿岸や南西諸島の事例との比較も進めながら、環東中国海をめぐる漁業の共通性や、「海上の道」の視点も加味して検討していきたい。

注

序章

（1）漁法・漁具の分類として、魚の生態にあわせての直接漁獲手法として受動的漁具と能動的漁具（「おどかす」「さそう」）で大きく分け、その間に「からませる」「入った魚を出ないようにかこっておく」「水底をかきおこす」、「つきさす」「つりとる」などの行為を位置づける案がある（井上　一九七八）。

（2）テリトリーの用語は、動物行動学における「なわばり行動」、社会地理学での「領域性」、動物生態学における侵入者に対して防衛される地域、文化人類学における「なわばり」など、学問分野によって定義は様々だとされる（池谷　二〇〇三）。

（3）南米高地の移動牧畜を事例に「自然の領有」のテリトリー論の研究をおこなったモーリス・ゴドリエは、テリトリーを、「ある一定の社会が、自然の中で利用開発を望み、開発できる資源の全部ないし一部にかかわる、恒久的な立ち入り権、統制権、用益権を、その成員の全部ないし一部だけのために主張し、保全する、そうした自然とそれゆえ空間の一区画を指示するもの」と定義している（山内訳　一九八六）。

（4）抽象的領有とは、山野の移牧民たちがカミから開発を許された領域とされる（山内訳　一九八六）。

（5）領有とは領域、つまり、面として拡がりを持つテリトリーの領有を意味する。

（6）人文地理学の立場から、各民族の生業テリトリー研究を見通す水津一朗の分析は、社会人類学におけるテリトリー研究の先駆けとなった。

（7）自然の領有論を踏まえたテリトリーの歴史的再編を論じた研究としては、薩摩国入来院の中世村落の生業の場が、山野から谷筋に再編される様子を解明した成果がある（吉田　一九八三）。

（8）現行の漁業法の解説書類では、近世の漁場利用、漁業権について、明治漁業法以前の項目として、江戸時代の海の漁業権は「磯は地付き次第、沖は入会」をベースにした漁場利用であったことを、概念図も示しながら紹介している。また、秋道智彌は日本的な村落をベースにした海洋資源管理システム（Community based resource management）と、支配者（領主）や政府の支配による資源管理システム（Government based resource management）を区別して議論し、江戸中期の幕令である「磯は地付き次第、沖は入会」を契機にして日本の漁業資源の管理が、村落基盤から幕藩支配へ再編したと見通し（秋道　一九九五ａ）、ローカルコモンズとグローバルコモンズがどのように再編されたのか究明されるべきだとする（秋道　二〇〇四）。

（9）日本列島の海洋文化論としては、柳田國男の「海上の道」（柳田　一九六一）、澁澤敬三（澁澤　一九六二）に始まる漁業史研究（羽原　一九五二）（伊豆川　一九五八）、漁撈民俗論（桜田　一九八〇）、若者組などの漁民社会の特質から日本文化を論じた研究（瀬川　一九七二）（大林　一九九六）、海洋民族論（西村　一九七四）の研究があり、その重要性が指摘されていた。しかしながら、それらの研究の中心は民俗学が中心で、歴史学の側では等閑視されていた。歴史学の側からの漁業史論は、日本常民文化研究所において進められた。

（10）民俗学の側の漁業研究は、農業との比較の視点から農民漁業と専業漁民漁業にみる日本的な漁民社会論（高桑　一九九四）、移動漁民の実態解明にともなう「海洋性」の提示などが行われている（野地　二〇〇八）。

（11）その後中世史の分野から研究が蓄積されている（保立　一九八一）（春田　一九九三）。

（12）後藤雅知が示した漁場請負制の各類型で概ね解釈できよう（後藤　二〇〇一ａ）。

（13）資源自体の所有については、パプアニューギニアのポナム島で調査を行ったCarrierが、カツオ・マグロ・ボラ・イワシなどが特定のクランによって所有される例を提示している（Carrier : 1980, 1987）。この研究について、秋道は人間によって捕獲される以前から、自由遊泳する特定の資源が所有されるという事例はこれまでにほとんど報告がないとし、キャリアの報告事例は、現時点では漁獲後の優先的な分配慣行と考えておきたいとする（秋道　一九九五ｂ）。

（14）漁具・漁法の所有関係は、個人による場合から、家族、特定の小集団やクランによる場合、王や特権階級によって所有される場合まで様々な例がある（Sudo : 1984）。

(15) 現況の沖合漁場の利用や空間認知については、藪内芳彦による沖への出漁漁村の研究（藪内　一九五八）、遠洋・沖合漁場の移動の時間地理学的成果（中村　二〇〇二）、同一の沖漁場をめぐる呼称の多様性（矢崎　二〇〇三）の研究などがある。

(16) 二野瓶は、近世期を通じて、中世的な名や国人が主体となった海面総有から浦漁村または臨海村の総有、そして惣百姓総有へと漁場の領有形態は変化したと論じた。二野瓶は、その進み具合に地域による違いがあるとし、進み具合によって先進地域、中間地域、後進地域に区分できるとした。

(17) 「律令要略（寛保元年）7山野海川入会（134）」（石井良助編『近世法制史料叢書二』創文社、三二一）。この法令については、次のような研究がみられる。原暉三は、この史料を基に近世漁業権制度を論じた（原　一九七七（初版一九四八））。堀江俊次によると、江戸内海では享保期の幕府勘定所の漁場調査に伴い、寛保期のこの法令が出されたとする（堀江　一九八五、三二五―三四八）。

(18) 浦方に対し、海付き村でも漁業権のない村は、地方、百姓方、村方、岡方などの農村として位置づけられていた。房総を事例に、岡方と浜方の関係を述べた研究がある（出口　一九八八）（後藤　一九九六b）。

(19) 肥後国天草郡を取り上げた中村の成果（中村　一九六一、一四三―一六二。一九六四、七一―一一二。一九六六、五七―一一四）、房総南部においては宝永期に新たな漁村の進出が生じ、漁場が「村前」「地付」原則へと変質したと指摘する出口の研究がある（出口　一九九六、五二―六三）。

(20) これまでの研究では、漁撈活動と権利に注目した研究は少なかった。

(21) こうした様々な漁業、換言すれば複合的に営まれてきた漁撈活動と漁場が、市場経済、流通経済の進展に伴ってどのように変化したのか、解明することも、当該地域の研究から可能となる。複合的な漁業とは、近年、民俗学の側から議論の展開している、安室知による水田漁撈からみた複合生業論（安室　二〇〇五）や、自然の多様性に留意した土地や干潟、海の利用を解明するエコトーンの議論とも重なるものである（秋道　二〇〇四）（佐野　二〇〇五）。

(22) 海面総有は、領主から海面の領有権を付与された浦方（浜方）百姓の村による海面総有の意であるが、本研究では総有の語も占有の語に含めて用いていく。占有は、ある範囲を領有することである。所有は、ゴドリエの言う領有概念のうちの具体的領有で、用益とある程度近い言葉としても解釈できる。領有は、これらの言葉を包括する。

第I部

第一章

(1) この網の分割の意味を考えたい。この網は、さきの文保二(一三一八)年九月や元亨二(一三二二)年七月の事例にもあるように、青方惣領が、青方一族や郎党に地頭職を売り渡すことで独立させ、それに加えて青方惣領内の用益権も分割させて生じたものである。当然、それは分割された所領とは別枠の用益形態、つまり塩竃・網・牧などのようなものが中心で、所領の分割による土地保有関係とは連動しないと推測される。そうした用益形態は、「先祖網」にみられるように、古くから特定の用益形態にあったこともまた事実である。先祖網の初見史料である康永二(一三四三)年四月十一日の「青方高直譲り状案」(『青方文書』二七六)には、「又せそあミ一てうはなしても、あミのあらんとき、一てうかとくふん三人してとるへし、」とあり、網得分の先祖網が三人に等しく分配されている。網が譲渡対象となるのは、この島では自然の動きであって、陸とは異なる独自の権利として網が存在していたのではないだろうかと推測される。

(2) 鮪《マグロ》網を中心とした網加徳(網の所持者)の漁業暦は、近代期の調査事例に基づき推測した(竹田 一九五一)。

第二章

(1) 代官・庄屋・小頭等、村の支配階級をなしていた家々をさす。

(2) 羽原文庫の目録は管見の限り、日本常民文化研究所水産庁資料整備委員会編と東京水産大学編の二種類が存在するが、本稿では、作成の新しい東京水産大学本の目録番号を採用する(日本常民文化研究所水産庁資料整備委員会編 一九五三)(原博編 一九七七)。

(3) この史料の筆耕版は、福江市の五島観光歴史資料館が所蔵している(郡家 一九八一、五三―五九。一九八二、六七―七三。一九八二、五一―五六。一九八三、四五―五六)(岐宿町 二〇〇一、三〇六―三四一)。

(4) 漁獲物の用途は「鮪油」「鮪粕」等で取引商人は大坂の古座屋や堺屋であった。

(5) 羽原文庫写本六一番「無表題」(明和六(一七六九)年三月から嘉永六(一八五三)年四月までの史料を集録)。写本八一番「三井楽赤瀬小倉道所鮪新網代見立て雑録」。

(6) 藤田彦左衛門他四名の役人衆から西村團助へ出された覚状。羽原文庫(写本四三八番文書)。

(7) 明治十六年の第一回水産博覧会に提出された大敷網の構造図や敷設された海域の絵図がある。「長崎県管下肥前国南松浦郡三井楽村赤瀬浦鮪網ノ図　長崎県管下肥前国南松浦郡岐宿村七拾六番地　西村正輔」(立平　一九九二、二〇)。

(8) 幕末期の福江藩の財政は、居城石田城築城と軍備体制の強化によって窮迫化し商人や有力漁民の金納に依存していた。例えば、嘉永五(一八五二)年には一千両を献上した岩永惣平に対しシイラ網代一帖が与えられていた(森山一九七三)。

第II部

肥後国天草諸島の地域概観と史料

(1) 水主浦は「定浦」「舸子浦」の語でも用いられるが、本書では、一般的な用語である水主浦の記述に統一する。

(2) 浦方集団だけで構成される村が存在する地域もみられるが、肥後国天草郡では、一部の近世村の内部に存在していた。

(3) 水主浦の数は各時期で変化する。正保七浦、万治一七浦、十八世紀から文久期にさらに増加する(中村　一九六一、一四三―一六二)。

(4) 水主浦制度の成立以前から、天草には漁業を営業免許的な特権として獲得し、広範な海域にわたって自由に漁場を求めて活動していた浦方漁師の存在があったとする(中村　一九六四、七七―七八)。

(5) 一九九六年三月に筆者が溝上巖組合長(当時)の御好意により本文書を写真撮影した。本稿で用いたのは、享保十七年「万記簿」(享保十七年から寛保期までの富岡浦弁指中元氏の漁業関係や水主役負担の諸記録、争論関係訴状写など)、寛政十一年「諸御用控」(寛政期から文化期までの富岡浦弁指中元氏の漁業関係や水主役負担の諸記録、争論関係訴状写など。寛政十一(一七九九)年から文化十一(一八一四)年までの富岡町漁師と志岐村百姓の争論の概要は、(中村　一九六六、七三―七四)で紹介されている。)文久三(一八六三)年「高濱村江相掛候網代日記」(高濱村が高濱村地先漁場の権利を主張したことによる、富岡との争論記録)である。

(6) 『熊本県水産誌』は、明治十四年の状況をもとに作成され、明治十六年に水産博覧会に際して提出された。近年、天草郡に限り復刻された(永野　一九九六、二三―二五四)。ほかにも、明治十四年の熊本県内全臨海村落ごとの人口や漁法、漁業生産、船数などが細かく記されている。『水産誌』の漁業記事は、動力化以前の内容で、幕末期の状況を考えるうえで有効である。

第三章

(1) 河野通博は、水主浦には海上航行の負担を行う代償に一定範囲の海面に優先的に漁場用益権が認められていたとする(河野　一九五八、七―一一)。三鬼清一郎は、本途物成に結ばれる水主役はもともと軍役を調達するために幕藩権力から設定されたもので、近世の漁村秩序が成立するための重要な契機となったとする(三鬼　一九六七)。

(2) 漁業年貢額や村高、船、水主数等の諸要素を挙げて、同一地域内の全ての漁村間の関係性を究明した主な研究としては、定兼学、山口徹が挙げられる。(定兼　一九九九)(山口　一九九八、二七―六三)

(3) 山口徹は、一連の近世海村研究で、近代の漁業誌なども用いて近世末期の漁業を説明している(山口　一九九八)。

(4) ここでは一里＝約四キロとしてとらえた。

(5) これらは中世漁場の海面領有に多くみられる「浦内」的な漁場設定と類似している(春田　一九九三)。

(6) 江切網は、湾内を区切った建切網の漁場である(日本学士院日本科学史刊行会編　一九五九、二六一―二七四)。

(7) これは、次に記す宮田、棚底の村前漁場を十八世紀前半まで漁場として維持していたため、村で区切った記述にならなかったと想定される。

(8) 高濱村の旧慣記事には、享和三年に水主役を亀川浦から買い漁業権利を得たとあるが、富岡との争論の末、入会利用裁許が出たのは文久期であった(中村　一九六一)。

(9) 「網代場」の記述は、近世中後期に成立したいわゆる後発の水主浦に多く、それは、「内海」の漁場に面している水主浦が多い。明治十六年『水産誌』の天草郡沿岸部の全漁村データによると、「網代場」と記述された漁場を持つ漁村は、不知火海側を中心に、旧水主浦のみならず旧地方村にも多く見られる(永野編　一九九六)。

(10) こうした漁業が展開するには、I型漁場のような「外海」に面し、地先漁場が広く設定される形がふさわしいといえよう。このI型漁場が幕末期まで維持された理由として、一本釣漁業などの特殊な技術を要するため、農業村の漁業への進出が容易ではなく、水主浦の分割が進みにくかったことも窺われるが、今後の課題である。なお、東シナ海側の水主浦の周辺地域で、新規の水主浦は、万治期の大江、文久期の高濱に限られている。

（11） Ⅰ～Ⅲ分類は、その漁場を用益、占有する漁村である水主浦の性格をも示す。水主浦は、歴史的には正保期に成立したものが一番古く、その水主浦の漁場は広域に及ぶ。換言するならば、最初に漁業権利が付与された海付き村は広い漁場を領有するのである。こうした漁場の広さを軸とした問題は、水主浦どうしでの水主数や運上銀額との格差とも関わる。

（12） 元禄期と異なる記載は、二江・崎津と富岡との境界部分での沖の「立会」である。これは、東北側の沖が二江浦と、西南側の沖は崎津浦との「立会」とされる。「立会」行為は、当事者たる村（水主浦）どうしのみならず証人たる村まで参加して入会の海域を設定したことを示している。

（13） 千葉徳爾は海域呼称の地名について検討を試みており、「灘」についても検討している（千葉　一九八九）。

（14） 地引網八田網に変容した十九世紀前半が盛んだったとする（熊本県農商課　一八九〇、一二〇）。この時期は鮫島十内の八田網改良などが行われた。

（15） 牛深では、万治二（一六五九）年以降、毎年の漁業運上銀を崎津浦、大江浦とともに、他国漁民にも支払わせていたように、支配としての漁場の範域を維持しながら、漁業権のない村の利用を許容した海面支配を進めていた。「大江村明細帳」「崎津村明細帳」（天草古文書会編、中巻、一九九〇、三六五。下巻、一九九三、四一〇）。

（16） 中村正夫によると、栖本組の赤崎村が網場の権利を獲得し、当時の領主戸田氏に運上を支払っていた。しかし、そこに湯船原の介入記事は見られず、この段階では湯船原は漁業用益の統制権を持たなかったようである。戸田氏の漁政は、漁方運上は前の公領支配（鈴木代官）通りで、帆役運上取りたて、漁船三枚帆までは免税とした（中村　一九六四、七四）。

（17） 赤崎村には、弁指二名がおかれた。このように、水主浦でない村が漁業権利を持ち、漁師が存在していることに中村は注目し、これは低い漁業生産、激しい競合がなく、領主があえて上から権力的に統制する必要がなかった背景をよみとる（中村　一九六四、七六―七七）。

（18） 宝暦四年十月「覚」（「肥後国天草郡赤崎村漁業史料」二十一号）（中村　一九六六、八七）。

（19） 大庄屋組の範囲と水主浦漁場の関係については、大庄屋組の範囲を越える漁場は富岡、二江、崎津で、ここでは大庄屋組の範域に規制されない漁業展開が見え隠れする。その一方で湯船原は、二つの大庄屋組にまたがって漁場が設定されていたが、前章で述べたように万治期の分割は砥岐組単位で行われ、大庄屋組の展開と漁場の分割も関係することがうかがわれる。この問題が漁場の再編成と関係したかの分析は、今後の課題となる。

(20) 漁撈活動の変化があったにもかかわらず、富岡でこの形態が幕末期まで維持された理由としては、天草郡内の水主浦の代表である郡中惣弁指の存在も想定されるが、その役割については不明な点も多く、今後の課題としたい。

第四章

(1) 制度と漁撈活動の漁場の差異についてはキャリアの研究が参考になる(Career : 1980, 205-217)。

(2) 富岡浦では、享保五(一七二〇)年に水主浦集団総出の鰯網鰯狩が開始されるなど、享保期は飛躍的に漁業技術の発達した時期とされている(浦田 一九六二)。

(3) 寛保二年六月「富岡下船津下役他より代官所役人へ之覚書」(「万記簿」所収)。

(4) 寛保三年一月「大江組大庄屋ヨリ富岡弁指ヘノ都呂々村藻取一件ニ関スル返書」(「万記簿」所収)。

(5) 元禄期の村明細帳に記されている富岡浦と二江浦との入会漁場との関係も窺われるが、約百年の差があるため、今後の検討課題としたい。

(6) 「肥後国郷帳」(永青文庫)は、正保三(一六四六)年作成で、元和二(一六一六)年の寺沢氏による全領の再検地(太閤検地の際の天草郡総高三万三千八百石が三万七千四百石に増加)の内容を記している。『有明町史』を執筆した鶴田倉造は、この正保郷帳の時には、元和検地の内容が生きていた可能性を指摘している(有明町史編纂室編 二〇〇〇、三一七)。

(7) 幕府代官鈴木重辰による万治二(一六五九)年の高撫検地で、天草全郡が二万一千石となる石高半減が認められた(有明町史編纂室編 二〇〇〇、四五四)。

(8) 浦高は、水主浦漁民の宅地や菜園畑、所有水田などの石高で、村高のうちに含まれるが、水主手当ての性格を持たせて浦人には免除されていた(有明町史編纂室編 二〇〇〇、五五六)。

(9) 筆者は、第三章で富岡などのI型漁場は、中世以来の漁業権と関わると考察した。この第四章での分析により、富岡浦が領有する海面の正保期成立の可能性が高くなり、中世までの遡及には再検討の余地があるといえる。

（10） 浦の権利が移動した理由については、島原の乱後の人口移動などに注目しながら、検討する必要がある。
（11） 湯船原漁場の変遷過程は、第三章を参照（橋村　二〇〇一、一二―一五）。
（12） この禁止が出された理由について中村正夫は、百姓層の漁業進出の抑制と本漁師の生業基盤の維持確保にあったと述べている（中村　一九六六、六四―六七）。

第五章

（1） 「天保五年午五月　椛島村樽代願諸控　野母村」による。

乍恐以書付御願申上候

一　野母村之儀往古より漁業を以渡世仕百姓并問屋共ニ至ル迄家族養育仕難有奉存候、然ル処漁方篝火之儀ニ付椛嶋村より六拾ヶ年以前私共御運上銀之内半高彼方より御上納仕是迄漁仕候場所等勝手ニ漁業仕度旨願出候得共元来彼方ハ漁業之場所ニ茂無之右様致勝手ニ候而ハ村方一統難儀ニ相成候ニ付無拠　御上江御願申上候処格別之思召を以長崎御宿松嶋弥十郎江　御上より内済取扱被　仰付別紙之通双方及和談、既ニ其頃より私共漁方ニ差支茂有之候得共無拠右取扱人ニ対シ壱ヶ年銀拾枚宛年々樽代銀として差向ヶ候儀致承知双方取極メ証文取替シ置申候、素より　御公儀御運上銀之儀者壱ヶ年銀壱貫八拾目宛寛永年中より相始り凡弐百年余村中より年々無滞上納是迄永続仕罷在候、篝火之儀ハ鰯網与申候而者先規より鰯網於椛嶋村地網無御座近来之儀ニ御座候得共右樽代銀受用之訳を以是迄差留不申候、然ルニ文化九申年より追々樽代銀不足仕銀高三貫百九拾目余ニ相成候而甚難渋仕混与掛合仕候内椛島村庄屋後見川原村庄屋今村弥五右衛門殿内済取扱を以……（以下略）

（「野母村役場史料」）

（2） 野母浦周辺の中世末期から近世初期にかけての海面の権利の形成と展開を示す記載が、「野母村役場史料」（中央水研　筆写史料）の宝暦十年「野母高濱村ト蚊焼村トノ境界争ニ関係スル記録」（佐嘉領より到来之網書御答）にある。これは、天領の野母と高濱村と佐賀領の蚊焼村との間で角力灘に浮かぶ四つの島とその周辺の磯の漁業権をめぐる争論である。佐賀藩は四嶋の争論について、「往古野母高濱御地頭之儀両村之者共曾而存不申候、寺沢志摩守様御拝領之節右四嶋引渡無之由ニ候得共、都而地所之儀ハ御地頭江と附不申儀ニ而其村江附申事ニ而御座候、右四嶋両村地内ニ候得者野母高濱御拝領之節別段ニ御引渡と申事は無之筈ニ御座候」とあるように、中世以来の島の帰属先、所領、村の所属などを調べている。太閤検地は、村切＝陸の境界線の設定に重きが置かれていたため嶋の帰属があやふやになったこと、野母と高濱は、江戸初期の寺沢藩支配の村編制に際して、嶋を両村が領有するのは自明のことなので、特に記載しなかったのではと主張している。

（3）禁漁区が設定される条件については、儀礼的な要因（重要な人物の死に伴う祖先霊崇拝のための聖なる網）と、生態学的な要因（魚が漁場に増加したことをふまえて解禁）が取り上げられている（秋道　一九九五b）。この事例は、生態的要因が強いと思われるが、社会的、経済的要因とも関係している。

（4）【本章で取り上げた史料】

①八田網関係史料

（史料5－1）

余ノ出漁セシハ八月下浣彼岸前ニ當リ季節稍ヤ早クシテ充分ノ漁獲ナク僅ニ一夜ノ費用ヲ償フニ足ラザリシ黄昏舟ヲ艤シテ富岡湾ヲ發シ漸ク湾口ニ臨メハ火燄天ヲ焦シ一面火ナラザルナク實ニ一驚ヲ喫シタリ初メ余ハ鯖釣ノ此ノ如ク盛ンナルコトヲ知ラス或ハ対岸火災アルカト疑ヒ漁者ニ問フテ始メテ其鯖夜焚タルコトヲ知レリ近キハ海濱ヲ距ルコト一二里遠キハ三四里ノ沖合ニ至ルマテ殆ント数里間ニ瀰リ漁船数百ナルヲ知ル可カラス斯ク火光ノ熾ナルヲ以テ余ノ八田網ハ一層火力ヲ増シタレドモ終ニ充分ノ聚魚ヲ得スシテ網ヲ投スルニ至レリ鯖夜焚ノ他漁ニ妨害アルハ方今実業者ノ喋々論シテ措カサル所ニシテ其八田漁ニ害アリトスルモ固ヨリ論ヲ俟タズト雖モ（略）

八田網ノ漁場ハ海ノ深浅ニ定度アリト雖トモ暗礁アルニアラサレバ近海概子漁セラレサル所ナク即チ鰮魚ノ沖漁網ニシテ最モ便利ナル漁具トス、

（『熊本県漁業誌』）

（史料5－2）

鰯網漁業入会稼野母崎及樺島村沖合凡二里以外ノ海面ニ於テハ古来各地方鰯網入会シ篝火一ツヲ用ヒテ稼業スル慣行ナリシカ明和年間ニ至リ天草方面ノ漁師篝火二ツヲ用ヒテ漁業スルモノアリ、野母村漁師ハ自分等ノ漁業ニ防害アリトテ之ヲ差止メタルモ應セサルヲ以テ野母村ヨリ代官所ニ願出テタルニ之ヲ聞届ケラレ右天草船ノ根拠地タル樺島村ニ之カ禁止方ヲ厳命サレタリ

（『舊藩時代の漁業制度調査資料』）

（史料5－3）

明和六年　野母村椛嶋村鰯網漁場出入書付写

御代官所より椛嶋村江被仰渡候御請書

一野母椛嶋御料海近年鰯相見候ニ付近在其外五嶋天草より鰯網数多入込漁稼仕候處近在五嶋より入込候漁船者網壱帖ニ付船五艘宛組合篝火壱ッ宛焚漁稼仕候得共天草より椛嶋村江罷越鰯漁仕候漁船ハ壱帖六艘宛組合篝火弐ッ宛焚漁猟仕候ニ付鰯取揚候儀者多御座候得共沢山ニ焚申候得者鰯引迎強相成野母村漁師共難儀仕候間天草船之もの共江壱ッ篝ニ而鰯漁為仕候様被　仰付被下度由野母村より申上候ニ付右村之儀者過分御運上茂差上候儀ニ付双方無申分漁稼相続仕候方可然被思召上候間自今天草網組合之もの共江壱ッ篝ニ而漁猟仕候様急度可申渡旨被仰渡承知仕奉畏候唯今迄茂随分申付候得共猶又此度被仰渡候趣を以急度申渡シ以来壱ッ篝ニ而漁猟為致候様可仕候尤右之段浦見番人中江茂被仰渡被下候様奉願上候處願之通浦見番人江茂被仰渡御書附被遣難有奉存候依之御請印形差上申候以上

（「野母村役場史料」）

（史料5－4）

歎願書部　天保五年

乍恐奉願候口上書

野母村之儀者諸漁為御運上銀壱貫八拾目宛前々より上納仕漁業渡世仕来候然処椛嶋村江滞船之旅船都而二ッ篝焼立鰯漁之障ニ相成候ニ付明和六丑年九月野母村漁師共より御差留之儀奉願之通御差留被仰付候処翌寅年四月椛嶋村より御訴申上候者二ッ篝御差留相成旅船不勝手故入込無数難儀仕候ニ付野母村より銀壱貫八拾目宛相納候諸候、諸漁御運上五百四拾目宛椛嶋村より納方被仰付二ッ篝相用漁業為仕度段問屋共より奉願候処、格別之思召を以長崎金屋町郷宿松嶋弥十郎江内済取扱之儀被仰付同人立入為樽代銀拾枚宛椛嶋村より野母村へ三ヶ年差遣シ二ッ篝相用漁業相試漁事障ニ茂不相成候ハヽ差続二ッ篝相用年々為樽代銀拾枚宛差遣可申、若滞船之旅船難渋申立候ハバ問屋共より相弁無滞可遣段之約定ニ而内済相整双方為取替証文仕文化八未年迄都合四拾壱ヶ年無滞受用仕来然ル処翌申年より樽代不束ニ相成文政十亥年迄拾六ヶ年滞高三貫百九拾四匁壱分七厘相滞候ニ付川原村庄屋今村源五右衛門仲人ニ立入三百目当銀差立壱〆八百九拾四匁壱分七厘捨銀ニいたし残壱貫目弐拾ヶ年賦壱ヶ年五拾目宛ニ而可相済旨之取扱ニ付納得仕則年賦証文取置候処壱ヶ年相渡相滞猶又去巳年樽代相滞候ニ付隣端之儀故可成丈熟談仕候積りニ而種々掛合候得共自儘申張候ニ付奉願候処椛嶋村之もの共御呼出御糺ニ御座候椛嶋村之儀者前々者問屋而已ニ而漁業仕候ものも無御座候、年々滞船致来候旅船茂不漁打続罷越不申候ニ付樽代等も椛嶋村ニて相償野母村江差遣来候得共往々相考候得ハ漁業者不仕小村ニ而銀拾枚宛永年差遣候而ハ難渋ニ付以前之通旅船入込候迄ハ銀拾枚難差遣段相断尤　公儀ニ上納仕候儀ニ候ハバ何時も上納可仕候得共野母村江遣候儀者難渋之旨申上候処是迄数年来差遣来且滞銀高捨方之上当銀差立年賦等ニ取極有之処彼是苦情申立候者心得違之旨追々御吟味中茂木村浦見番森茂八郎同村庄屋森岡種左衛門川原村庄屋今村弥五右衛門郷宿浦川善次取扱を以已来年々是迄之通樽代可差遣段熟談内済仕候、然上者野母村ニおゐて可申上儀茂無御座候此上御吟味奉請候而者奉恐入候間何卒御吟味下被成下候様一同奉願候右願之通御聞済被成下候ハバ難有仕合奉存候此段連印書付を以奉願上候以上、

午六月（天保五年）

椛嶋村漁師惣代　多　吉
外六名
同村年寄　種　吉
同村庄屋　深堀儀三郎
野母村漁師惣代　武三郎
外七名
同村年寄　勝　蔵
同村別当　甚兵衛
同村庄屋　岩永形助

御役所

（「野母村役場史料」）

（史料5－5）
右之通川原村庄屋今村弥五右衛門殿取扱ニ而相極居候処翌丑年壱ヶ年銀五拾目差送り残銀九百五拾目程滞居候処右銀棄捐ニ致呉候様此度左之仲人を以及御相談候処御心能御承知被下忝奉存候然ル上ハ別紙為取替証文之通樽代銀拾枚之儀ハ聊無相違急度差送り可申候、依之後年相違為無之去ル子年之証文ニ一同継添致置申処子如件

天保五年午　六月十五日　　椛嶋村漁師惣代　勘兵衛

五名

同村年寄　文蔵

同村庄屋　種吉

同村庄屋　深堀儀三郎

岩永形助殿

（「野母村役場史料」）

②手繰網関係史料

（史料5－6）

以書付申上候事

（肥前御料所）網場名ノ手操網之儀者是迄稼方ニ参候儀見および不申候処当春ニ至数拾艘参当村漁師共はへ置候縄をもふ厭手操引廻り候而数多之縄道具を引切相損候、其日暮之漁師共差当り稼方及難渋申候、殊ニ手操網之儀ハ諸漁ニ差障候ニ付古来より当地ニ而仕立候儀堅不仕、勿論他所より参候節者当浦ニ不限何連之浦々より茂見当次第差留申候、然処網場名より次第ニ船数を相増、先月十六日ニ者凡五拾艘程と相見、當村漁場ヶ瀬近辺を自由我儘ニ手操網引廻相稼候ニ付小船三艘より差留ニ参候処、早速罷帰候と申者も有之、公儀之海故勝手次第相稼候などと我儘之儀申張、強而差咎候得者山刀包丁を振上威候而稼方相止不申候ものも有之候ニ付、無拠右網之内三張引取申候処、却而此方より刃物を以網を切落し漕逃或者簀板を迦シ漁物を掬取候様と願書ニ申立候得共左様之儀者決而不仕候、右手操網差障此方ニ者其日何漁茂無御座候ニ付菜貫候処遣呉候と致候、船有之候を近邊ニ居候数船より及見決而不相成とおよび立方々より数艘押掛参山刀庖丁を振上申候、殊似手操網船五拾艘ニおよび候程之多人数ニ而有之、此

方ハ船数茂少々、争論ニ及候ハバ如何之変茂出来可申哉と奉存、其儘引取候処却而此方より刃物を以網を切漁物を掬取候杯と申上候者全以偽ニ而御座候、

一右引取候手操網三張貰ニ参候節大江大庄屋許ニ而須ク稼方相止居粮米代難渋仕候段申出候ニ付銭差遣呉証文ニも路銭六百文慥ニ受取候段相認メ有之候処、此節之願書ニ為肴代相渡候様有之、是又相違之申分と奉存候、

右一件先達而願書ニ茂申上候通手操網之儀者諸漁差障候ニ付従前之浦方ニ而茂仕立候儀ハ勿論壱艘たりとも手操網と見請候得者差留来候ニ付何方よりも参不申、当国網場名分より而是迄入込候儀無御座候処、当春不図数拾艘網場名之もの共当浦漁場江手操網漁事ニ罷越候ニ付大ニ相驚早速差留以来決而入込不申候様書付取置候得共證札を破り尓今悪ク参候躰ニ御座候、夫故近頃必至と不漁ニ相成困窮之時節別而難渋仕候、当郡漁業之始者至而往古より之事ニ而天正年中より慶長六七年之頃者其年々応漁高御運上御取立有之、慶長八年より元和年中寺沢志摩守様御領地之節者惣高四万弐千石之内ニ籠網壱張何程として漁高も地高ニ御加御上納被仰付、夫より経多年御料所ニ相成　鈴木三郎九郎様御領所中寛永年中迄者矢張右之御極ニ而御上納仕来、正保二酉年改而其浦々漁場御究鯛鰺はへ縄手操網江切網御定御運上被仰付、其後鈴木伊兵衛様御領所申万治二亥年郡中惣高四万弐千石御高減弐万千石ニ被仰付候節浦高相定銀ニ而漁方御上納仕、且舸子役之分者御上使御巡見諸御用向御役人様方御通行之時々御渡船之分相動郡中入用之内舸子懸之出銀等仕候ニ付而者其浦々漁場別而堅ク御究方江仰付、郡中漁師仲間ニ而も漁場境相守猥ニ他村之漁場へ入込候儀難成、尤一本釣手網者入会相稼候之様古来より申伝何方ニ而も差障不申、尚又鰯漁八田網之儀者当浦見渡之樺島何方迚も最寄之沖中ニ而入会漁業仕候儀も御座候得共、外諸漁者於何国も随御運上高浦々網代場境等相極居候得者勝手儘他国之漁場江入込候儀難計、分ヶ而手操網者岡近キ網代場ニ而漁事仕候物ニ御座候処洋中入会稼ニ仕来候様と彼是ニ偽申立違相隔奥江之網場名より当郡御定有之御運上仕候、岡近キ網代場ニ入込漁事仕候、謂無之持分手操網之儀者数多漁方之中ニ茂地獄様と唱候程之荒網ニ而右漁仕候ニおいては諸魚相恐網代場江寄方自然と相劣、第一鰹万引ニハ鯵鰯ざこ之小魚日々漁事仕生餌を以釣漁仕候処一度手操網入候時者ざこ之類二三十日之間者網代場相去と申、是等之儀目前大差障ニ相成漁師仲間都而漁事障之有無大体相心得居候得共網場名之ものとも色々相偽他之難渋をも不顧無筋之儀申募押強成致方共浦人一同相歎申候、元よ利手操網差障ニ不相成候得者元手も最安ニ而被相仕立候事ニ付当浦ニ而も相仕立稼方仕候得とも何分差支候故漁数御定之内ヲも相省是迄仕立不申、勿

論当郡よりも樺島甑島辺江出漁いたし候節者先方江得斗及願請何々之漁者差支無之段納得之上漁稼等仕候儀ニ御座候得者何連も魚之儀ニ付網場名之もの遂熟談候処無之候ハバ随分漁業一存致候得共、前文段々申上候通之仕合ニ而堅網場名之ものども穏便相談ニおよび候而も決而為入込候儀難成、殊以當浦御運上銀四百六拾五匁納来舸子役三拾壱人引受相勤惣高弐拾四石弐斗八合五夕と申小高之所江人高弐千人余にして高不応多人数ニ付専漁業而已仕渡世取続罷在、為聊とも漁事ニ差障候儀有之候とも右御運上銀ヲ始舸子役相勤候儀茂難儀可仕、増而手操網之大難御座候而者高不相応大勢之人数可及飢渇候間何卒御憐愍を以網場名之者とも是迄通以後迚茂決而入込不申候様乍恐御差留候為仰付度依之浦中惣代之もの連印仕此段重　奉歎願候以上

文政二卯年　三月

崎津村漁師惣代　善太郎（他六名）
同村年寄　庄三郎（他一名）
同　新助
同村庄屋　吉田隆太郎
同村後見　小田床村庄屋　伊野又七郎

富岡御役所

（中略）

右之通申出候ニ付相糺候処相違無御座候先達而願書ニ茂申上候通當郡之儀者いつ連之漁場迚茂釣漁八駄網者入会稼方仕候得共手操網之儀者急度諸漁ニ差障漁師共及難渋候故何方より参候而茂差留来候ニ付此上入込来候ハバ舸子役之浦々申合大勢を以網船共ニ引取候様相成可申、左候而者甚混雑ニおよび奉恐御厄介候儀ニ御座候間網場名之もの共以来決而入込ぶ申候様被　仰付被下置度重畳奉願候、依之奥書印形仕差上申候以上

大江組大庄屋　松浦平八郎
右後見
高濱村庄屋　上田源太夫

（「上田家文書」5－5）

（史料5－7）

（手繰網冥加銀ノ件）

差上申御請証文之事

当申より来ル巳迄十ヶ年季

一　銀六拾四匁　　手繰網冥加銀

内四匁　前冥加銀ニ増

外口銀上納之積り

右者当村久平次外拾弐人之もの共去ル寅年御銀拝借仕手繰網相仕立翌卯より去未年迄五ヶ年季一ヶ年銀六拾目宛外口銀共相納漁業仕来候処当申年季明ニ付増銀仕跡請可相願旨御吟味ニ御座候、然ル処右網相仕立候後最初之見込と違ひ漁もの少く拝借返納等も漸出精仕相納候儀ニ有之増銀難仕御座候得共御吟味之趣難黙止前冥加銀ニ四匁相増都合一ヶ年ニ拾四匁宛外口銀とも相納可申候間是迄五ヶ年季之所此末当申より来ル巳迄十ヶ年季ニ被仰付被下候様奉願候依之御請証文差上申候以上

野母村

（「野母村役場史料」）

（史料5－8）

漁場弐ヶ所　壱ヶ所当村東ハ竹島ヨリ西ハ赤崎たけひ迄　此間壱里　壱ヶ所当村西ハ竹島ヨリ東ハ蔵江口迄　此間弐五町　北は高もくいれの網代まて　此間一里十町　共に夏秋小鯛鰯雑魚漁仕候　但春冬ハ漁仕候。（中略）

一手繰網運上銀三匁五分　是ハ三月末ヨリ九月末迄村中百姓耕作之間ニ小鯵其外雑魚漁前々ヨリ仕来候ニ付御運上差上ヶ申候　増減依有之御運上不同。

（「元禄四年明細帳大浦村」［天草古文書会編：中巻、一九九〇、一七五―一八〇］）

（史料5－9）手繰網

此網ハ周年季節ナク使用スルヲ得一艘ノ漁船ニ四人或ハ五人多クハ十人以上ヲ載ス潮時ニ依リテハ払暁ヨリ薄暮ニ至リ夕陽ヨリ翌朝ニ達ス遠キハ四五里近キハ数十丁沖合ニシテ海底泥沙ノ場所ヲ撰ミ潮流ニ随ッテ網ヲ沈メ船ハ錨ヲ投

シテ引綱ヨリ漸々網ヲ操リ揚クルアリ海底網ノ通路ニ在ル魚類ハ悉ク之ニ陥入ス此網モ合採ト均シク卵鮇ヲ滅殺シ稚魚ヲ濫獲スル等他ノ漁事ニ対シ妨害ヲ唱フルモノ少カラスト雖ドモ多クハ地先漁ニ止マリ客漁至ッテ稀ナレハ未タ事ノ大ニ及ハス幸ナリト云フヘシ

（『熊本県漁業誌』）

（史料5-10）葛網　一名鯛網

魚類ノ近海ニ来聚スルハ概ね産卵ノ為ナルカ又ハ食餌ヲ作らんが為ナレバ妄りに苛酷ノ漁具を使用して小蟲小魚を滅殺し餌料の欠乏を来すことあれば勢い他所に転ぜざるを得ず

近年富岡地方鯛漁の衰頽したるは全く餌食欠乏の点に起因するものと信ず其証と為すべきもの二三を挙ぐれば手繰網の増加して小蝦を奪い望潮魚（イイ蛸は鯛の餌となるもの）捕の盛に行われて其生殖を減したる等是れ其最も見易きものとす、遡りて往時ヲ尋ルニ旧藩所管ノ頃ハ望潮魚捕ュ制限アリテ妄リニ之ヲ捕獲セシメス毎月空ラ潮ニ三回ツツ弁指（弁指ハ漁頭ノ称号ニテ旧時天草郡中ノ漁村ハ総テ之ヲ置）ヨリ許可シ鯛漁場外ニ限リ二江村ニ漁セシメタリ、若シ法ヲ犯シテ場内ニ侵入スルモノアレバ弁指ヨリ漁具ヲ没収スルヲ例トス、今日ヨリ之ヲ見ルトキハ苛法ニ似タレドモ其保護ノ厚キニ至テハ實ニ意ヲ用イタルモノト云フヘシ故ニ餌料ノ生殖夥シク当時該湾内ハ著名ノ鯛漁場ナリシト云フ、

（『熊本県漁業誌』）

（史料5-11）

尚ホ他ニ害アリトスルモノハ手繰網ノ使用頻繁ニシテ不断海中ヲ撹乱スルニヨリ魚逃避シテ近ツカサルト烏賊釣ノ昼漁ヲ始メタルトニアリ従来烏賊釣ハ総テ夜漁ニテ海底十尋内外ヲ漁場ノ適度トセシカ昼間ノ烏賊ハ海ノ深所ニ潜ムヲ以テ爾来鯛ノ要路トスル四十尋以上ノ場所ニ出漁スルコトナリシヨリ為ニ遮断セラレテ湾内ニ入ルコトコトヲ得ズ直ニ潮ニ随ッテ通過スルモノナラン近時赤崎地方ノ頓ニ漁獲ヲ増セシハ全ク其反応ニ出テタルモノト察セラル何トナレハ潮流ニ従フトキハ直線ニ赤崎沖ニ衝突スルヲ以テナリ

一利アレバ一害従ッテ生スルハ古今免カレサルノ数ナリトス今富岡湾内手繰網ノ流行ト望潮魚捕ノ盛ナルカ如キハやや下等漁夫ノ生計ヲ扶クルノ便アリト雖モ之ニ反シテ其鯛漁ニ害アル前述ノ如シ故ニ其業ニ当ルモノハ必ス先ツ利害

ノ大小軽重ヲ熟考シテ其宜ニ処セサル可ラス海老蛸ノ捕獲仮令と夥多ナリトスルモ其収利恐ラク鯛漁ノ一網獲ニ如カサルヘシ飼料蕃殖シテ鯛漁興ラバ可等漁夫モ自ラ賃役スルノ途アリ小利ヲ貪リテ大利ヲ失フカ如キハ一村経済上ニ於テ其得失果シテ如何ンソヤ、

（『熊本県漁業誌』）

（史料5－12）ガッサイ網（合採網）

合採網ハ一名芸州流ト云フ

使用法　船ノ舳艫ニ棒ヲ張リ出シ網綱ヨリ支縄ヲ設ケテ棒ニ繫留メ帆ヲ挙ケ風力ヲ借リテ駛走シ海底ノ魚ヲ曳キ込ムノ法ナリ故ニ使用ハ一ニ風力ニ頼ルモノノ如クナレドモ又別ニ一法アリ風穏ニシテ網ヲ曳クノ力ナキトキハ石ヲ括リテ帆桁ニ下ケ之ヲ水中ニ垂レ潮壓（圧）ヲ受ケテ船ヲ進ム之ヲ逆帆ト称フ然レドモ風力ニ比スレハ船脚遅緩ニシテ漁獲寡シト云フ漁期ハ毎年九月ヨリ十二月マテ四ヶ月間トス。

葦北地方蝦ノ産額ハ此網ノ創始著シク増加シ漁村為ニ潤フノ景況アリト雖モ一方ニハ又甚シキ妨害アリテ漁者ノ訴少カラス、其説三アリ

一ニ日ク海底ヲ攪乱シテ魚苗ヲ壓殺シ大ニ蕃殖ノ害ヲ為ス大ニ蕃殖ノ害ヲ為ス、

二ニ日ク風力ニ由リテ進行スルニ当レハ潮ニ激シテ囂然海中ニ鳴動ス為ニ魚群驚キ散シテ敢テ網代ニ寄セ来ラス

三ニ曰ク海中ヲ横行シテ建網延縄等ヲ傷ケ時トシテハ寸断シテ収拾ス可ラサルニ至ラシムルコトアリ

此三害中一二ハ未タ実際ノ徴証ナシト雖ドモ第三ニ至ッテハ現ニ其害ヲ蒙リ紛議ヲ生セシコト少カラス佐敷村ノ如キハ早ク其他漁ニ障害アルヲ覚リ漁者中一旦廃止ノ約ヲ為セシコトアリシモ他ヨリ来リテ漁スルモノ陸続絶ヘス

（『熊本県漁業誌』）

（史料5－13）

（南松浦郡濱ノ浦村）

四　漁業ノ禁止制限ニ関スル事項

沿岸漁業保護ノ為メ推進器使用ノ手繰網漁業ノ禁止区域ヲ定メラレアルモ此種犯則者ハ益々多ク其筋ノ監視ノミニテハ容易ニ絶滅セサルヲ遺憾トスル処ナリ

（『舊藩』）

第III部

南九州（薩摩藩領）の地域概観と史料

（1）天保十四年「鰹船乗組定人数面附帳」等　一七〇六―一―二十六文書（国立史料館祭魚洞水産史料「薩摩国川辺郡小湊村漁業文書」）

（2）「新納久仰雑譜」（鹿児島県歴史資料センター黎明館（以下では黎明館と記す）編　一九八六）に記載があり、芳即正が紹介している（芳　一九八七）。

第六章

（1）「竪山利武公用控　安政元年―安政四年」は、斉彬側役で江戸留守居役の竪山利武が記録した安政元（一八五四）年四月から同四年三月に至る公用日記控（黎明館編　一九八四、二五二―八二七）。

（2）この時期の御船奉行は、海防事業も担ったとされ、漁業政策が疎かになり、御手網方が漁業振興の窓口となったとも見え隠れするが、これについては御船奉行と海防事業との関わりの具体的な分析を今後進め、検証する必要がある。薩摩藩の海防、水軍関連については次の文献が参考になる（御公爵島津家編纂所編　一九六八、一〇七四）。

（3）祭魚洞文庫は、澁澤敬三氏の収集史料・資料の文庫である。しかし、本図がこの文庫に入った経緯については、不明である。

（4）「沿岸浅深絵図」は、川村博忠氏が幕末期の長州藩の絵図を取り上げ、その記載内容と関連史料から嘉永期の海防図的な性格の絵図とし、同時期に幕命で各藩により海防図の作成が行われたことを指摘した（川村　一九九九）。川村氏は「沿岸浅深絵図」の特徴として、沿岸の水深を記した浅深絵図であることをあげ、その目的を次のように考察した。幕府は天保十三（一八四二）年と嘉永二（一八四九）年に全国諸藩に対して海岸防備のため、詳細に水深を記入した海岸絵図の調進を要請し、その際に海防図が提出されたと指摘している。幕命により薩摩藩が作成した薩摩藩沿岸の海防図の存在や作成を示す史料は確認されていないが、幕末期に水軍を創設するなど開明的な藩主として知られる島津斉彬は、この「沿岸浅深絵図」と同時期に「旧薩摩藩沿海漁場図」を作成した可能性が窺われる。そこで、

「旧薩藩沿海漁場図」の海防図的な記載の有無を検討するという課題が浮かぶ。
(5) 島津家文書所収薩摩藩「郷絵図」群は、天保七年から九年に天保の国絵図調製に際して各郷から提出されたものである(松尾 一九九八)(橋村 二〇〇〇b)。その作成目的は、元禄の国絵図作成以降、天保期までの変地箇所を描くためであった。天保期以前に作成された郷絵図(元禄国絵図作成時に編纂したものも)も含めた薩摩藩「郷絵図」は、東京大学史料編纂所の島津家文書に加えて、鹿児島県立図書館、鹿児島県歴史資料センター黎明館、鹿児島県内各地の自治体の教育委員会に残されている。
(6) 「嘉永四年島津斉彬下潟巡見御供日記」「嘉永六年島津斉彬向潟巡見御供日記」(「山田爲正日記類」[黎明館編 一九八四、八三〇―八四四、八九九―九一九])。
(7) 絵図の作成主体として、藩の浦方支配(浦から漁業年貢の徴収)を行ってきた船手奉行も考えられるが、斉彬時代の漁業振興政策に関係した記録は確認されず、今のところ御手網方で妥当と考えられる。
(8) 薩摩藩の漁業振興策と御手網方との関係は斉彬以前の天保十四年「鰹船乗組定人数面附帳」等(国立史料館祭魚洞文庫所蔵)から確認される。

第七章
(1) 牛根郷のみは例外となるが、この図は薩摩藩郷絵図の牛根郷絵図と極めて類似している。本来の「旧薩藩沿岸漁場図」ではなく、郷絵図で代替された可能性がある。
(2) この違いは、海からの視点の「旧薩藩沿海漁場図」、陸からの視点の「郷絵図」という形で説明することができよう。
(3) 浦単位ではなく、郷単位で描いた背景として、藩の政策によって浦単位から郷単位へ漁業主体が変化していく流れが推測される。その分析は今後の課題となる。
(4) 開聞岳に山容が描かれていない別な理由として、開聞岳のすぐ南側が好漁場で(開聞町 一九七三)、開聞岳の山容をヤマアテに用いるには高すぎるという情報も聞き取りから得られた。

終　章
(1) この問題と関連して、琵琶湖の特権漁村の広域海面の排他利用権と比較してみたい。琵琶湖の堅田や菅浦の持つ湖面の特権的な占有権、利用権は、湖面の前海の広域的な排他的な占有の特権で、中世から現代に至るまで変化がなかった。この点は、湖面漁業の技術の未発達、資本漁業の未成熟という湖面の特性を示す。この湖面の事例を、先に示した沖合化による浦方海面の形骸化する事例と比較する。湖面の場合は、開発可能な湖面に限界があり、漁業技術の発展や資本漁業の展開が行われず、陸の延長の湖面占有が継続していた。それに対し、海の場合、浦方の占有する海面の外側には出漁できる海が存在していた。このように、海面と湖面の違いが浮かび上がる。湖面は陸の延長の漁業、海面は海へ進出する漁業としてとらえられる。この議論は、有明海のような内海と東シナ海のような外海における海面占有のあり方の違いにも応用できると思われる。

（2）　自然と人間との関わりが顕著に出る漁業として、「近世村」の設定によって村の前の海面を陸の延長で線を区切って設けられた漁場での漁業よりも、位置固定で排他性の強い漁業とされている魚の回游経路に沿って設けられた網代、大敷網、定置網や、位置不定で排他性の低いいわゆる沖漁業を想定している。定置網は、魚の習性をふまえ設けられた漁法である。

文献

（著者名五十音順。本文で直接触れていない文献も漁場利用を中心とした漁業史、漁業歴史地理研究の主要参考文献として取り上げてある）


赤羽正春（一九九八）『日本海漁業と漁船の系譜』慶友社。

秋道智彌（一九七六）「漁撈活動と魚の生態―ソロモン諸島マライタ島の事例―」『季刊人類学』七（二）、七六―一二八。

秋道智彌（一九九五a）『なわばりの文化史』小学館。

秋道智彌（一九九五b）『海洋民族学』東京大学出版会。

秋道智彌編（一九九八）『海人の世界』同文館出版。

秋道智彌編（一九九九）『講座人間と環境1　自然はだれのものか』昭和堂。

秋道智彌（二〇〇二）「序・紛争の海―水産資源管理の人類学的課題と展望―」秋道智彌・岸上伸啓編『紛争の海』人文書院、九―三六。

秋道智彌（二〇〇四）『コモンズの人類学』人文書院。

浅見・安田編（一九九二）『近世歴史資料集成第II期　第I巻　日本産業史資料（1）総論』科学書院。

東　幸代（一九九八）「沖漁をめぐる近世中期の漁村の動向と領主の対応」『日本史研究』四三二、二七―五四。

東　幸代（二〇〇二）「丹後宮津藩政と漁獲物流通」後藤雅知・吉田伸之編『水産の社会史』山川出版社、一一二―一四五。

網野善彦（一九六一）「青方氏と下松浦一揆」『歴史学研究』二五四、三〇―三八（網野（一九九五）に収録）。

網野善彦（一九七八）『無縁・公界・楽』平凡社。

網野善彦（一九八五）「古代・中世・近世初期の漁撈と海産物の流通」『講座・日本技術の社会史　二巻　塩業・漁業』日

本評論社。

網野善彦（一九九〇）『日本論の視座』小学館。

網野善彦（一九九五）『悪党と海賊』法政大学出版局。

網野善彦、大林太良、宮田登、谷川健一編（一九九〇—九三）『海と列島文化』全十一巻、小学館。

荒居英次（一九六三）『近世日本漁村史の研究』新生社。

荒居英次（一九七〇）『近世の漁村』吉川弘文館。

荒居英次（一九八八）『近世海産物経済史の研究』名著出版。

有明町史編纂室編（二〇〇〇）『有明町史』有明町、五五三—五九六（鶴田倉造　執筆担当）。

有川町郷土誌編纂委員会編（一九七二）『有川町郷土誌』有川町。

飯田　卓（二〇〇二）「漁場境界のジレンマ」秋道智彌・岸上伸啓編『紛争の海』人文書院、一〇七—一二五。

池口明子（二〇〇一）「アマ集団の漁場利用と採集行動」、『人文地理』五三（六）、六六—八一。

池田利彦（一九五四）『島津斉彬公傳』岩崎育英奨學会、一七三—一七七。

池谷和信（二〇〇四）『山菜採りの社会誌—資源利用とテリトリー』東北大学出版会。

伊豆川浅吉（一九五八）『日本鰹漁業史』上巻、日本常民文化研究所、二五—九一。

伊藤康宏（一九九一）「近世漁村と『地録網制』」『日本史研究』三五〇、六八—九〇。

伊藤康宏（一九九二）『地域漁業史の研究』農山漁村文化協会。

伊藤康宏（一九九四）「『地域漁業史の研究』解題—二野瓶徳夫氏批判に答えて—」『漁業経済研究』三九（一）、四五—五九。

伊藤康宏（一九九六）「近世的漁業秩序の再検討」荒木幹雄編『近代農史論争』文理閣、一一一—一二一。

伊藤康宏（一九九九）「史学・経済史の研究動向」『年報村落社会研究』三五、二六七—二七九。

伊藤康宏（二〇〇二）「近代移行期の島根県庁漁業政策」後藤・吉田編『水産の社会史』山川出版社、二一九—二四〇。

井上　実（一九七八）『魚の行動と漁法』恒星社厚生閣、二—十一。

岩本由輝（一九七〇）『近世漁村共同体の変遷過程—商品経済の進展と村落共同体—』塙書房。

宇佐美隆之（二〇〇二）「浦と村」後藤・吉田編『水産の社会史』山川出版社、一四九―一七〇。

内海紀雄（一九七六）「近世離島の生活（一）―寛文・延宝期を中心に―」『浜木綿』二一、三〇―三六。

内海紀雄（一九九二）「幕末前夜の久賀島（二）―代官日記に見る」『浜木綿』五三、十四―二一。

浦田忠男（一九六二）『富岡漁業史』苓北町漁業協同組合。

遠藤匡俊（一九八二）「漁業紛争からみた近世村落の相互関係――牡鹿半島を例に――」『東北地理』三四、七六―八七。

大喜多甫文（一九八九）『潜水漁業と資源管理』古今書院。

大田区立郷土博物館編（一九九五）『明治時代の水産絵図』大田区立郷土博物館。

太田尚宏（一九九〇）「近世玉川における鮎上納制度について」『地方史研究』四〇（五）、二四―三七。

大林太良（一九九六）『海の道海の民』小学館。

岡本清造（一九七九）『漁場地代論』御茶の水書房。

小川亥三郎（一九九七）『南日本の地名』第一書房。

小川国治（一九七三）『江戸幕府輸出海産物の研究』吉川弘文館。

小川徹太郎（一九八九）「近世瀬戸内の出職漁師―能地・二窓東組の「人別帳」から―」『列島の文化史』六、日本エディタースクール出版部。

尾口義男（二〇〇〇）「串木野郷の浦と薩摩藩の門割制度」『くしきの』十四、三六―四四。

尾口義男（二〇〇〇）「薩藩史研究上の人口動態からみた諸問題」『鹿児島史学』四五、三五―七〇。

小栗　宏（一九八三）『日本の村落構造―林野と漁場の役割―』大明堂。

御公爵島津家編纂所編（一九六八）『薩藩海軍史』上巻、原書房。

開聞町（一九七三）『開聞町郷土誌』開聞町。

柿本典昭（一九八七）『漁村研究』大明堂。

鹿児島県編（一九四〇）『鹿児島県史　第二巻』鹿児島県。

鹿児島県編（一九四一）『鹿児島県史　第三巻』鹿児島県、四二―四三。

笠沙町郷土誌編さん委員会編（一九九一）『笠沙町郷土誌　上巻』笠沙町。

笠原正夫（一九九三）『近世漁村の史的研究』名著出版。

嘉田由紀子（一九九七）「生活実践からつむぎ出される重層的所有観―余呉湖周辺の共有資源の利用と所有―」『環境社会学研究』三、環境社会学会、七二―八五。

嘉田由紀子・橋本道範（二〇〇一）「漁撈と環境保全―琵琶湖の殺生禁断と漁業権をめぐる心性の歴史から探る―」『講座環境社会学　第三巻　自然環境と環境文化』有斐閣。

片岡　智（一九九二）「広島藩における漁場領有構造の特質」『瀬戸内海地域史研究』四、三一一―三三四。

片岡　智（一九九三）「近世的漁業秩序の変容と明治地方官の対応」有元正雄先生退官記念論文集刊行会編『近世近代の社会と民衆』清文堂、四〇三―四二三。

片岡　智（一九九七）「近世海村の共同体規制」『歴史評論』五六七、四九―六四。

片岡千賀之（一九九五）『長崎県・野母崎町水産史』長崎大学。

鹿野忠雄（一九四四）「紅東ヤミ族と飛魚」太平洋協会編『太平洋圏―民族と文化　上巻』河出書房、五〇四―五七三。

鎌谷かおる（二〇〇二）「近世琵琶湖における堅田の漁業権」『ヒストリア』一八一、二六―四九。

上五島町（一九八六）『上五島町郷土誌』

河岡武春（一九八七）『海の民―漁村の歴史と民俗―』平凡社。

川上省三（一九六八）「鹿児島県における漁業規律史」鹿児島県編『鹿児島県水産誌』鹿児島県、三九―四〇。

川崎史彦（二〇〇〇）「安政期における海浜入会地の境界問題――九十九里地域の浜芝地を事例に」『民衆史研究』六〇、二一―三七。

川名　登・堀江俊次・田辺　悟（一九七〇）「相模湾沿岸漁村の史的構造（1）」『横須賀市博物館研究報告〈人文科学〉』十四、十五―四九。

川名　登・堀江俊次・田辺　悟（一九七一）「三浦半島における近世漁村の構造」『神奈川県史研究』十二、十八―三六。

川名　登・堀江俊次・田辺　悟（一九七二）「相模湾沿岸漁村の史的構造（二）」『横須賀市博物館研究報告〈人文科学〉』十六、十九―三四。

川野和昭（一九九一）「シバヅケ―柴に寄った魚をすくう―」鹿児島民具学会編『かごしまの民具』慶友社、二〇六―二〇七。

河原田盛美（一八九〇）『水産講話筆記』全、鳥取県第一部農商務課編、二帖。

川村博忠（一九九九）「幕府命令で作成された嘉永年間の沿岸浅深絵図」『地図』三七（二）、一―十四。

関東近世史研究会常任委員会（一九八九）『関東近世史研究』二七。

芳　即正（一九八〇）『島津重豪』吉川弘文館。

芳　即正（一九八七）『調所広郷』吉川弘文館。

芳　即正（一九九三）『島津斉彬』吉川弘文館。

岐宿町（二〇〇一）『岐宿町郷土誌』

北見俊夫（一九七三）『日本海上交通史の研究―民俗文化史的考察―』鳴鳳社。

北見俊夫（一九八九）『日本海島文化の研究―民俗風土論的考察―』法政大学出版局。

漁業経済学会編（二〇〇五）『漁業経済研究の成果と展望』成山堂。

熊本県水産試験場（一九七二）『栽培漁場開発調査報告書（第二編　天草西海域）』

熊本県農商課（一八九〇）『熊本県漁業誌』第一編。

黒田安雄（一九七一）「水手役からみた薩摩藩の浦方支配」『九州史学』四四・四五合併号、四九―六一。

桑野雪延・森勇・藤田矢郎（一九八二）「対馬暖流系におけるシイラ漬漁場の分布」『長崎県水産試験場研究報告』八、三五―三九。

郡家真一（一九八一）「西村家永代記録について（その1）」『浜木綿』三二、五三―五九。

郡家真一（一九八二）「西村家永代記録について（その2）」『浜木綿』三三、六七―七三。

郡家真一（一九八二）「西村家永代記録について（その3）」『浜木綿』三四、五一―五六。

郡家真一（一九八三）「西村家永代記録について（その4）」『浜木綿』三五、四五―五六。

高知県立歴史民俗資料館編（二〇〇五）『描かれた土佐の浦々』

河野通博（一九六二）『漁場用益形態の研究』、未来社（初出は一九五八年（私家版））。

児島俊平（一九六六）「シイラの漁業生物学的研究」『島根県水産試験場研究報告』一、一―一〇八。

後藤雅知（一九九五）「『海付村』における浜方分村運動について」吉田伸之編『近世の社会集団』山川出版社、三九―七六。

後藤雅知（一九九六ａ）「近世房総地域における浦請について」『千葉史学』二九、十七―三四。

後藤雅知（一九九六ｂ）「海付村落の構造と岡・浜争論」渡辺尚志編『新しい近世史』四巻、新人物往来社、二五〇―二八六。

後藤雅知（一九九九）「東上総南岸地域の漁業社会構造」『千葉県史研究』別冊七（東上総の近世）。

後藤雅知（二〇〇一ａ）『近世漁業社会構造の研究』山川出版社。

後藤雅知（二〇〇一ｂ）「近世後期の漁業構造と地域社会」『千葉大学教育学部研究紀要（人文社会科学編）』四九（二）、一八五―二〇四。

後藤雅知・吉田伸之編（二〇〇二）『史学会シンポジュウム叢書　水産の社会史』山川出版社。

後藤雅知（二〇〇二）「近世の漁獲物流通と浦請―房総の鮑漁業を手がかりとして―」後藤・吉田編『水産の社会史』山川出版社、五―四〇。

近藤康男編著（一九五三）『日本漁業の経済構造』東京大学出版会。

斎藤毅（一九九七）『漁業地理学の新展開』成山堂。

桜田勝徳（一九八〇）『桜田勝徳著作集』一～三、名著出版。

迫野彰子（一九九九）「『浦方』編成に関する一考察」『瀬戸内海地域史研究』七、二一七―二三六。

定兼　学（一九八九）「近世漁場利用体系試論―備前国日生沖漁業相論を事例として―」『瀬戸内海地域史研究』二、一九七―二三〇。

定兼　学（一九九九）『近世の生活文化史』清文堂、二一九―二六六。

定兼　学（二〇〇二ａ）「干潟の漁業と社会―児島湾干潟を事例に―」後藤・吉田編『水産の社会史』山川出版社、一九四―二一八。

定兼　学（二〇〇二ｂ）「「地域社会」の生成と消滅」『瀬戸内海地域史研究』九。

実松幸男（一九九二）「近世前―中期館山湾の漁場と漁村」『国史学』一四六、五五―八八。

佐野静代（二〇〇五）「エコトーンとしての潟湖における伝統的生業活動と「コモンズ」」『国立歴史民俗博物館研究報告』一二三、十一―三四
鮫島志芽太（一九八五）『島津斉彬の全容―その意味空間と薩藩の特性―』斯文堂。

實形裕介（一九九六）「江戸城活鯛納制と内湾漁村」『千葉史学』一九、三七―五一。

篠原秀一（二〇〇三）「日本における水産地理学の新動向と展望」高橋伸夫編『二一世紀の人文地理学展望』古今書院、一七四―一八五。

篠原　徹（一九九五）『海と山の民俗自然誌』吉川弘文館。

澁澤敬三（一九六二）『日本釣漁業技術史小考』角川書店。

清水　弘・小沼　勇（一九四九）『日本漁業経済發達史序説』潮流社。

下　敬助（一九三二）『明治大正水産回顧録』東京水産新聞社。

下甑村役場（一九七七）『下甑村郷土誌』下甑村役場。

史料館（一九六〇）『史料館所蔵史料目録　第八集　祭魚洞文庫旧蔵水産史料目録』

白水　智（一九八七）「肥前青方氏の生業と諸氏結合」『中央史学』一〇、四五―六八。

白水　智（一九九二）「西の海の武士団松浦党」網野善彦編『東シナ海と西海文化』小学館、二〇六―二四八。

白水　智（一九九六）「文献史学と山村研究」『日本史学集録』一九、一―十八。

白水　智（二〇〇一）「中世の漁業と漁業権」『奥能登と時国家　研究編二』平凡社、二八―七〇。

新魚目町（一九八六a）『新魚目町郷土誌』新魚目町。

新魚目町（一九八六b）『新魚目町郷土誌　史料編』新魚目町。

新宅　勇（一九七九）『萩藩近世漁村の研究』マツノ書店。

水産業協同組合制度史編纂委員会編（一九七一）『水産業協同組合制度史　第四巻』水産庁。

水津一朗（一九八〇）『新訂社会地理学の基本問題（増補版）』大明堂。

末田智樹（二〇〇四）『藩際捕鯨業の展開―西海捕鯨と益冨組』御茶の水書房。

瀬川清子（一九七二）『若者と娘をめぐる民俗』未来社。

瀬野精一郎（一九五八）「松浦党の一揆契諾について―未組織軍事力の組織下工作―」『九州史学』一〇。（瀬野精一郎（一九七五）『鎮西御家人の研究』吉川弘文館に収録、四八〇―五三一）。

高桑守史（一九八三）『漁村民俗論の課題』未来社。

高桑守史（一九八九）「海の世界」鳥越皓之編『民俗学を学ぶ人のために』世界思想社、一二六―一四五。

高桑守史（一九九四）『日本漁民社会論考』未来社。

高橋美貴（一九九二）「盛岡藩における漁政と漁業構造の変容過程」『歴史』七八、五三―七二。

高橋美貴（一九九五）『近世漁業社会史の研究』清文堂出版。

高橋美貴（二〇〇二）「近世における漁場請負制と漁業構造」後藤・吉田編『水産の社会史』山川出版社、四一―七七。

高橋美貴（二〇〇四）「〈資源保全の時代〉と水産―一九世紀における資源保全政策の世界的潮流と日本―」『歴史評論』六五〇、二五―三九。

高橋美貴（二〇〇七）『「資源繁殖の時代」と日本の漁業』山川出版社、一〇一。

竹川大介（二〇〇三）「実践知識を背景とした環境への権利」『国立歴史民俗博物館研究報告』一〇五、八九―一一二。

竹田　旦（一九五一）「五島有川湾の漁業組織」『民間伝承』一五（八）、十二―十五。

田島佳也（一九八〇）「幕末期『場所』請負制下における漁民の存在形態―西蝦夷地、歌棄、磯谷場所の場合―」『社会経済史学』四六（三）、二九三―三二一。

田島佳也（一九八八）「漁村と漁業」『日本歴史大系3近世』山川出版社、七一七―七二九。

田島佳也（一九九〇）「北の海に向かった紀州商人」網野善彦編『海と列島文化Ｉ日本海と北国文化』小学館、三七四―四二六。

田島佳也（一九九二）「近世紀州漁法の展開」『日本の近世　四巻　生産技術』中央公論社。

田島佳也（一九九四）「海産物をめぐる近世後期の東と西」『日本の近世　八巻　東と西』中央公論社。

田島佳也（一九九七）「近世初期上方漁民の遠隔地出漁」『私学研修』一四五、一〇一―一一六。

田島佳也（二〇〇三）「場所請負の歴史的課題」『歴史評論』六三九、三九―五〇。

田島佳也（二〇〇四）「道南西海岸漁村の『場所請負制』試論―明治初期の爾志郡（乙部村・熊石村）を事例に―」『漁業

経済研究』四九（一）、二三―四八。

立平　進編（一九九二）『明治十五年作成五島列島漁業図解』長崎県漁業史研究会（『漁業誌図解（南松浦郡）』全七一図（長崎歴史文化博物館蔵）を収録）。

田和正孝（一九九七）『漁場利用の生態―文化地理学的考察―』九州大学出版会。

千葉徳爾（一九八九）「沿岸域の呼称について」九学会編『日本の沿岸文化』古今書院、八―二一。

筑波常治（一九八九）「島津斉彬と自然科学」村野守治編『島津斉彬のすべて』新人物往来社。

坪井洋文（一九八〇）『イモと日本人』未来社。

出口宏幸（一九八八）「近世漁村における岡・浜とその動向」川村優先生還暦記念会編『近世の村と町』吉川弘文館、二〇九―二三〇。

出口宏幸（一九九〇）「内房村落の漁業進出と生業」『関東近世史研究』二七、三四―四九。

出口宏幸（一九九六）「房総南部における漁場占有関係の形成―占有関係形成過程の若干の検討―」『千葉史学』二九、五二―六三。

藤　隆宏（二〇〇〇）「元禄期の備讃漁場・国境争論における入漁小漁民の役割」菅原憲二編『記録史料と日本近世社会』千葉大学大学院社会文化科学研究科研究プロジェクト報告書、七―三一。

刀禰勇太郎（一九九三）「日本海三島嶼（飛島・粟島・佐渡）に於ける蛸穴（蛸石）の慣行と紛争について」『海事史研究』五〇、一九〇―二一八。

鳥越皓之（一九九七）「コモンズの利用権を享受する者」『環境社会学研究』三、五―十三。

鳥越皓之・嘉田由紀子編（一九八四）『水と人の環境史』御茶の水書房。

鳥巣京一（一九九三）『西海捕鯨業史の研究』九州大学出版会。

中園成生（二〇〇一）『くじら取りの系譜』長崎新聞社。

永野守人編（一九九六）『近代天草漁業史料集成』五和町教育委員会、二三―二五四。

中野　泰（二〇〇三）「シロバエ考―底延縄漁師の漁場認識とフォークモデルの意義―」『国立歴史民俗博物館研究報告』一〇五、二一五―二六六。

中林正幸（一九九六）「近世瀬戸内海における漁場用益形態に関する一考察」『論集きんせい』十八、二五―五六。

中村周作（二〇〇二）「旋網漁業活動の時空間的展開―延岡市島浦地区を事例として―」『人文地理』五四（四）、五五―七〇。

中村正夫（一九六一）「肥後国天草島における漁村の成立と展開―「舸子役」を中心にして―」『九州大学九州文化史研究所紀要』八・九合併号、一四三―一六二。

中村正夫（一九六四）「近世における漁村展開の一事例（正）」『九州大学教養部社会科学科紀要社会科学論集』四、七一―一一二。

中村正夫（一九六六）「近世における漁村展開の一事例（続）」『九州大学教養部社会科学科紀要社会科学論集』六、五七―一一四。

西村朝日太郎（一九七四）『海洋民族学』日本放送出版協会。

西村朝日太郎（一九七九）「漁業権の原初形態」『比較法学』十四（一）、一―八八。

西村次彦（一九六七）『五島魚目郷土史』西村次彦遺稿編纂会。

日本学士院日本科学史刊行会編（一九五九）『明治前日本漁業技術史』日本学術振興会、二六一―二七四。

日本常民文化研究所水産庁資料整備委員会編（一九五三）『漁業制度資料目録第8集全国編V【羽原水産文庫目録】』日本常民文化研究所。

日本常民文化研究所編（一九五五）『日本漁民事績略』日本常民文化研究所。

二野瓶徳夫（一九六二）『漁業構造の史的展開』御茶ノ水書房。

二野瓶徳夫（一九八一）『明治漁業開拓史』平凡社。

二野瓶徳夫（一九九三）「漁業史研究者へのメッセージ」『漁業経済研究』三八（一）、七一―八四。

丹羽邦男（一九八九）『土地問題の起源：村と自然と明治維新』平凡社、三―六。

農商務省水産局（一八八九）『水産調査予察報告』農商務省農務局。

農商務省（一九九四）『水産事項特別調査　上巻』明治二七年。

農林省熊本統計調査事務所編（一九五四）『熊本の海面漁業』

野地恒有（二〇〇一）『移住漁民の民俗学的研究』吉川弘文館。
野地恒有（二〇〇八）『漁民の世界―「海洋性」で見る日本』講談社。
野母崎町郷土誌編纂委員会編（一九八六）『野母崎町郷土誌』野母崎町、三九―八〇。
野本寛一（一九九五）『海岸環境民俗論』白水社。
法村剛一（一九八九）『夕映えの海―五島と紀州の漁師―』（私家版）。
橋村　修（一九九六）「上五島における漁場用益空間の変容―十三世紀後半―十五世紀前半を中心に―」『歴史地理学』一七七、六二―八五。
橋村　修（二〇〇〇a）「祭魚洞文庫「旧薩藩沿海漁場図」の特徴と作成背景」『地図』三八（四）、十四―二一。
橋村　修（二〇〇〇b）「薩摩藩「郷絵図」の作成過程と景観表現（梗概）」『國史學』一七一、一五九―一六〇。
橋村　修（二〇〇一）「水主浦漁場の階層性とその形成過程―近世期肥後国天草郡において―」『歴史地理学』二〇三、一―二一。
橋村　修（二〇〇一）「幕末期薩摩藩漁業振興策に関する覚書」『史学研究集録』二六、四一―五六。
橋村　修（二〇〇三）「亜熱帯性回游魚シイラの利用をめぐる地域性と時代性―対馬暖流域を中心に―」岸上伸啓編『海洋資源の利用と管理に関する人類学的研究』国立民族学博物館調査報告四六、一九九―二二三。
橋村　修（二〇〇四）「近世五島列島における外来漁業者の漁業権獲得」『漁業経済研究』四九（一）、一―二一。
橋村　修（二〇〇五）「明治期における回游魚漁業の地域差―シイラ漁業を事例に―」『國學院大學考古学資料館紀要』二一、二七三―二九一。
橋村　修（二〇〇五）「近世漁場の占有・利用と自然生態との関わり―近世五島、天草の争論史料と絵図から―」『国立歴史民俗博物館研究報告』一二三、一二九―一五二。
羽原又吉（一九四三）「田後の海割制と謂はゆる漁村共同體」『三田學會雜誌』三七（一〇）、九四〇―九七二。
羽原又吉（一九五二）『日本漁業経済史　上巻』岩波書店、六一―一九五。
羽原又吉（一九五三）「宇和島藩吉田藩漁業史」『日本漁業経済史　中巻一』岩波書店、四八八―五九八。
羽原又吉（一九五二―五五）『日本漁業経済史』岩波書店。

原　暉三（一九四八）『日本漁業権制度史論』北隆館。

原　暉三（一九四八（復刻一九七七））『日本漁業権制度試論』国書刊行会。

原　博編（一九七七）『羽原文庫資料目録』東京水産大学附属図書館。

原　直史（一九九六）『日本近世の地域と流通』山川出版社。

原口虎雄（一九六八）「維新前の浦方制度」鹿児島県編『鹿児島県水産誌』鹿児島県、一—三八。

春田直紀（一九八九）「山野河海研究のための一視点」『歴史科学』一一八、二一—三二。

春田直紀（一九九〇）「貢租からみた漁村の展開—中世後期から近世初頭における若狭の動向—」『歴史評論』四八八、四一—六一。

春田直紀（一九九三）「水面領有の中世的展開—網場漁業の成立をめぐって—」『日本史研究』三七三、一—二九。

春田直紀（一九九五）「中世の海村と山村」『日本史研究』三九二、三四—五九。

春田直紀（二〇〇三）「自然と人の関係史—漁撈がとり結ぶ関係に注目して—」『国立歴史民俗博物館研究報告』九七、二二三—二三五。

秀村選三（二〇〇四）『幕末期薩摩藩の農業と社会』創文社。

深井甚三・田上善雄（一九九八）「天保飢饉期、越中氷見町の漁況と漁民」『社会経済史学』六三（五）、五七九—五九八。

深野康久（一九八四）「五島列島高崎における漁村の形成・維持と共同漁業—ムラの経済的・社会的基盤についての一考察—」『地域文化』八（関西学院大学地域文化学会編）、六九—一〇四。

福井県（一九九四）『福井県史　通史編3近世一』福井県、四五七—四六一。

藤塚悦司（一九九八）「明治期成立の水産絵図と『日本水産捕採誌』」『民具研究』一一七、一—二五。

古田悦造（一九九六）『近世魚肥流通の地域的展開』古今書院。

北條　浩（一九八二）「徳川時代における海論と裁決」『帝京法学』一二、一—七五。

坊津町郷土誌編纂委員会編（一九六九）『坊津町郷土誌　上巻』

細井　計（一九九四）『近世の漁村と海産物流通』河出書房新社。

保立道久（一九八一）「中世前期の漁業と庄園制」『歴史評論』三七六、十五—四三。

保立道久（一九八七）「中世における山野河海の領有と支配」『日本の社会史②境界領域と交通』岩波書店、一三八―一七一。

堀江俊次（一九八五）「享保期における勘定所の漁業権実態調査と漁業政策」小笠原長和編『東国の社会と文化』梓出版社、三二五―三四八。

本渡市教育委員会（一九八二）『天草の歴史』一三八―一四六。

枕崎市史編さん委員会編（一九六九）『枕崎市史』枕崎市。

松尾千歳（一九九八）「天保の國絵図事業」『天保九年「薩摩國・大隅國・日向國」国絵図解説書』鹿児島県教育委員会、四―一〇。

松尾容孝（一九九六）「鳥取県下のシイラ漬漁場図」『鳥大農研報』四九、三七―四六。

松田唯雄（一九四七）『天草近代年譜』みくに社。

真鍋篤行（一九九六）「瀬戸内地方の網漁業技術史の諸問題」『瀬戸内海歴史民俗資料館紀要』九、五三―一六三。

真鍋篤行（一九九八）「地曳網漁業技術の史的考察」『瀬戸内海歴史民俗資料館紀要』十一、二一―一八〇。

三鬼清一郎（一九六七）「水主役と漁業構造」宝月圭吾先生還暦記念会編『日本社会経済史研究（近世編）』吉川弘文館、四〇―七二。

三鬼清一郎（一九九三）「在地秩序の近世的編成」『岩波講座　日本通史十一巻　近世一』岩波書店。

三宅達也（一九七〇）「天草諸島南部のカツオ餌場の研究―獅子島幣串地区を中心として」『鹿児島地理学会紀要』十八。

宮本常一（一九六四）『海に生きる人々』未来社（日本民衆史3）。

宮本常一（一九七〇）「野母の樺島」『宮本常一著作集5日本の離島第二集』未来社、二六七―二七七（初出は『しま』二七、一九六一）。

宮本常一（一九七二）『中世社会の残存』未来社（『宮本常一著作集』十一）。

宮本常一（一九七五）「九州の漁業」『海の民』未来社。

向井　宏（二〇〇〇）「沿岸生態系と生物多様性」宇田川編『農山漁村と生物多様性』家の光協会、一〇〇―一一〇。

村井章介（一九七五）「在地領主法の誕生―肥前松浦一揆―」『歴史学研究』四一九、十八―三五。

盛本昌広（一九九六）「山野河海の資源維持」『史潮』新三八、四―二一。

盛本昌広（一九九七）「内海の漁業」『荘園と村を歩く』校倉書房。

盛本昌広（一九九八）「内海三十八職の成立」『民具マンスリー』三一（五）、四五―五五。

森山恒雄（一九七三）「五島藩」長崎県史編纂委員会編『長崎県史　藩政編』吉川弘文館。

矢崎真澄（二〇〇三）「沿岸漁民による漁場認知の重層性に関する研究――伊豆半島東南方「シマウチ（シマナカ）」海域の場合」『地理学評論』七六（二）、一〇一―一一五。

安室　知（二〇〇五）『水田漁撈の研究―稲作と漁撈の複合生業論―』慶友社。

柳田國男・倉田一郎（一九三八）『分類漁村語彙』民間伝承の会。

柳田國男（一九六一）『海上の道』筑摩書房。

藪内芳彦（一九五八）『漁村の生態―人文地理学的立場―』古今書院。

山口和雄（一九四七）『日本漁業史』生活社。

山口和雄（一九四八）『日本漁業経済史研究』北隆館。

山口和雄（一九五七）『日本漁業史』東京大学出版会。

山口和雄（一九五九）『日本の漁業』弘文堂。

山口　徹（一九九八）『近世海村の構造』吉川弘文館。

山口　徹（一九九九）『近世漁民の生業と生活』吉川弘文館。

山下堅太郎（二〇〇〇）「近世後期における漁業争論と漁業秩序」菅原憲二編『記録史料と日本近世社会』千葉大学大学院社会文化科学研究科研究プロジェクト報告書、七七―一一〇。

山下堅太郎（一九九九）「近世の鹿島灘漁村に関する一考察―元禄宝永期における白塚村の「舟子分」と「鹿嶋浦之例法」について―」『七瀬（鉾田町史研究）』九、六二―九四。

山澄　元（一九八二）『近世村落の歴史地理』柳原書店、三五―三七。

山本省三（一九五三）「鹿児島藩に於ける漁業制度」『鹿児島大学水産学部紀要』三（一）、二七三―二九〇。

山本秀夫（一九九七）「瀬戸内の鯛網漁の歴史的考察」『瀬戸内海歴史民俗資料館紀要』一〇。

山本秀夫（二〇〇三）「近世瀬戸内の浦と地域運営―讃岐国高松藩領引田村を事例に―」『地方史研究』三〇二、五―二六。

吉田敏弘（一九八三）「中世村落の構造とその変容過程―「小村＝散居型村落」論の歴史地理学的再検討―」『史林』六六（三）、八〇―一四六。

苓北町史編纂委員会編（一九八四）『苓北町史』苓北町。

渡部聡一（一九九五）「近世瀬戸内の漁業と漁村構造」『論集きんせい』一七、一七―四五。

渡辺尚志編（一九九九）『近世地域社会論』岩田書院。

欧文文献（刊行年順）

Yamada, Yukihiro (1967) Fishing Economy of the Itbayat, Batanes, Philippines with Special Reference to its Vocabulary, Asian Studies 5(1), 137-219.

Alexander, Paul (1977) Sea Tenure in Southern Sri Lanka, Ethnology 16(3), 231-251.

Cordell, J. (1977) Carrying capacity analysis of fixed territorial fishing, Etnol., 17, 1-24.

Godelier, Maurice (1984) *L'idéal et le materiel*（モーリス・ゴドリエ［山内　昶訳］（一九八六）『観念と物質』法政大学出版局）

Carrier, J. G. (1980) Ownership of productive resources on Ponam island, Mnus Prvince, J. Société des Océanistes, 37, 205-217.

Christy, F. T. (1982) Territorial Use Rights in Marine Fisheries:Definitiona and Conditions, FAO Fisheries Technical Paper, no. 227.

Akimichi, T. (1984) Territorial Regulation in the Small-Scale Fisheries of Itoman, Okinawa in *Maritime Institutions in the Western Pacific,* K. Ruddle and T. Akimichi eds., Senri Ethnological Studies (SES) 17, National Museum of Ethnology, Osaka, 89-119.

Sudo, K. (1984) Social organization and types of sea tenure in Micronesia, in *Maritime Institutions in the Western Pacific*, 203-230.

Polunin, N. V. C. (1985) Traditional marine practices in Indonesia and their bearing on conservation in *Culture and Conservation*: The Human Dimension in Environmental Planning, J. A. McNeeley and D. Pitt eds., London: Croom Helm, 155–179.

McCay, B.J and L.M.Acheson, (1987) The Question of the Commons: The Culture and Ecology of Communal Resources, The University of Arizona Press.

Carrier, J.G. (1987) Marine tenure and conservation in Papua New Guinea:Problems in interpretation in The Question of the Commons.

Cordell, J. ed (1989) A sea of Small Boats, Cultural survival report 26, Cultural survival Inc., Cambridge.

Ostrom, E. (1990) *Governing the Commons*, Cambridge University Press, Cambridge.

Kalland, Arne (1995) *Fishing Villages in Tokugawa Japan*, Curzon Press.

Akimichi, T. (ed.) (1996) *Coastal Foragers in Transition*, SES 42, National Museum of Ethnology, Osaka.

Shankar Aswani (1999) Common Property Models of Sea Tenure: A Case Study from the Roviana and Vonavona Lagoons, New Gerogia, Solomon Islands, Human Ecology, 27(3), 417–453.

Daniel D. Huppert (2005) An overview of fishing rights, Reviews in Fish Biology and Fisheries, 15, 201–215.

Shankar Aswani (2005) Customary sea tenure in Oceania as a case of rights-based fishery management: Does it work?, Reviews in Fish Biology and Fisheries 15, 285–307.

史料関係

（五島列島、野母崎関係）

瀬野精一郎校訂（一九七六）『青方文書』（史料纂集）第一、第二、続群書類従完成会。

「魚目有川海境帳」（貞享―元禄）

魚目絵図（事代主神社蔵）

有川絵図（旧有川町教育委員会（現・新上五島町教育委員会）

「西村家関係文書」（東京海洋大学　羽原文庫）
「野母村役場史料」（中央水産研究センター蔵）
（天草関係）
天草古文書会編（一九八八）（一九九〇）（一九九三）『天草郡村々明細帳』天草古文書会、上巻、中巻、下巻。
有明町教育委員会（一九九六）『栖本組村々明細帳ほか』有明町。
苓北漁協所蔵文書（享保十七年「万記簿」、寛政十一年「諸御用控」所収の文化十（一八一三）年史料等、文久三（一八六三）年「高濱村江相掛候網代日記」、慶応三（一八六七）年「総弁指中元家履歴書」）
「上田家文書」天草郡高濱村（現天草市〔旧天草町〕）の庄屋文書。
明治十六（一八八三）年『熊本県水産誌』（国立史料館祭魚洞文庫所蔵）
「富岡浦専漁場図」（苓北町郷土資料館所蔵）
「富岡漁場図」（苓北町役場総務課所蔵）
（薩摩藩関係）
天保十四年「鰹船乗組定人数面附帳」等　国立史料館一七〇六―一―二六文書（国立史料館祭魚洞文庫所蔵「薩摩国川辺郡小湊村漁業文書」所収）
「新納久仰雑譜」（鹿児島県歴史資料センター黎明館編（一九八六）『鹿児島県史料　新納久仰雑譜一』鹿児島県）
「竪山利武公用控　安政元年―安政四年」（鹿児島県歴史資料センター黎明館編（一九八四）『鹿児島県史料　斉彬公史料第四巻』鹿児島県）二五二―八二七。
「斉彬公史料」（鹿児島県維新史料編さん所編（一九八〇）『鹿児島県史料　斉彬公史料第一巻』鹿児島県）。
「斉彬公史料」（鹿児島県維新史料編さん所編（一九八三）『鹿児島県史料　斉彬公史料第三巻』鹿児島県）。
「旧薩藩沿海漁場図」（国立史料館祭魚洞文庫）
頴娃郷沿岸絵図　玉里文庫所蔵。
（その他）
「律令要略」（寛保元年）（7山野海川入会）（石井良助編（一九五九）『近世法制史料叢書』二、創文社）。

『日本山海名産図会』（浅見・安田編（一九九二）『近世歴史資料集成第II期　第I巻　日本産業史資料（1）総論』科学書院）。

農商務省編「漁業に関する慣行及先例」（原暉三（一九七七）『東京内湾漁業史料』国書刊行会、二一一―二一三）。

農商務省編（一八九六）『舊藩時漁業裁許例』。

農商務省水産局編纂（一九一〇）『日本水産捕採誌』水産社。

農林省水産局編纂（一九三四）『舊藩時代の漁業制度調査資料第1編』農業と水産社。

本書成立の経緯と初出

本書は筆者が國學院大学大学院に二〇〇五年九月に提出した博士学位請求論文『海面の領有と資源利用に関する歴史地理学的研究』を骨子とし、その後大幅に加筆修正を加えたものである。博士学位請求論文の審査の労をとってくださった吉田敏弘先生（國學院大学）、石井英也先生（筑波大学）、田島佳也先生（神奈川大学）に衷心より御礼申し上げる次第である。二〇〇六年一月の博士学位申請論文公開審査会、さらに学位授与後も先生方にはあたたかいご指導と励ましをたまわり、お忙しい中、本書の草稿に何回も目を通していただいている。しかしながら、本書ではそのご指導が必ずしも十分に反映されているとはいえず、今後の課題としている部分が多々あることを申し上げておかねばならない。深くお詫び申し上げる次第である。

本書の各章は、以下の論文を基礎にしているが、博士学位論文執筆、本書出版にあたり大幅な改稿をおこなっている。各学会、各機関をはじめ関係者各位に厚く御礼申し上げます。本書は、平成二十年度科学研究費補助金（研究成果公開促進費）「学術図書」（課題番号　二〇五〇七八）を得て出版されたものである。

序　章

橋村修・伊藤康宏（二〇〇五）「漁業史　近世」漁業経済学会編『漁業経済研究の成果と展望』を大幅に修正。

第一章

橋村　修（一九九六）「上五島における漁場用益空間の変容―十三世紀後半―十五世紀前半を中心に―」『歴史地理学』一七七、六二―八五。

第二章

橋村　修（二〇〇四）「近世五島列島における外来漁業者の漁業権獲得」『漁業経済研究』四九（二）、一―二一。

橋村　修（二〇〇五）「近世漁場の占有・利用と自然生態との関わり―近世五島、天草の争論史料と絵図から―」『国立歴史民俗博物館研究報告』一二三、一二九―一五二。

第三章

橋村　修（二〇〇一）「水主浦漁場の階層性とその形成過程―近世期肥後国天草郡において―」『歴史地理学』二〇三、一―二一。

第四章　前掲　橋村　修（二〇〇五）

第五章　新稿

第六章

橋村　修（二〇〇一）「幕末期薩摩藩漁業振興策に関する覚書」『史学研究集録』二六、四一―五六。

第七章

橋村　修（二〇〇〇）「祭魚洞文庫「旧薩藩沿海漁場図」の特徴と作成背景」『地図』三八（四）、一四―二一。

終　章　新稿

あとがき

本書の研究は、数多くの方々のご支援、ご指導により可能になった。

海と人との関わりの歴史、漁場利用、漁業権の歴史、回游魚と人との関わりについての歴史地理学的研究は、一九九四年六月の学部四年次に五島列島中通島の青方（長崎県南松浦郡新上五島町）でフィールドワークを開始して以来、紆余曲折を経ながらも継続している。農村と比べて漁村には、史料が残りにくく、漁業史研究に取り組むこと自体難しく、海に注目した研究は少なかった。こうしたなかで筆者を漁場利用史研究に導いて下さったのは吉田敏弘先生である。当時は網野善彦氏をはじめとした社会史研究が注目された時代で、歴史と民俗を融合させるような研究ができないか、学部三年次に卒論テーマで悩んでいた筆者の相談に先生は何度となく乗ってくださった。今の筆者の研究があるのは吉田先生のおかげである。歴史地理学なる分野とそのおもしろさを初めて教えてくださったのは木下良先生である。一九九五年に進学した大学院修士課程時代には古田悦造先生、岩田重則先生、斎藤毅先生をはじめ多くの先生方からご指導をたまわった。古田先生は漁業歴史地理学研究の魅力、そして難しさを節々で教えてくださった。一九九七年に進学した大学院博士課程時代には林和生先生、吉田敏弘先生、（故）大谷貞夫先生はじめ多くの先生方にご指導をたまわり、歴史地理学ゼミや個別指導の場における議論を通して研究の着想、理論、結論への導き方などを学んだ。大学院の先輩である天野宏司氏、学部、大学院を通して同期として共に学んできた畏友・川名禎氏をはじめゼミ関係者には数知れぬ助言と切磋琢磨の場をいただいている。また、古文書解読では、荒木仁朗氏をはじめ多くの方々に教えを受けた。

学外の先生方にも論文執筆、学会やフィールドでご指導をたまわっている。柿本典昭先生（元・関西大学教授）、松尾容孝先生（専修大学）には、研究論文の草稿を細かくみていただき、筆者が研究を諦めかけた際にも励ましのお言葉をいただいた。伊藤康宏先生（島根大学）、米田巌先生（専修大学）、小野寺淳先生（茨城大学）、河原典史先生（立命館大学）には各論文執筆やフィールド調査等でご指導をたまわった。また、漁業史研究会の会員の方々からも貴重なご助言をいただいている。

筆者は、大学院博士課程を満期退学した二〇〇一年に東京を離れ、出身地である九州、さらに関西で研究する機会を得ている。海洋民族学を専門とされる秋道智彌先生（総合地球環境学研究所）からは国立民族学博物館、総合地球環境学研究所での研究の環境をいただいた。秋道先生は筆者の歴史地理学、漁業史の視点について、海外事例や魚類生態を視野に入れながら取り組むべきだということを教えてくださった。池谷和信先生（国立民族学博物館）は、行き詰まりがちな筆者の研究に対しご指導と励ましを与えてくださっている。篠原徹先生（人間文化研究機構）、久保正敏先生（国立民族学博物館）には研究の場を、岸上伸啓先生（国立民族学博物館）には調査研究の機会を、田和正孝先生（関西学院大学）には、漁業地理学、海洋人類学についてご指導を、それぞれいただいている。礒永和貴先生（東亜大学）は『宇土市史』などの執筆にお誘いくださり、有明海漁業調査の機会をいただいている。現在の筆者はいわゆるポスドクの不安定な立場であるが、こうした先生方をはじめ多くの方々のおかげで研究が継続できていることを感謝している。

筆者の出身地の鹿児島では、高校時代の恩師である川野和昭先生（鹿児島県歴史資料センター黎明館）から「好き」を実践する人生、歴史と民俗を融合させた研究の魅力を教えていただいている。長年、黎明館の県史料編さん室にいらした尾口義男先生（末吉高校）には薩摩藩近世史における漁村（浦浜）漁業研究の意義、古文書解読についてご指導をたまわった。

調査地では数多くの方々からご指導や調査の便宜をはかっていただいた。漁師さんからは網の繕いの手を休めながら、あるいはお酒を飲みながら、または船上で教えをうけた。天草諸島の研究でお世話になった（故）永野守人先生、溝上　巌様、森　誠様、五島列島研究で導いてくださった立平進先生（長崎国際大学）をはじめ諸先生方、そして旧有川町教育委員会、旧新魚目町教育委員会、小値賀町歴史民俗資料館、五島観光歴史資料館、旧苓北漁協、苓北町役場、旧天草町教育委員会、旧頴娃町役場、旧坊津町役場、旧坊津町歴史民俗資料館、東京海洋大学図書館、国文学研究資料館史料館、中央水産研究センター、長崎県立長崎図書館、長崎歴史文化博物館、新上五島町鯨賓館、熊本県立図書館、鹿児島県立図書館、鹿児島県歴史資料センター黎明館をはじめとする諸関係機関のおかげで本研究は可能になった。

このように本書は、右記の方々のみならずお名前を記せなかったが数多くの方々のおかげでできあがった成果であり、深く感謝申し上げる次第である。昨今の漁業の現実を思うと心がいたむが、少しでもいい方向に行って欲しい、そのことを願いつつ、全ての方々の気持ちを大切に、今後とも研究を深めていかねばならないと思っている。本書の執筆、編集にあたっては人文書院の谷誠二氏にお世話になった。

また、本書の研究は一九九八年度～九九年度文部省科学研究費補助金（特別研究員奨励費）、二〇〇三年度日本科学協会補助金の成果でもある。関係各位に御礼申し上げる。

最後に私事にわたり恐縮であるが、筆者を物心両面で励まし続けている鹿児島に住む両親、枕崎の（故）祖母に本書を献呈することを許していただきたい。筆者の漁場利用史研究の原点には、父と通ったキス釣りの錦江湾とアユ釣りの天降川や川内川、そして南に続く「道の島」の出発点である硫黄島や黒島を望む母方の故郷枕崎の海、リアス式海岸の坊津の海というような南九州の「原風景」があることを思わずにはいられない。

平成二十年十月十一日

秋空の茨木市にて　　橋村　修

さ行

た行

索　引

（事項・地名・人名）

著者略歴

橋村　修（はしむら・おさむ）

1972年鹿児島県に生まれる。東京学芸大学大学院修士課程修了。國學院大學大学院博士後期課程修了。博士（歴史学）。歴史地理学専攻。

日本学術振興会特別研究員、総合地球環境学研究所プロジェクト研究員などを経て、現在、国立民族学博物館外来研究員、大阪大学、龍谷大学、近畿大学、熊本大学非常勤講師。

著書に『人と魚の自然誌』（共著、世界思想社）、『海洋資源の流通と管理の人類学』（共著、明石書店）、『魚の科学事典』（共著、朝倉書店）など。

漁《ぎよ》場《じよう》利《り》用《よう》の社《しや》会《かい》史《し》

近世西南九州における水産資源の捕採とテリトリー

2009年２月20日　初版第１刷印刷
2009年２月28日　初版第１刷発行

著　者　橋村　修

発行者　渡辺博史

発行所　人文書院

〒612-8447　京都市伏見区竹田西内畑町９
電話 075-603-1344　振替 01000-8-1103
http://www.jimbunshoin.co.jp/

印刷所　創栄図書印刷株式会社
製本所　坂井製本所

落丁・乱丁本は小社送料負担にてお取替えいたします

© 2009 Osamu HASHIMURA Printed in Japan
ISBN 978-4-409-52056-7 C3062

Ⓡ〈日本複写権センター委託出版物〉
本書の全部または一部を無断で複写複製（コピー）することは，著作権法上での例外を除き禁じられています。本書からの複写を希望される場合は，日本複写権センター（03-3401-2382）にご連絡ください。

人文書院の好評書

東南アジアの森に何が起こっているか
熱帯雨林とモンスーン林からの報告
秋道智彌・市川昌広 編
開発の波にさらされる森林とそこで暮らす人びとの生活は今？　暮らしの知恵と森林の特質、その変化を追う、現場からの検証。
2500円

紛争の海
水産資源管理の人類学
秋道智彌・岸上伸啓 編
南北の海の資源をめぐり繰り返される対立。先住民の漁業権の問題から、鯨をめぐる国際政治論争や海洋汚染まで。
3500円

オセアニアの現在
持続と変容の民族誌
河合利光 編
グローバルに変容しつつある南海の楽園の政治社会状況を、伝統と創造、医療・教育・ジェンダー等の視点で報告。
2400円

コモンズの人類学
文化・歴史・生態
秋道智彌 著
コモンズ（共有地・共有財産）の文化・歴史・生態を、中国・東南アジア・オセアニアに亘るフィールドワークをもとに徹底分析。
2600円

熱帯アジアの森の民
資源利用の環境人類学
池谷和信 編
グローバリゼーションと地球環境保護のせめぎあいの中で、これまで森に住み、森とともに暮らしてきた人びとの生活はどう変わっていくのか。
2400円

定価（税抜）は二〇〇九年二月現在のものです。